Norbert Szyperski
Erwin Grochla
Klaus Höring
Paul Schmitz

Bürosysteme in der Entwicklung

Norbert Szyperski
Erwin Grochla
Klaus Höring
Paul Schmitz

Bürosysteme in der Entwicklung

Studien zur Typologie und Gestaltung von Büroarbeitsplätzen

Mit 54 Bildern

Friedr. Vieweg & Sohn   Braunschweig/Wiesbaden

CIP-Kurztitelaufnahme der Deutschen Bibliothek

Bürosysteme in der Entwicklung: Studien zur
Typologie u. Gestaltung von Büroarbeitsplätzen /
Norbert Szyperski ... — Braunschweig; Wiesbaden:
Vieweg, 1982.
   ISBN-13: 978-3-528-08509-4   e-ISBN-13: 978-3-322-83827-8
   DOI: 10.1007/978-3-322-83827-8
NE: Szyperski, Norbert [Mitverf.]

ISBN-13: 978-3-528-08509-4

Vorwort

Die vorliegenden Ergebnisse entstammen einer Studie, die in
enger Kooperation mit und Dank finanzieller Unterstützung durch
die Firma Siemens AG in der Zeit von Juni 1977 bis April 1978
durchgeführt wurde.

Während der Arbeit an der Studie bestand ein intensiver Mei-
nungsaustausch mit den Herren Jurk, Dr. Peuckert und Mildt aus
dem Hause Siemens, denen wir für viele wertvolle Anregungen
danken. Für die Mitarbeit danken wir außerdem den Herren
Dipl.-Kfm. Hans-Joachim Derra, Dipl.-Kfm. Jürgen Hansel,
Dipl.-Kfm. Peter Zander sowie den damaligen studentischen
Mitarbeitern Werner Geißler und Thomas Scharrenberg vom Be-
triebswirtschaftlichen Institut für Organisation und Automation an der Universität zu Köln (BIFOA).

Zugleich gilt unser Dank den Damen und Herren jener Organisa-
tionen, die uns in ihren Häusern empirische Untersuchungen er-
möglichten. Ohne diese Hilfe wären weder die Fallstudien zur
Bürokommunikation entstanden noch die notwendigen Einsichten
in organisatorische Zusammenhänge auf diesem Gebiet gewonnen
worden.

Norbert Szyperski
Erwin Grochla
Klaus Höring
Paul Schmitz

Inhaltsverzeichnis

VIII

Einführung: Kurze Zusammenfassung der Ergebnisse

Aufgabe und Vorgehensweise der Studie

Mit dieser Studie wurden folgende Ziele angestrebt:

- die Entwicklung einer Typologie der Büroarbeitsplätze und

- die Darlegung von Anforderungen an Auswahl, Konfigurierung,
  Funktion und Leistung zukünftiger Geräte und Systeme für
  Büroarbeitsplätze.

Im Rahmen der Studie wurden sowohl einige theoretische Ansätze
zur Büro-Typologie vorgenommen, als auch empirische Untersuchungen in sieben Unternehmungen verschiedener Branchen durchgeführt.
Die Ergebnisse dieser Untersuchungen sind in Scenarien dargestellt.

Untersuchungsbereich Büro

Die Untersuchungen der Studie gingen von der grundsätzlichen
These aus:

Büroarbeit ist im wesentlichen mit Kommunikation verbunden

Im Gegensatz zu einem weit verbreiteten Sprachgebrauch sollte
KOMMUNIKATION nicht auf 'Übertragung' eingeengt werden; denn
alle Kommunikationsprozesse umfassen auch menschliche oder
maschinelle Informationsverarbeitung und -speicherung.

Da Mißverständnisse auftreten können, weil im nachrichtentechnischen Bereich 'Kommunikation' vielfach im eingeengten
Sinne als 'Übertragung' verwendet wird, wird ein neuer Fachterminus vorgeschlagen:

BÜROKOMMUNIKATION kennzeichnet die Arbeit im Büro, die im
wesentlichen aus allen Teilprozessen der Kommunikation (im
weiteren Sinne) zwischen Personen (oder Personen und Maschi-
nen) besteht.

Typologie der Büroarbeitsplätze

Es lassen sich vier betriebliche Basisfunktionen unterscheiden, mit denen unterschiedliche Büroarbeiten assoziativ verbunden sind. Aus diesem Grunde erscheint es sinnvoll, die
'Grundtypen der Büroarbeit' durch diese Basisfunktionen zu
kennzeichnen. Sie sind in Abbildung A-1 im Überblick dargestellt. Diese Grundtypen lassen sich einzelnen Berufsgruppen
zuordnen und durch Kommunikationsaufgaben und weitere spezielle Merkmale differenziert beschreiben. Alle untersuchten Arbeitsplätze lassen sich gut den Grundtypen der Büroarbeit zuordnen und bestätigen somit die Praktikabilität der Typenbildung. Die Gemeinsamkeiten unter den jeweiligen Grundtypen
sind so stark, daß sie erheblich mehr Bedeutung erlangen, als
die Branchen-Spezifika.

Anforderungen an zukünftige Geräte und Systeme

Die Studie enthält detaillierte Aussagen und Empfehlungen
- zur Auswahl von Geräten und Systemen
- zur Konfigurierung und Dimensionierung der Geräte und Systeme
  und
- bezüglich der Anforderungen an Systemfunktionen.

Unter der Annahme, daß in rasch steigendem Maße und letztlich
eine sehr große Zahl von Büroarbeitsplätzen mit informations-
und kommunikationstechnischen Geräten ausgestattet sein werden, wurde eine Grund-Konfiguration dargelegt, die die wichtigsten Bausteine enthält, die an zukünftigen Büroarbeitsplätzen zu erwarten sind.

Grundtypen der Büroarbeit		
Basisfunktionen (Personen-Gruppe)	Tätigkeitsmerkmale	Beispiele
1. Führungsaufgaben (Führungskräfte)	Leitung und Motivation von Mitarbeitern, Wahrnehmung repräsentativer Pflichten, Aufbau von Kommunikationsbeziehungen, Aufnahme und Verbreitung von Informationen, Problemlösung und Entscheidungsfindung bei Unsicherheit und Risiko; Konsens-Bildung.	Vorstandsmitglieder, Geschäftsführer, Hauptabteilungsleiter, Bereichsleiter, Werksleiter etc.
2. Fachaufgaben * (Fachleute)	Ausführung und Tätigkeiten, bei denen Fachwissen (Expertise) in besonderem Maße erforderlich ist; weitgehende Selbst-Organisation der tendenziell schlecht strukturierten Arbeit, Entwicklung von Eigeninitiative; Aufgaben-Orientierung; 'knowledge work'	Qualifizierte Einkäufer und Verkäufer, Wissenschaftler und Ingenieure in F & E sowie Produktion u. DV, Anwälte, Richter, Organisatoren Wirtschaftsprüfer, Steuerberater, Werbefachleute Publizisten
3. Sachbearbeitung * (Sachbearbeiter)	Ausführung von Tätigkeiten, für die weniger Fachwissen notwendig ist, und die in stärkerem Maße als bei 2. strukturiert und wiederkehrend sind. Sie fallen vorgangs- oder ereignisorientiert an.	Einkaufs- und Verkaufssachb.; Sachbearbeiter in Versicherungen, Banken, Speditionen; Buchhalter, Verwaltungsangestellte, 'Schalter-Dienste'.
4. Unterstützungsaufgaben (Sekretäre, Schreibkräfte u.a.)	Unterstützung der anderen Gruppen bezgl. Informations-Ver- und Bearbeitung, Übertragung (Informationsträger-Transport), Speicherung.	Schreibkräfte und Sekretärinnen, Phono- und Datentypistinnen, Postverteiler, Telefonist.
* incl. direkte Leitung mit starkem Sachbezug (z.B. Abt.-Ltg., Gruppen-Ltg, Projekt-Ltg)		

Abb. A-1: Grundtypen der Büroarbeit

Teil I: Darstellung und Begründung der Ergebnisse

1 Aufgabe und Vorgehensweise der Studie

Mit dieser Studie wurden zwei Ziele angestrebt: Erstens die
Entwicklung einer Typologie der Büroarbeitsplätze in Wirtschaft und öffentlicher Verwaltung mit quantitativen und
qualitativen Angaben zu den Aufgaben und Tätigkeiten an den
Büroarbeitsplätzen. Zum zweiten sollten für die als typisch
herausgestellten Arbeitsplätze Anforderungen an die Auswahl
und Konfigurierung sowie an Funktion und Leistung zukünftiger
Geräte und Systeme dargelegt werden.

Im Rahmen der Studie wurden einige theoretische Ansätze zur
Büro-Typologie vorgenommen und mit den Ergebnissen aus sieben empirischen Pilot-Untersuchungen konfrontiert. Diese Untersuchungen wurden in sieben verschiedenen Branchen in Form
von Interviews durchgeführt. Die Ergebnisse sind in Scenarien
dargestellt[1]. Sie enthalten eine Beschreibung der gegenwärtigen Situation, eine Analyse der Problembereiche in der Bürokommunikation, Konzeptionen für zukünftige Geräte und Systeme
sowie wirtschaftliche und organisatorische Aspekte bei der
Einführung neuer Geräte und Systeme.

Zur Vorbereitung einiger für den Anschluß an diese Studie geplanter Vorhaben wurden Methoden und Verfahren zur Analyse und
Gestaltung von Büroarbeitsplätzen untersucht und auf ihre Verwendbarkeit im vorliegenden Gestaltungsbereich geprüft. Die
Ergebnisse werden gesondert veröffentlicht.

---

1) Von diesen sind 5 ausgewählte Scenarien in diesem Band enthalten (Teil 2). Die Scenarien der Bürokommunikation in Bau-
   genehmigungsbehörden und in Versicherungen sind jeweils ein-
   zeln als BIFOA-Arbeitspapiere erhältlich.

Zur Vorbereitung einiger für den Anschluß an diese Studie
geplanter Vorhaben wurden Methoden und Verfahren zur Anlyse
und Gestaltung von Büroarbeitsplätzen untersucht und auf
ihre Verwendbarkeit im vorliegenden Gestaltungsbereich geprüft. Die Ergebnisse werden gesondert veröffentlicht.

2 Definition und Prämissen

Die vorliegende Studie untersucht Tätigkeiten im Büro. Dabei wird Büro nicht als eine 'Räumlichkeit' angesehen, sondern als eine virtuelle Zusammenfassung von Arbeiten an geistigen Objekten. Die Büroarbeit kann ein sehr breites Spektrum abdecken, von den weniger fordernden Prozessen, wie z.B. operatives Verarbeiten von Zahlenkolonnen, bis hin zu den schwierigsten gedanklichen Prozessen. Die spezifischen und typischen Zwecksetzungen der Büroarbeit sind[1]:

1. Das Fixieren betrieblicher Daten zur Schaffung einer zeitlichen Existenz der geistigen Objekte (z.B. Schreiben, Sprechen),

2. das Übermitteln betrieblicher Daten zur Überbrückung einer räumlichen und zeitlichen Diskrepanz (Übertragung, Speicherung),

3. das Auswerten betrieblicher Daten (Aufbereitung, Auswählen).

Diese Prozesse sind nicht an einen Schreibtisch gebunden, sondern sie können auch im Konferenzraum, in der Werkstatt, in einem Verkehrsmittel etc. stattfinden.

Aus dieser Abgrenzung des Büros resultiert, daß nicht nur eng umrissene Aufgaben betrachtet werden dürfen, wie dies zuweilen geschieht, wenn als typische Büroarbeitsplätze Sekretariate, Schreibbüros oder andere Arbeitsplätze der Verwaltungen mit vorwiegender Routinetätigkeit betrachtet werden. Vielmehr ist es wichtig, die Aufmerksamkeit auf alle Sachaufgaben des Büros zu richten, und zwar um so mehr, je wichtiger ihr Beitrag zur betrieblichen Zielerreichung ist.

Die Untersuchungen der vorliegenden Studie gingen von einer grundsätzlichen These aus:

---

1) Vgl. Szyperski (Büroarbeit) S. 99 ff.

Da im allgemeinen Sprachgebrauch und sogar in der Fachliteratur der Begriff 'Kommunikation' unterschiedlich gebraucht
wird, ist es notwendig, diesen Begriff zunächst darzulegen,
bevor die obige grundlegende These begründet und die Konsequenzen daraus gezogen werden können.[1]

Der Begriff 'Kommunikation' wird je nach Wissenschaftsdis-
ziplin und Verwendungszweck unterschiedlich definiert. In
der weitesten Fassung wird Kommunikation als Interaktion zwischen aktiven Systemen (Menschen, Tieren, Maschinen etc.)
verstanden. Der Begriff umfaßt dann auch die Vermittlung von
Informationen durch Objekte (z.B. Kunstwerke). Im Gegensatz
hierzu wird vielfach in einem sehr engen Verständnis Kommunikation mit Nachrichtenübertragung gleichgesetzt. Dabei wird
in erster Linie auf den Vorgang des Transportes von Informationen von einem Ort zu einem anderen abgestellt. Prozesse
des Verstehens, Interpretierens etc. bleiben ausgeklammert.
(Dieser Sprachgebrauch ist im Bereich der Daten- und Textverarbeitung weit verbreitet). Beide Begriffsfassungen werden der Büro-Kommunikation nicht gerecht. Denn erstens sind
im Bürobereich die intellektuellen Prozesse im Rahmen der
Kommunikation von so erheblicher Bedeutung, daß eine zu enge
Fassung, für die der Begriff 'Übertragung' eher angemessen
erscheint, nicht sinnvoll sein kann. Zum zweiten ist auch die
weite Begriffsfassung zu verwerfen, weil sie eine Vielzahl
von zum Teil sehr speziellen Kommunikationsarten umfaßt, die
für den Bürobereich nicht relevant sind.

----

1) Der Definition des Begriffes 'Kommunikation' ist im Rahmen
   der Studie einige Aufmerksamkeit gewidmet worden, weil das
   richtige Verständnis des Bedeutungsumfanges für die Einschätzung und Typisierung der Büroarbeit notwendig ist. Aus-
   serdem hat sich bislang kein einheitlicher Sprachgebrauch
   durchgesetzt, woraus immer wieder Mißverständnisse resultieren. Die Kommunikation ist jedoch von so grundlegender Bedeu
   tung, daß eine einheitliche Definition unbedingt angestrebt
   werden sollte.

Im folgenden wird deshalb diese Definition zugrunde gelegt:

> *Kommunikation in einem umfassenden Sinne ist ein Prozeß, bei*
> *dem Informationen zwischen Personen (oder zwischen Personen und*
> *Maschinen) ausgetauscht werden. Ein Kommunikationsprozeß beginnt*
> *beim intuitiven begrifflichen und modellhaften Denken einer Per-*
> *son, die eine Aussage übertragen will, und endet im Denkprozeß*
> *der empfangenden Person. Im Fall der Kommunikation mit einer Ma-*
> *schine gilt Entsprechendes für die Verarbeitungsprozesse des*
> *Computers.*

Der gesamte Kommunikationsprozeß setzt sich aus mehreren Phasen[1] zusammen (vgl. Abb. B-1). Ein sprachlich formulierter
und ggf. auch übersetzter Denkinhalt muß vercodet und dargestellt werden. Dazu kann es erforderlich sein, ihn zu formatieren, zu ordnen und auch wieder zu korrigieren. Erst mit
dem Sprechen, Schreiben, Zeichnen oder anderweitigem Signalisieren wird die Information in Signalen ausgedrückt, in denen sie gespeichert oder/und übertragen wird. Zuvor kann es
notwendig sein, die Signale zu wandeln (z.B. von akustischen
in elektrische Impulse) oder zu kopieren. Wenn die Signale
auf Informationsträgern stehen, wird es in der Regel erforderlich sein, diese zu bündeln, zu verpacken oder einer anderen Bearbeitung zu unterziehen. Wird die Information gespeichert, so kann sie von derselben oder einer anderen Person
(respektive von einem Computer) wieder gesucht und aufgenommen werden. Wird hingegen die Information übertragen, so geht
sie in den Empfangsbereich des Kommunikations-Partners über.
Bevor die Signale gehört, gelesen oder entschlüsselt werden,
müssen sie in der Regel gewandelt und in einer für die Aufnahme adäquate Form (z.B. auf einem Bildschirm) positioniert
werden. Datenträger sind auszupacken, zu sortieren und derart
zurechtzulegen, daß sie aufgenommen werden können. Mit dem
Hören und Sehen beginnt eine Prozeßphase, in deren Verlauf

---

1) Eine Erklärung für die gewählten Kategorien zur Bildung
   und Beschreibung der Phasen befindet sich im Anhang 1.

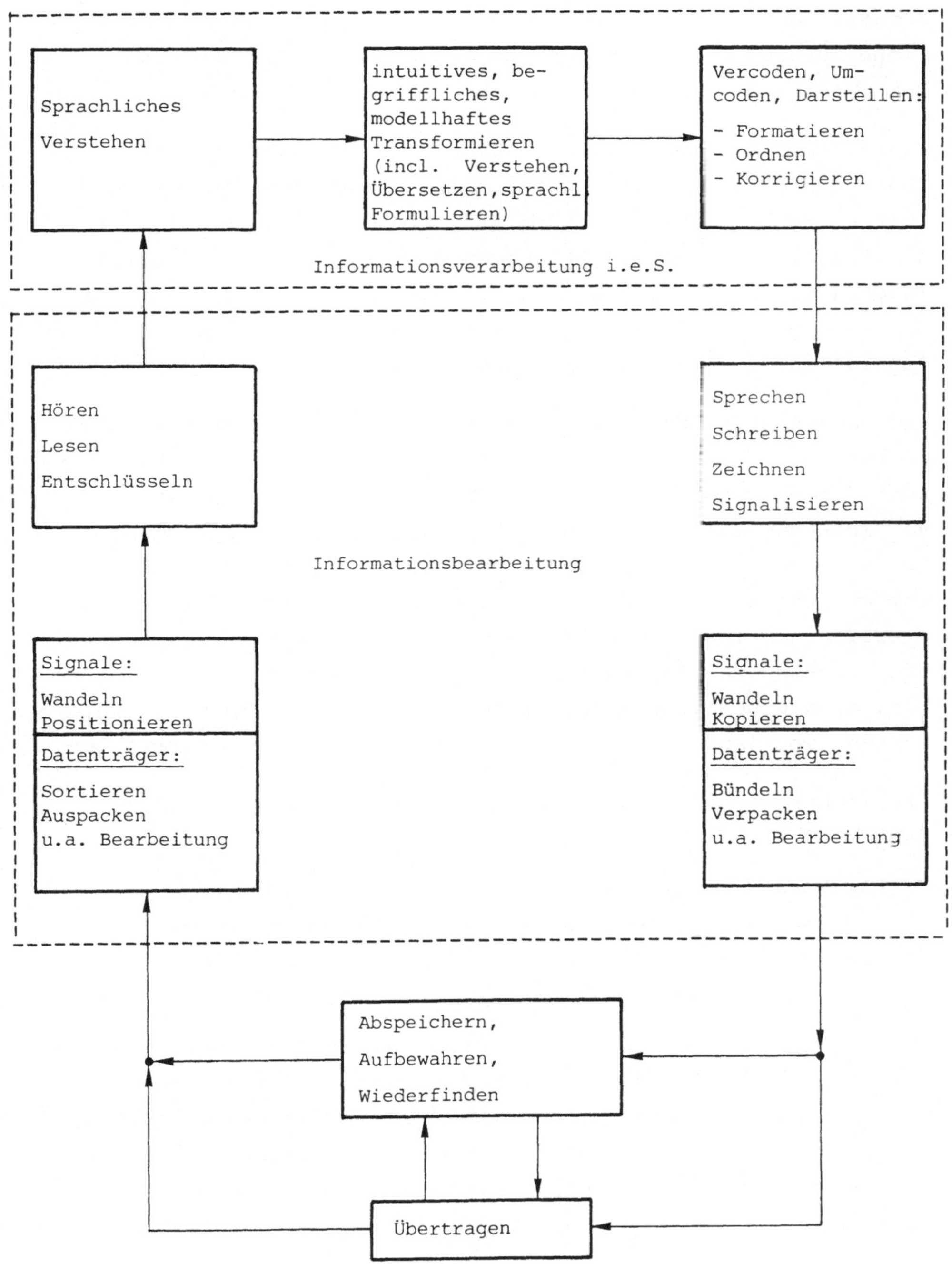

Abb. B-1. Phasen der Bürokommunikation

zunächst die Signale als Zeichen erkannt, sodann als sprachliche Ausdrücke und schließlich als Aussage verstanden werden. Damit ist ein Kommunikationsprozeß abgeschlossen.

Es hat sich als zweckmäßig erwiesen, diese im Detail aufgeführten Prozesse zu Gruppen zusammenzufassen und mit Oberbe-
griffen zu belegen. So werden alle Prozesse, die nicht direkt
die Erstellung oder das Aufnehmen von Signalen betreffen, als
Informations<u>ver</u>arbeitung (i.e.S.) bezeichnet (vgl. Abb. B-1).
Die Prozesse der Erzeugung, Veränderung und Aufnahme von Signalen zählen zur Informations<u>be</u>arbeitung.

Die vorgestellte Definition des Begriffes 'Kommunikation'
läßt sich leicht in den üblichen Sprachgebrauch einordnen.
Unter Daten- und Textverarbeitung faßt man die Informationsverarbeitung i.e.S. (Verstehen, Transformieren, Übersetzen,
Formulieren, Vercoden und Darstellen), die Informations-Bearbeitung und die Informations-Speicherung zusammen. Die Kommunikation schließt diese Prozesse und zusätzlich noch die der
Übertragung ein. Im Rahmen der Kommunikation laufen darüber
hinaus in erheblichem Maße Prozesse des intuitiven und kreativen
Denkens ab. (Abb. B-2 stellt den Zusammenhang der Begriffe dar.)

Als wichtigstes Ergebnis dieser Betrachtung kann zusammengefaßt werden:

> *Im Gegensatz zu einem weit verbreiteten Sprachgebrauch sollte
> 'Kommunikation' nicht nur eingeengt für 'Übertragung' stehen.
> Denn alle Kommunikationsprozesse beinhalten menschliche oder
> maschinelle Informationsverarbeitung und -speicherung.*

Da im nachrichtentechnischen Bereich der Begriff 'Kommunikation' vielfach im eingeengten Sinne gebraucht wird, kann es
zu Verwirrungen führen, wenn man dieser Empfehlung folgt. Es
wird deshalb ein neuer Fachterminus vorgeschlagen, der sowohl
die wichtigsten Aspekte der Büroarbeit, als auch die der Kommunikation im weiteren Sinne berücksichtigt.

> *Es wird empfohlen, den Begriff 'BÜROKOMMUNIKATION' als Fach-
> terminus zu verwenden und zu prägen. BÜROKOMMUNIKATION kenn-
> zeichnet die Arbeit im Büro, die im wesentlichen aus allen
> Teilprozessen der Kommunikation zwischen Personen (oder Per-
> sonen und Maschinen) besteht.*

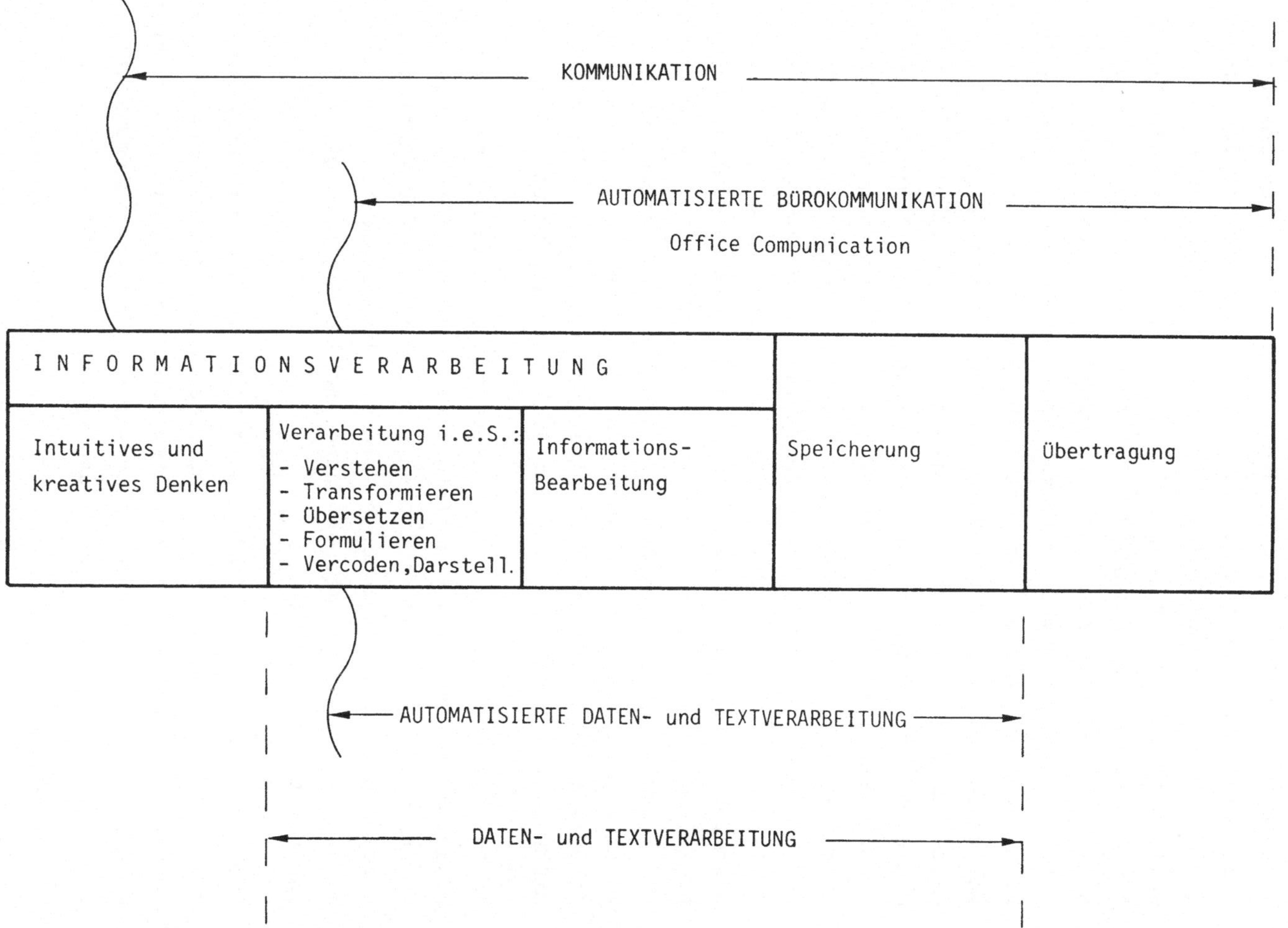

Abb. B-2: Übersicht der verwendeten Begriffe

Im Rahmen der Erfüllung von Büro-Aufgaben sind Prozesse der
Informationsverarbeitung i.e.S. selten isoliert von den übrigen Kommunikationsprozessen zu finden. Dies ist nur dann der
Fall, wenn ein längerer Arbeitsgang (z.B. ein Rechengang oder
ein Vorgang des konstruktiven Entwerfens) abläuft, bei dem
die ausführende Person (oder der Computer) keine neuen Informationen von der Umwelt aufnimmt oder an sie abgibt, und wenn
auch nicht die Aufgabe besteht, eine Informationsübertragung
vorzubereiten (z.B. durch die Erstellung eines Textes). Gemessen an der Anzahl und dem Umfang aller Büroarbeiten nehmen
diese Prozesse einen nur relativ geringen Anteil ein. Obwohl
vielfach Büroarbeiten als Informationsverarbeitung i.e.S. beschrieben werden, sind doch die zugrunde liegenden Aufgaben
nur im Rahmen eines gesamten Kommunikationsprozesses zu lösen.
So ist beispielsweise die 'Erstellung' eines Angebotes unnötig,
wenn das Angebot nicht übermittelt wird. Die Kommunikations-
prozesse vor und nach dem eigentlichen 'Ausdenken' (Ausrechnen)
und Formulieren des Angebotes - also die notwendigen Schriftwechsel, Diskussionen, Erklärungen das Suchen und Ablegen von
Informationen und schließlich das Übermitteln - sind gleicher-
maßen wichtige Bestandteile zur Erfüllung der Aufgabe 'Anbieten'.

In allen diesen Fällen ist es gerechtfertigt, eher von 'Kommunikation im Büro' als von 'Informationsverarbeitung im Büro'
zu sprechen. Denn zum einen ist der Begriff 'Kommunikation'
umfassender, und zum anderen wird mit diesem Begriff die Aufmerksamkeit auf die Voraussetzung und das Ergebnis der Aufgabenerfüllung gelenkt.

Die 'automatisierte BÜROKOMMUNIKATION' steht dem neuen ameri-
kanischen Ausdruck 'Office Compunication' nahe. Mit der Ver-
schmelzung der Begriffe 'Computer' und 'Communication' werden
alle Prozesse der Informationsverarbeitung, -speicherung und
-übertragung im Zusammenhang angesprochen.

> *Die Tätigkeiten im Büro können in ihrer Funktion als Prozesse zur*
> *Erfüllung von Kommunikations-Aufgaben und -Prozessen beschrieben*
> *und erklärt werden.*

Der Begriff 'BÜROKOMMUNIKATION' wird im folgenden bereits
im Sinne der dargelegten Bedeutung verwendet.

Weiterhin liegen der Studie zwei betriebswirtschaftliche und
organisatorische Prämissen zugrunde:

1. Der Einsatz neuer Informations- und Kommunikations-Techni-
   ken wird keine Änderungen der betrieblichen Fach- und
   Sach-Aufgaben hervorrufen.

2. Die grundsätzliche Aufbauorganisation der Unternehmungen
   und Verwaltungsbereiche wird sich infolge neuer Technolo-
   gien nicht ändern.

Damit wird nicht ausgeschlossen, daß einzelne Abteilungen verändert oder neu gebildet werden.

Die beschriebenen Definitionen und Prämissen haben einige Konsequenzen für den Gang der Untersuchung zur Folge:

- Die Grundstruktur der Kommunikationsprozesse dient als
  Denk- und Analyseschema für die Untersuchungen, Typisierun-
  gen und die Ableitungen der Anforderungen an Geräte und
  Systeme.

- Die Kommunikation ist in vielfältiger Weise durch Geräte
  und Systeme unterstützbar. Gerade an den Prozessen der Kommunikation läßt sich der Zusammenhang der Geräte und Systeme
  für Datenverarbeitung, Textverarbeitung und Übertragungsprozesse leicht aufzeigen und begründen.

- Die statistischen Aussagen der Studie, die sich auf den gegenwärtigen Stand der Erwerbstätigen beziehen, haben auch
  für die Zukunft Aussagekraft, weil sie das Verhältnis der
  Aufgabenträger zueinander darlegen.

Die Untersuchungen der Kommunikation erfolgten als betriebswirtschaftliche Analyse der Aufgabenstellungen und Aufgabenerfüllungsprozesse. Dabei traten zum Teil andere Ergebnisse
als bei denjenigen Analysen auf, die sich jeweils alleine auf
die Aspekte der Datenverarbeitung, der Textverarbeitung oder
der Informations-Übertragung beschränkten.

3 Typologie der Büroarbeitsplätze

Dieser Abschnitt faßt ebenso wie der folgende Ergebnisse zusammen, die sowohl aus den Bemühungen um betriebswirtschaftliche Systematisierungen, als auch aus den Auswertungen der empirischen Untersuchungen in mehreren Unternehmungen resultieren. Nach einigen generellen Gesichtspunkten, die die Vorgehensweise erklären, werden zunächst die Ergebnisse und im Anschluß daran der Nutzen der Typisierung sowie die Konsequenzen für die weiteren Überlegungen dargestellt und begründet.

3.1 Gesichtspunkte der Typisierung

Die Typisierung erfolgt zu dem Zweck, diejenigen Büroarbeiten und Büroarbeitsplätze zusammenzufassen, die signifikante gemeinsame Merkmale aufweisen, und die durch ähnliche Geräte und Systeme unterstützt werden können.

Büroarbeitsplätze lassen sich in vielfältiger Hinsicht beschreiben. Die einzelnen Unterscheidungsmerkmale, von denen eine Vielzahl untersucht wurden, sind fast alle geeignet, für sich alleine als Kriterium für die Bildung von Typen zu dienen. Es ist deshalb notwendig, die im Sinne der gestellten Aufgabe wichtigen Merkmale herauszufiltern und zu kombinieren. Damit kann jedoch nicht präjudiziert werden, daß diese Typenbildung generell und für alle Zwecke geeignet wäre.

Der Gang der Argumentation und die verwendeten Beschreibungsmerkmale sind in Abb. B-3 im Überblick ersichtlich. Ausgangs-

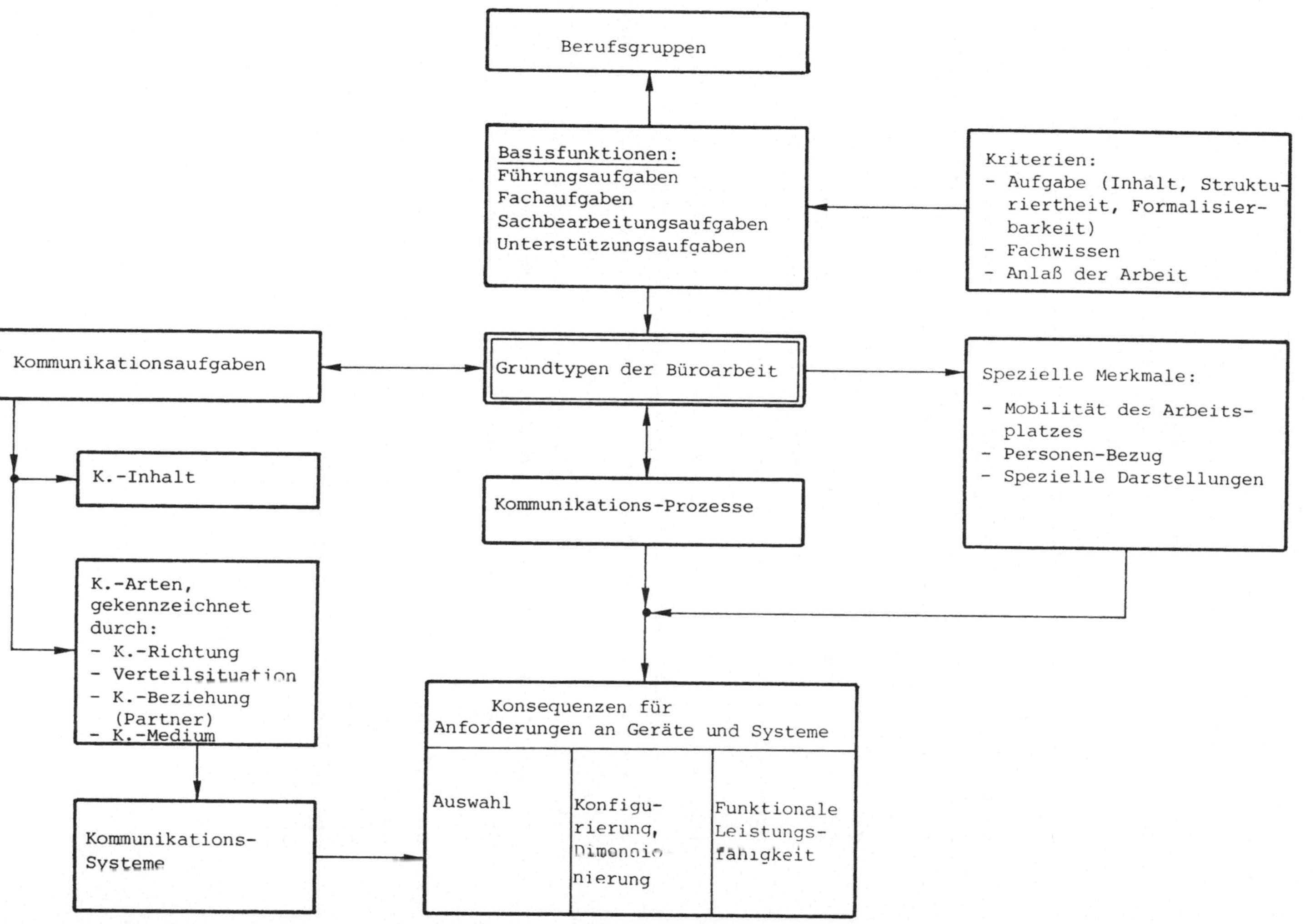

Abb. B-3. Argumentation und Merkmale der Typenbildung 15

punkt der Typenbildung sind betriebliche Basisfunktionen,
die sich mit betrieblichen Aufgaben (Inhalt, Strukturiertheit, Formalisierbarkeit), mit der Notwendigkeit diszipli-
nären Fachwissens und dem Anlaß der Arbeit definieren lassen. Diesen Basisfunktionen lassen sich Berufsgruppen, wie
sie in der amtlichen Statistik erfaßt werden, zuordnen.

Im Verlaufe vielfältiger Typisierungsversuche haben sich die
Basisfunktionen als tragende Einteilung der Büroarbeit -
oder als 'Grundtypen der Büroarbeit' - erwiesen. Alle weiteren Differenzierungen führen nur zur Beschreibung spezieller Erscheinungsformen dieser Grundtypen.

Die Ausführungen, die auf die Definition der Grundtypen
folgen, dienen nicht nur der Beschreibung spezieller Erscheinungsformen, sondern auch dem Nachweis, in welcher Hinsicht die einzelnen Grundtypen der Büroarbeit unterschiedliche Anforderungen an Geräte und Systeme der Bürokommunikation stellen. Zu diesem Zweck werden erstens die Kommunikations-Prozesse der einzelnen Grundtypen untersucht. Zum
zweiten wird gezeigt, daß sie unterschiedliche Kommunikations-
Aufgaben erfüllen, die durch Informations-Inhalte und Kommunikations-Arten beschrieben werden. Die einzelnen Kommunikations-Arten, die durch Richtung, Partnerbeziehung und Me-
dium der Kommunikation sowie durch die Verteilsituation definiert sind, und die mittels unterschiedlicher Kommunikati-
ons-Systeme realisiert werden, liefern Anhaltspunkte für die
Auswahl der Geräte und Systeme. Zum dritten wird gezeigt,
welche Anforderungen an Geräte und Systeme sich aus drei
speziellen Merkmalen ergeben, die als besondern wichtig ein-
zuschätzen sind.

3.2 Typen der Büroarbeitsplätze

3.2.1 Definition der Grundtypen

Es lassen sich vier betriebliche Basisfunktionen unterscheiden, mit denen unterschiedliche Büroarbeiten assoziativ verbunden sind. Aus diesem Grunde erscheint es - wie schon dargelegt - sinnvoll, die Grundtypen der Büroarbeit durch diese Basisfunktionen zu definieren:

1. Führungsaufgaben

Führungsaufgaben beinhalten das Leiten und Motivieren von
Mitarbeitern, die Wahrnehmung repräsentativer Pflichten,
den Aufbau von Kommunikationsbeziehungen, die Aufnahme und
Verbreitung von Informationen, die Lösung solcher betrieb-
licher Probleme, bei denen die Entscheidungsfindung durch
Unsicherheit und Risiko gekennzeichnet ist, und schließlich
die Konsensbildung.[1] Dabei spielt das Wissen über bestimmte
Fachgebiete eine untergeordnete Rolle.

2. Fachaufgaben

Fachaufgaben umfassen die Ausführung von Tätigkeiten, bei
denen Fachwissen (Expertise) in besonderem Maße erforderlich
ist ('knowledge work'). Die Aufgaben sind gekennzeichnet
durch weitgehende Selbst-Organisation der tendenziell schlecht
strukturierten Arbeit, die Aufgaben-orientiert anfällt und
bei der die Entwicklung von Eigeninitiative notwendig ist.

3. Sachbearbeitungsaufgaben

Die Ausführung der Sachbearbeitungsaufgaben ist in stärkerem Maße, als die der Fachaufgaben strukturiert, wiederkeh-
rend und deswegen besser organisierbar. Es wird weniger
Fachwissen vorausgesetzt. Die Aufgaben fallen vorgangs-
oder ereignisorientiert an.

---

1) Vgl. Mintzberg (Manager)

4. Unterstützungsaufgaben

Aufgabe der Unterstützungskräfte ist es, den anderen Gruppen bei der Informationsver- und bearbeitung, Übertragung
(Informationsträger-Transport), Speicherung zu assistieren.
Diese Aufgaben sind nicht originär, sondern ergeben sich aus
den anderen durch Arbeitsteilung, wobei Art und Umfang
der ausgegliederten Arbeiten vom Stand der angewandten Technik abhängen.

Die vier Grundtypen der Büroarbeiten stellen zwar ein sehr
grobes Raster der Büroarbeitsplätze dar, doch lassen sich bereits an diesem wichtige Unterschiede in der Kommunikation
erkennen, aus denen sich Konsequenzen für Geräte und Systeme
ableiten lassen. Die Untersuchungen haben bestätigt, daß diese Grundtypen die fundamentalste Einteilung für die Ableitung von Empfehlungen sind.

3.2.2 Zuordnung der Grundtypen zu Berufsgruppen

Die Zuordnung der Grundtypen zu einzelnen Berufsgruppen und
organisatorischen Stellen geht aus Abb. B-4 hervor. Zugleich
sind in dieser Tabelle Angaben zur quantitativen Stärke der
einzelnen Personengruppen enthalten, die den Aufgabentypen
zugeordnet werden können. Die Zahlenangaben und somit auch
die Zuordnungsweise sind der öffentlichen Statistik entommen
und im Anhang 2 im Detail belegt.

Bei der Zuordnung der Grundtypen zu einzelnen Personengruppen
treten zwangsläufig in einigen Fällen Überschneidungen auf:

1. Leitungs- und Ausführungsarbeiten sind bei Fachleuten und
   Sachbearbeitern oftmals eng miteinander verbunden. Abtei-
   lungsleiter, Gruppenleiter, Projektleiter etc. haben zum
   Teil eine gleichartige Aufgabe wie ihre Mitarbeiter, von

Berufsgruppen	in TSD gerund.	in %
Führungsaufgaben		
Unternehmer, Geschäftsführer, Geschäftsbereichsleiter*	544	
Speziell in Groß- und Einzelhandel,	6	
Banken, Versicherungen	5	
Abgeordnete, Minister, Wahlbeamte	7	
Leitende Beamte in öffentl. Verwaltung	31	
Summe	593	7%
Fachaufgaben		
Ingenieure und Naturwissenschaftler*	457	
Groß- und Einzelhandelskaufleute*	58	
Fachleute in Banken und Versicherungen	39	
Fachleute der öffentlichen Verwaltung*	94	
Rechtsfinder, -vertreter, -berater*	68	
Wirtschaftsprüfer, Steuerberater	63	
Ärzte, Zahnärzte, Tierärzte, Apotheker	180	
Hochschullehrer, Dozenten an Hochschulen, Akademien usw.	56	
Lehrer an Gymnasien, Real-, Volks-, Sonderschulen u.a. Schulen	520	
Unternehmensberater, Organisatoren, DV-Fachleute, Makler,		
Werbefachleute, Verbandsleiter	64	
Publizisten, Dolmetscher, Verlagskaufleute, Bibliothekare etc.	49	
Sozialarbeiter, Heimleiter u.a. Wirtschafts- und Sozial-		
wissenschaftler, Statistiker	127	
Selbständige Meister im Handwerk*	471	
Summe	2246	27%
Sachaufgaben		
Verwalter in Landwirtschaft und Tierzucht	9	
Technische Zeichner	103	
Groß- und Einzelhandelskaufleute*	525	
Handelsvertreter, Reisende	150	
Sachbearbeiter in Banken und Versicherungen*	456	
Speditionskaufleute*	56	
Sachbearbeiter in Fremdenverkehr und Werbung, Makler,		
Verwalter, Vermieter etc.	53	
Sachbearbeiter in öffentlicher Verwaltung*	188	
Kalkulatoren, Buchhalter	325	
DV-Sachbearbeiter	53	
Bürokräfte, Verwaltungsfachkräfte u.a. Sachbearbeiter	2559	
Rechtspfleger, Berufsberater, Bibliothekare	29	
Summe	4506	54%
Unterstützungsaufgaben		
Telefonisten	38	
DV-Operateure	26	
Bürogehilfen, Anwaltsgehilfen	143	
Bürolehrlinge, kfm. Lehrlinge, Finanzanwärter	160	
Stenografen, Stenotypisten, Maschinenschreiber, Sekretärinnen*	369	
Datentypisten	38	
Bürohilfskräfte	56	
Sprechstundenhelfer	180	
Summe	1010	12%
Gesamt	8355	100%

* untersucht im Rahmen der Studie

Abb. B-4: Zuordnung der Grundtypen zu Berufsgruppen

denen sie sich nur durch ein höheres Maß an Erfahrung, Ver-
antwortung und Vertretungsbefugnis unterscheiden. Zusätzlich obliegen ihnen jedoch noch Leitungsaufgaben in fachlicher und disziplinarischer Hinsicht. Wenn im Hinblick
auf Büroarbeits-Prozesse der Anteil an sachbezogenen Aus-
führungsaufgaben den Anteil an Führungsaufgaben überwiegt,
so erscheint es gerechtfertigt, die betreffenden Personen
als Fachleute oder Sachbearbeiter und nicht als Führungskräfte zu bezeichnen. Wenn jedoch die Leitungsaufgaben
überwiegen und die Büro-Tätigkeit prägen, so sind die entsprechenden Personen als Führungskräfte einzustufen.

2. Bei der Abgrenzung zwischen Fachleuten und Sachbearbeitern
   sind Grenzfälle denkbar, in denen nur nach fallweiser und
   persönlicher Beurteilung entschieden werden kann. So sind
   beispielsweise im Verkauf sowohl Fachleute als auch Sachbearbeiter tätig. Es kommt nicht selten vor, daß ein Verkäufer, der seine Laufbahn als Sachbearbeiter begonnen hat,
   seine Fachkenntnisse derart vertieft, daß er im Laufe der
   Zeit immer mehr als Fachmann eingesetzt wird.

3. In vielen Fällen treten Abgrenzungsschwierigkeiten zwischen
   Sachbearbeitern und qualifizierten Unterstützungskräften
   auf. So erledigen beispielsweise qualifizierte Sekretärinnen Schreibarbeiten, Verwaltungstätigkeiten und organisatorische Aufgaben. Dominieren derartige Tätigkeiten, so
   kann es zweckmäßig sein, die entsprechende Person als
   Sachbearbeiter einzustufen.

Wenn in den Fällen 1. und 3. Schwierigkeiten entstehen, eine
Person einem Büroarbeits-Typ zuzuordnen, so spricht dies
nicht notwendigerweise gegen die Zweckmäßigkeit der gewählten
Büroarbeits-Typen. Vielmehr ist der Tatsache Rechnung zu tragen, daß es zweckmäßig sein kann, eine Person mit mehreren
Funktionen zu versehen, und daß diese Person deswegen unterschiedliche Büroarbeiten vollzieht.

3.2.3 Kennzeichnung der Grundtypen durch Kommunikations-
prozesse

Die Unterschiede in der Kommunikation der einzelnen Grundtypen lassen sich anhand der Teil-Phasen der Kommunikations-
prozesse veranschaulichen. Die daraus resultierenden Konsequenzen für Geräte und Systeme werden an dieser Stelle nur
thematisch aufgerissen und im nächsten Kapitel ausführlich
behandelt. Die Abb. B-5 veranschaulicht die Zuordnung der
nachfolgend beschriebenen Merkmale zu den einzelnen Grundtypen.

Ein Kommunikationsprozeß beginnt immer mit einer Informationsverarbeitung im engeren Sinne. Dabei ist es wichtig zu unterscheiden, ob die Informationen gut oder schlecht strukturiert
vorliegen. Die Art der Datei-Handhabung, der Analysen und
Recherchen in Dateien sowie die Art der Darstellung der Information hat sich daran zu orientieren.

Die eigentlichen Denkprozesse wirken sich in mehrfacher Weise aus: Zum einen ist zu fragen, ob sie während der Kommunikation - gewissermaßen 'zwischendurch' - oder in zusammenhängenden Zeitkontingenten, in denen keine Kommunikation stattfinden muß, ablaufen. Für den zweiten Fall ist dafür zu sorgen,
daß Störungen vermieden werden. Zum anderen ist zu fragen,
ob der Denkprozeß Kreativität und heuristisches Problemlösen
beinhaltet und ob die Beurteilungsprozesse frei oder strukturiert verlaufen. Von diesen Fragen hängt es ab, ob und in welcher Weise die ADV oder andere technische Möglichkeiten zur
Unterstützung eingesetzt werden können und ob besondere Formen der Informationsdarstellung geeignet sind, die Arbeits-
bedingungen zu verbessern.

Von der Struktur und der Komplexität der darzustellenden
(zu vercodenden) Informationen hängen einerseits die System-

Untersuchungs-Kriterium		Unterschiede in der Kommunikation				Konsequenzen für Geräte und Systeme		
		Führungsaufgaben	Fachaufgaben	Sachbearb.-Aufgaben	Unterstützungsaufg.	Auswahl der Geräte u. Systeme	Konfiguration u. Dimensionierung d. Geräte u. Systeme	Funktionale Leistungsfähigk.
I.-Verarbeitung i.e.S.	- Interpretieren	Unstrukturierte Information	Strukturierte Informationen			Displays (Art)	Grösse	Datei-Handling
	- Denken (incl. Verstehen, Übersetzen, sprachliches Formulieren)	Denkprozess während der Kommunikation						Verhinderung von Störungen
			Dgl. ohne Kommunikation					
			Heurist. Pl. Kreativität					
		Freies Beurteilen		Strukturiertes Beurteilen		ATVA	Geschwindigkeit, Speichervolumen	Computer-Sprachen, Spez. Anwendungsprogr.
	- Vercoden, Darstellen (incl. Formatieren, Ordnen, Korrigieren)	Freie, neue Texte				I/o-Geräte		
			Komplizierte Texte, Zeichnungen etc.					
				Textbausteine, einfache Texte		ATVA	Anzahl, Verfügbarkeit	TV-Programme
					Formatierte Informationen	I/o-Geräte	Grösse d. I/o-Interf.	
I.-Bearbeitung	- Sprechen, Hören		Vortrag, Verteilung			Telefon, Mikrofon Lautsprecher etc.	Anzahl	Autom. Spracherkennung
		Fernmündl. oder persönl. Inf.-Austausch				Audio-visuelle Syst.	Grösse d. Darstellung	" Spr.-Generier
	- Schreiben, Zeichnen, Lesen, etc.	Zeichenvorrat einfacher Texte				Digitalisierer, Plotter, Displays etc.		Autom. Erkennung von Schrift bzw. Zeichn.
			Spezialitäten: Zeichnungen etc.			Wandler (Kopierer, LK-Leser, Hardcopy-Geräte etc.)		Spez. Software für Grafiken, Zeichnungen etc.
	- Signalbearbeitung (Wandeln, Kopieren)		Übermitt. v. Orig.			Postbearbeitungs-Ger.		
		Originalgetreue od. sinngemässe Informationen						
	- Trägerbearbeitung	Beleglose Kommunik.						
Speicherung	- Strukturiertheit	Aufgabenorientierung	Vorgangs-orientierung			Speichermedien u. -Geräte	Speichervolumen	DBMS
	- Zeitaspekte	Unregelmässige Zugriffe	Regelm., häufige Zugriffe				Zugriffsberfitschaft Zugriffszeit	Dokumentation
Übertragung	- Verbindungsaufbau	Wenige K.-Partner	Viele K-Partner			Übertragungswege Vermittlungssysteme	Zahl der Anschlüsse	Standardfunktionen des Verbindungsaufb. u. spez. Funktionen:
	- Verteilsituation	Dialog						- Kurzadressierung
		Verbreitung, Verteilung						- Wiederholung
	- Zeitaspekte	Situationsbedingt						- Verteilung etc.

Abb. B-5: Unterschiede in der Kommunikation der Grundtypen

funktionen zur Unterstützung dieser Aufgaben und andererseits
die Notwendigkeit ab, diese Funktionen im Zugriff desjenigen
zu halten, der die Informationen generiert.

Sobald die Informationen reale Existenz erlangen, sind sie
als Signale zu bearbeiten. Wenn die Informationen akustisch
(fernmündlich oder persönlich) übertragen werden, müssen entsprechende Systeme (z.B. Telefon, Mikrofon, Lautsprecher, audio-
visuelle Systeme etc.) zur Verfügung stehen. Bei der Kommunikation optischer Informationen gilt es zu unterscheiden, ob
der Zeichenvorrat einfacher Texte ausreicht oder ob Zeichnungen, Graphiken, Bilder etc. zu bearbeiten sind. Diese Fragen
beeinflußen in starkem Maße die Auswahl der Geräte, ihre Dimensionierung und ihre speziellen Funktionen (z.B. spezielle
Software für Graphiken, Zeichnungen).

An allen Büroarbeitsplätzen werden Informationen gespeichert.
Der Prozeß der Speicherung unterscheidet sich jedoch je nach
der Strukturiertheit der Informationen sowie der Ablage- und
Suchprozesse. Insbesondere läßt sich die Unterscheidung zwischen Vorgangsorientierung und Aufgabenorientierung der Speicherung treffen. Im ersten Fall werden Informationen abgespeichert oder jedesmal gesucht, wenn ein Vorgang (auf Grund
eines Ereignisses) zu bearbeiten ist. Diese Prozesse laufen
strukturierter ab, als bei einer aufgabenorientierten Vorgehensweise, bei der in sehr wechselvoller Weise auf eine Vielzahl von Informationen zugegriffen werden muß. In Verbindung
mit der Regelmäßigkeit und der Häufigkeit der Zugriffe resultieren aus diesen Überlegungen Anforderungen für die Art und
Dimensionierung der Speichereinheiten sowie für die speziellen
Funktionen des Retrieval und der Dokumentation.

Die grundlegenden Aspekte der Informations-Übertragung gehen
in die Gesamtauswahl der Geräte und Systeme ein. Die Aspek-

te 'Verbindungsaufbau' und 'Verteilsituation' stellen jedoch zusätzlich spezielle Anforderungen an Übertragungswege, an Vermittlungssysteme, an die Zahl der Anschlüsse und an spezielle Funktionen. Diese sind eine Erweiterung der Standardfunktionen, wie z.B. Kurzadressierung, Wiederholung, automatische Verteilung etc.. Gerade die Notwendigkeit, Informationen zu verbreiten und zu verteilen stellt in diesem Zusammenhang verstärkte Anforderungen.

Die Aufteilung der Untersuchungskriterien auf die einzelnen Büroarbeitstypen, die in Abb. B-5 dargestellt ist, wird bei der Beschreibung der Anforderungen an Funktionen und Leistungen der Geräte und Systeme wieder aufgegriffen.

3.2.4 Kennzeichnung der Grundtypen durch Kommunikationsaufgaben

Ein weiteres wichtiges Merkmal für die Beschreibung von Büroarbeiten ist die 'Kommunikationsaufgabe'. Sie bietet wichtige Anhaltspunkte für die Auswahl von Geräten und Systemen.

Die Kommunikationsaufgaben der Grundtypen lassen sich anhand der zu kommunizierenden Informations-Inhalte beschreiben, die für diese Zwecke in vier hauptsächliche Merkmale unterteilt wurden. (Die Verteilung der Kommunikationsaufgaben auf die Grundtypen wird in Abb. B-6 veranschaulicht).

1. Geschäftliche Informationen

    a) Allgemeine Informationen:
       Beispiele: Anfragen, Auskünfte, Einladungen, Höflichkeiten, Terminvereinbarungen.

       Allgemeine, geschäftliche Informationen werden von allen Grundtypen übermittelt, ausgetauscht oder verteilt.

Informations-Inhalt \ Grundtyp	Führungsaufgaben	Fachaufgaben	Sachbearbeitung
1. Geschäftl. Informationen a) allg. Informationen	Übermittlung, Austausch Verteilung		
b) Spez. geschäftl. Fachinformation	I-Austausch Vortrag, Präsentation	Übermittlung, Schrift-Wechsel, Simult-Texterst. Verteilung Interakt.-DV	
c) Speziell zur operativen Abwicklung			Übermittlung, Schriftwechsel Eingabe, Ausgabe Anweisung, Interakt.-DV, Stapelverarb.
2. Zahlungsverkehr			Übermittlung, Schriftwechsel Eingabe, Ausgabe Anweisung, Interakt.-DV, Stapelverarb.
3. allg. polit., wirtsch. Inform.	Veröffentlichungen Vortrag, Präsentation, Übermittlung, Verteilung,		
4. Allg. Fachinformationen			Übermittlg., Ver- teilg., Veröffent- lichg., Vortrag, Präsentation I.-Sammlung Schriftl.Austausch Simultane Erstellg.

Abb. B-6: Verteilung der Kommunikationsaufgaben

Der Austausch dieser Informationen findet 'persönlich',
fernmündlich und 'schriftlich' statt.

b) Spezielle geschäftliche Fachinformationen:
   Beispiele: Organisatorische Regelungen, juristische
   Vorgänge, Verträge, Personalakten, Gutachten, geschäfts-
   politische Entscheidungsunterlagen, Marketing-Exposées,
   interne Berichte (z.B. Reiseberichte, Vertreterberich-
   te), Produktbeschreibungen, Werbematerial.

   Diese speziellen, nicht routinemäßig anfallenden Fachinformationen werden vorwiegend von Fachleuten übermittelt oder verteilt und zwischen ihnen in Form von
   'Schriftwechseln' ausgetauscht. Die zeitlichen Unter-
   brechungen, die sich durch den Post- oder Botenweg sowie die Textbearbeitung ergeben, sind i.d.R. nicht er-
   wünscht, sondern müssen - solange es keine simultane
   Texterstellung gibt - akzeptiert werden. Die Kommunikation der speziellen Fachinformationen zwischen Führungskräften und Fachleuten erfolgt über persönlichen und
   fernmündlichen (Informations-) Austausch sowie über
   Vorträge und Präsentationen als spezielle Formen der Informations-Verbreitung. In noch geringem, aber steigendem Maße kommunizieren Fachleute mit Computern.

c) Spezielle Informationen zur operativen Abwicklung:
   Beispiele: Angebote, Aufträge, Auftragsbestätigungen,
   Lieferscheine, Rechnungen, interne Informationen zur Abwicklung (z.B. Materialscheine oder Werkstattzeichnun-
   gen).

   Diese Informationen werden vorwiegend im Rahmen der
   Sachbearbeitung übermittelt oder im Schriftwechsel kommuniziert. Der fernmündliche oder persönliche (Informa-
   tions-) Austausch bleibt auf einige Spezialgebiete

(z.B. im Großhandel) beschränkt. Im Rahmen der teilweise automatisierten Aufgabenerfüllung finden alle Arten der Kommunikation zwischen Personen und Computern statt.

2. Zahlungsverkehr

Beispiele: Schecks, Überweisungen, Wechsel. Diese Informationen werden zwar in ähnlicher Weise wie die speziellen geschäftlichen Informationen zur operativen Abwicklung, aber mit noch höherem Automatisierungsgrad kommuniziert.

3. Allgemeine, politische, wirtschaftliche u.ä. Informationen

Diese Informationen werden über Veröffentlichungen, Vorträge und Präsentationen verbreitet. In speziellen Fällen werden die Informationen auch individuell übermittelt oder an einen bestimmten Empfängerkreis verteilt. Diese Kommunikation berührt vorwiegend Führungs- und Fachaufgaben.

4. Allgemeine Fachinformationen

Beispiele: Informationen über Produkte, Methoden, Verfahren, wissenschaftliche Erkenntnisse, Normen.

Allgemeine Fachinformationen werden ebenfalls über Veröffentlichungen, Vorträge und Präsentationen verbreitet sowie individuell übermittelt und verteilt. Mit Schwerpunkt liegen diese Kommunikationsaufgaben bei Fachleuten, jedoch werden Fachinformationen auch von Sachbearbeitern gesammelt. Ebenso wie bei den geschäftlichen Fachinformationen kann auf den Bedarf, schriftlich niedergelegte Informationen unmittelbar auszutauschen und von mehreren Kommunikationspartnern zu verändern, geschlossen werden. (Anwendungsbeispiele: Erstellung von Berichten, Verträgen, Protokollen etc.).

Die Unterstützungsaufgaben sind von dieser Aufstellung nicht
berührt, denn sie unterstützen entweder Führungs- oder Fach-
oder Sachbearbeitungsaufgaben. Sie nehmen jeweils an den
Kommunikationsaufgaben derjenigen Stellen teil, die sie unterstützen.

Die Beschreibung der Kommunikationsaufgaben erfolgte soweit
mit Begriffen, die der Umgangssprache weitgehend entsprechen
und allgemein verständlich sind (vgl. auch Abb. B-6). Für
die Ableitung von Konsequenzen aus dieser Betrachtung ist
es jedoch erforderlich, die Begriffe, im folgenden kurz
'Kommunikations-Arten' genannt, zu präzisieren. Kommunikations-Arten lassen sich durch vier Merkmale definieren (vgl.
Abb. B-7):

- Kommunikations-Beziehung (Partner),
- Kommunikations-Medium,
- Kommunikations-Richtung,
- Verteilsituation

Mit der Kommunikationsbeziehung wird ausgedrückt, ob die Kommunikation zwischen Personen oder zwischen einer Person und
einem Computer stattfindet. Insbesondere im ersten Fall kann
die Kommunikation alternativ über mehrere Medien stattfinden: Rein akustisch, akustisch und optisch ('persönlich' im
Sinne von face-to-face oder durch audio-visuelle Übertragung)
sowie optisch (also schriftlich und bildlich). Die Kommunikation zwischen Mensch und Computer findet heute noch vorwiegend optisch statt, und selbst eine Erweiterung um akustische
Signale würde die weitere Betrachtung nicht wesentlich verändern.

Bezüglich der Kommunikationsrichtung und -Verteilsituation
erscheinen folgende Merkmale relevant:

Kommunikations-Beziehung / Medium — K.-Richtung und Verteilsituation	Person - Person			Person - Computer u. umgekehrt
	akustisch	akust.+ opt. ("persönl.")	optisch	opt.(akust.)
einseitig, einfach	mündliche Übermittlung	persönliche Übermittlung (Meldung, Anweisung)	Übermittlung	Eingabe, Ausgabe, Anweisung
zweiseitig, zeitlich versetzt	Ruf und Rückruf	audio-visuelles Lernen	"Schriftwechsel"	Stapelverarbeitung
zweiseitig, gleichzeitig	fernmündlicher Informations-Austausch	persönlicher Informations Austausch	"schriftl." Austausch, simultane Texterstellung	interaktive (real-time) DV
Verbreitung (Distribution)	Vortrag, Verteilung	Vortrag, Präsentation	Veröffentlichung, Verteilung	Verbreitung einer Datenbasis
Sammlung	Abstimmung	Abstimmung	Informations-Sammlung	Datenerfassung

Abb. B-7. Definition der Kommunikations-Arten

- Bei einseitiger, einfacher Kommunikation wird eine Information übermittelt, ohne daß eine Antwort erwartet wird,

- bei zweiseitiger Kommunikation ist entweder die Möglichkeit eines 'gleichzeitigen' wechselseitigen Informationsaustausches gegeben, oder die Wechselbeziehung findet zeitlich versetzt (mit Intervallen) statt,

- als Informations-Verbreitung wird eine Situation gekennzeichnet, in der Informationen von einer Quelle an viele Empfänger verteilt werden.

- bei der Informations-Sammlung fließen Informationen von vielen Quellen kommend bei einer Person oder einem Computer zusammen.

Mit diesen Merkmalen lassen sich elementare Kommunikationsarten definieren (Abb. B-7). Die Definitionen dienen nicht nur der Präzisierung der Kommunikations-Aufgaben. Vielmehr kann mit ihrer Hilfe deutlicher gezeigt werden, welche Geräte und Systeme die einzelnen Kommunikations-Arten und damit auch die Kommunikationsaufgaben unterstützen. Das Merkmals-Schema der Abb. B-7 wird deswegen bei der Behandlung der Auswahl von Geräten und Systemen (Abschnitt 4.1) wieder aufgegriffen.

3.2.5 Spezielle Untergliederungen für Büroarbeitsplätze

Die Grundtypen der Büroarbeitsplätze wurden im letzten Abschnitt unter mehreren Gesichtspunkten näher beschrieben. Unter diesen erscheinen einige von derart hervorstechender Bedeutung, daß eine quantitative Zuordnung zu Berufsgruppen angebracht ist. Es werden zunächst die Fachaufgaben und die Aufgaben der Sachbearbeitung gemeinsam und im Anschluß daran die Unterstützungsaufgaben für sich unterteilt.

<u>Fachaufgaben und Sachbearbeitung</u>

Fachaufgaben und Sachbearbeitung werden nach drei Merkmalen
untergliedert, die für die Formulierung von Anforderungen an
Geräte und Systeme besonders wichtig sind: Die Mobilität des
Arbeitsplatzes, der Personenbezug und die Notwendigkeit für
spezielle Darstellungen. Die Aufteilung wird in Abb. B-8
veranschaulicht und quantitativ belegt.[1]

1. Mobilität des Arbeitsplatzes:
   Viele Aufgaben werden ausschließlich oder vorwiegend an
   einem festen Arbeitsplatz (z.B. Schreibtisch) vollzogen.
   Andere Aufgaben hingegen verlangen häufige Kundenbesuche
   oder Besichtigungen an Baustellen etc., wobei typische
   Büroaufgaben fern des persönlichen Arbeitsplatzes ausgeübt werden. Zur Unterstützung dieser 'mobilen' Arbeitsplätze können spezielle Geräte eingesetzt werden, an die
   auch besondere Anforderungen zu stellen sind.

2. Personenbezug:
   Die meisten mobilen Arbeitsplätze sind durch häufige und
   intensive, persönliche Kommunikation gekennzeichnet. Bei
   dieser Kommunikation spielt in vielen Fällen die schnelle
   Verfügbarkeit von Informationen und die Qualität der Darstellung eine besondere Rolle. Eine derartige 'Bedienungs-
   oder Kundenorientierung' tritt auch bei stationären Arbeitsplätzen auf (z.B. bei Schalterdiensten von Banken, Versicherung, bei Auskunftsdiensten). Alle Aufgabenträger mit
   einer speziellen Bedienungs- oder Kundenorientierung müssen leicht und meistens auch jederzeit ansprechbar sein.

3. Spezielle Darstellungen:
   Bereits im Rahmen der Untersuchung der Kommunikationsprozesse wurde herausgestellt, welchen Einfluß die Darstel-

---

[1] In diese Aufstellung sind wertvolle Hinweise und unveröffentlichte Daten des Statistischen Bundesamtes eingegangen.

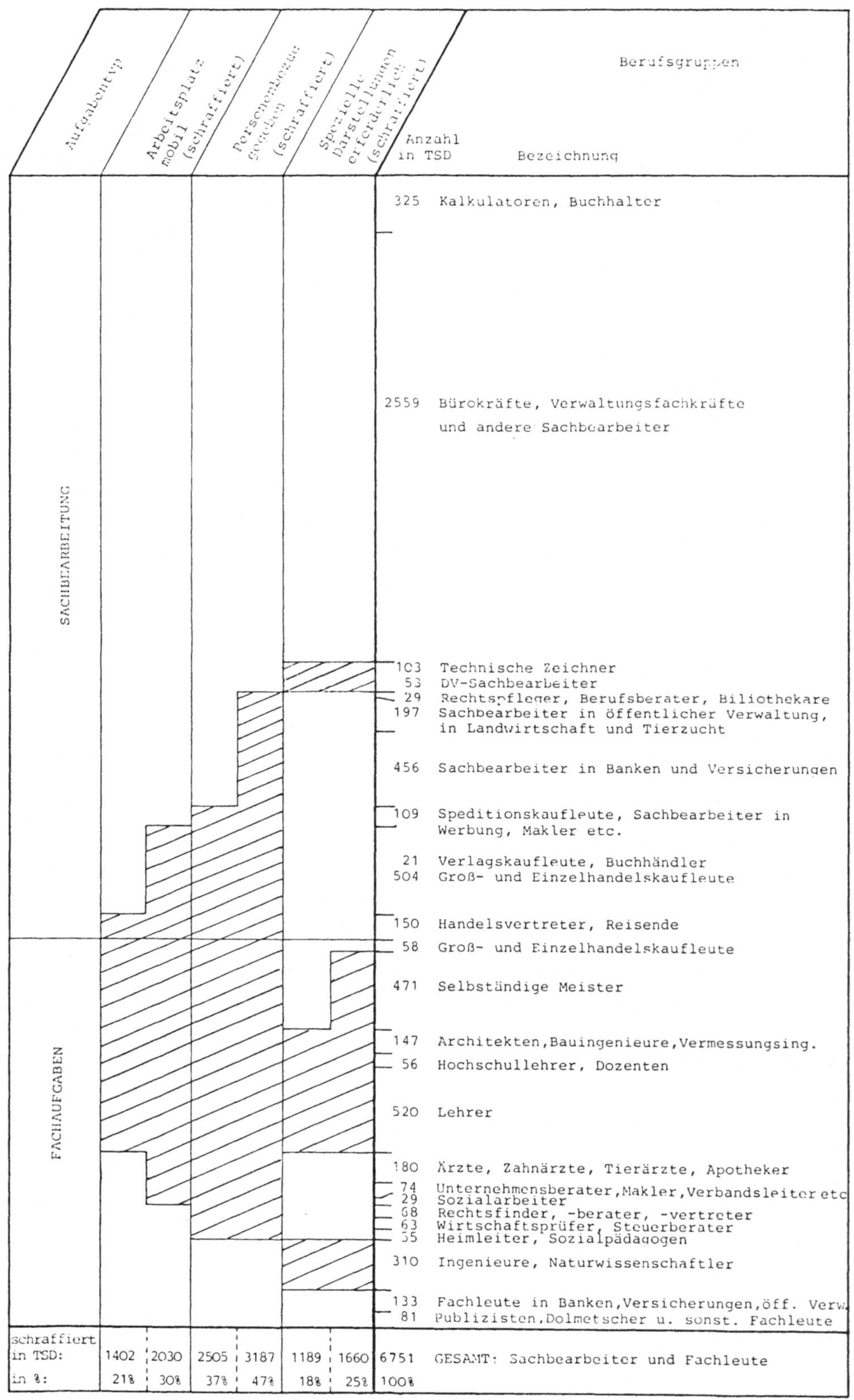

Abb. B-8: Spezielle Untergliederungen

lungsformen auf die Informationsverarbeitung und -bearbeitung haben. Es erscheint sinnvoll, diejenigen Aufgabenträger besonders herauszustellen, die spezielle Graphiken, Zeichnungen, Bilder etc. in großem Umfange zu kommunizieren haben. Zur Unterstützung dieser Arbeitsplätze bedarf es in der Regel besonderer Geräte und Systeme.

Überblickt man die soweit aufgeführten Beschreibungsmerkmale, so lassen sich zwar Arbeitsplatztypen erkennen, die leicht existierenden Arbeitsplätzen zugeordnet werden können, aber es erscheint nicht sinnvoll, diesen Typen neue Namen zu geben.

Unter den Sachbearbeitungsaufgaben fällt die große Gruppe der nicht personenbezogenen Aufgaben auf, die ohne spezielle Darstellungen am stationären Arbeitsplatz erledigt werden. Die Aufgaben sind in der Regel gut zu formalisieren und z.T. durch ADV zu unterstützen. Mit der Wahrnehmung dieser Aufgaben sind rund 2,56 Mio. Erwerbstätige als Aktenführer, Buchführer, Buchhalter, Registratoren, Amtsassistenten, Kommunalbeamte, Justizangestellte und andere Büroangestellte ohne nähere Angaben, Disponenten, Auftragsbearbeiter, Karteibearbeiter, Bürokaufleute, Bürovorsteher und andere Sachbearbeiter betraut.

Unter den Fachaufgaben überwiegen diejenigen am mobilen Arbeitsplatz. Dies mag nicht zuletzt daran liegen, daß in dieser Rubrik alle Lehrer eingeordnet wurden. Sie arbeiten an mehreren Arbeitsplätzen (zu Hause, Lehrerzimmer, Klassenzimmer) und stellen besondere Anforderungen an Geräte und Systeme zur Unterstützung des Unterrichts und seiner Vorbereitung. Außerdem ist die Gruppe der Ingenieure, Naturwissenschaftler, selbständigen Meister im Handwerk, Architekten, Bau- u.a. Ingenieure, die überwiegend mit Zeichnungen u.a. speziellen Darstellungen umgehen, von beachtenswertem Umfang.

<u>Unterstützungsaufgaben</u>

Auf die Unterstützungsaufgaben lassen sich die oben beschriebenen Merkmale nicht anwenden, denn Unterstützungskräfte sind
in der Regel stationär und nicht bedienungs- oder kundenorientiert. Dies trifft auch dann zu, wenn Unterstützungskräfte
in einer Service-Abteilung (z.B. einem Schreibbüro) zusammengefaßt sind und betriebsinterne 'Kunden' bedienen. Denn auch
in diesem Fall müssen sie sich nicht um ihre Kunden bemühen,
sondern die jeweils hereinkommenden Aufträge verrichten. Die
Bearbeitung spezieller Darstellungen, wie Graphiken, Zeichnungen etc. wird in der Regel nicht von Unterstützungskräften, sondern von Sachbearbeitern (technischen Zeichnern) vorgenommen, weil die reine Informations-Bearbeitung nicht lös-
gelöst von der Darstellung (Formatieren, Ordnen) und dem Vercoden von speziellen Symbolen erledigt werden kann.

Unterstützungskräfte sind mit der Bearbeitung von Signalen
und Datenträgern befaßt. Um den Bedarf an Geräten und Systemen quantifizieren zu können, erscheint es sinnvoll, die Unterstützungskräfte in acht Gruppen zu differenzieren, die
in Abb. B-9 dargestellt sind.

Bei der Analyse dieser Zuordnung gilt es zu beachten, daß
erhebliche Teile derjenigen Unterstützungskräfte, die sich
mit dem Schreiben, Korrigieren etc. von Datenträgern befas-
sen, zusätzlich noch andere Arbeiten verrichten, wie z.B. allgemeine Sekretariatsaufgaben oder medizinisch-technische Aufgaben einer Sprechstundenhilfe. Arbeitskräfte, die nur neben-
bei Unterstützungsaufgaben wahrnehmen, hauptsächlich aber
Buchhaltungs- oder Dispositionsarbeiten verrichten, werden
als Sachbearbeiter bezeichnet. Dieses Tätigkeitsprofil ist
besonders häufig in kleinen und kleinsten Betrieben vertreten.

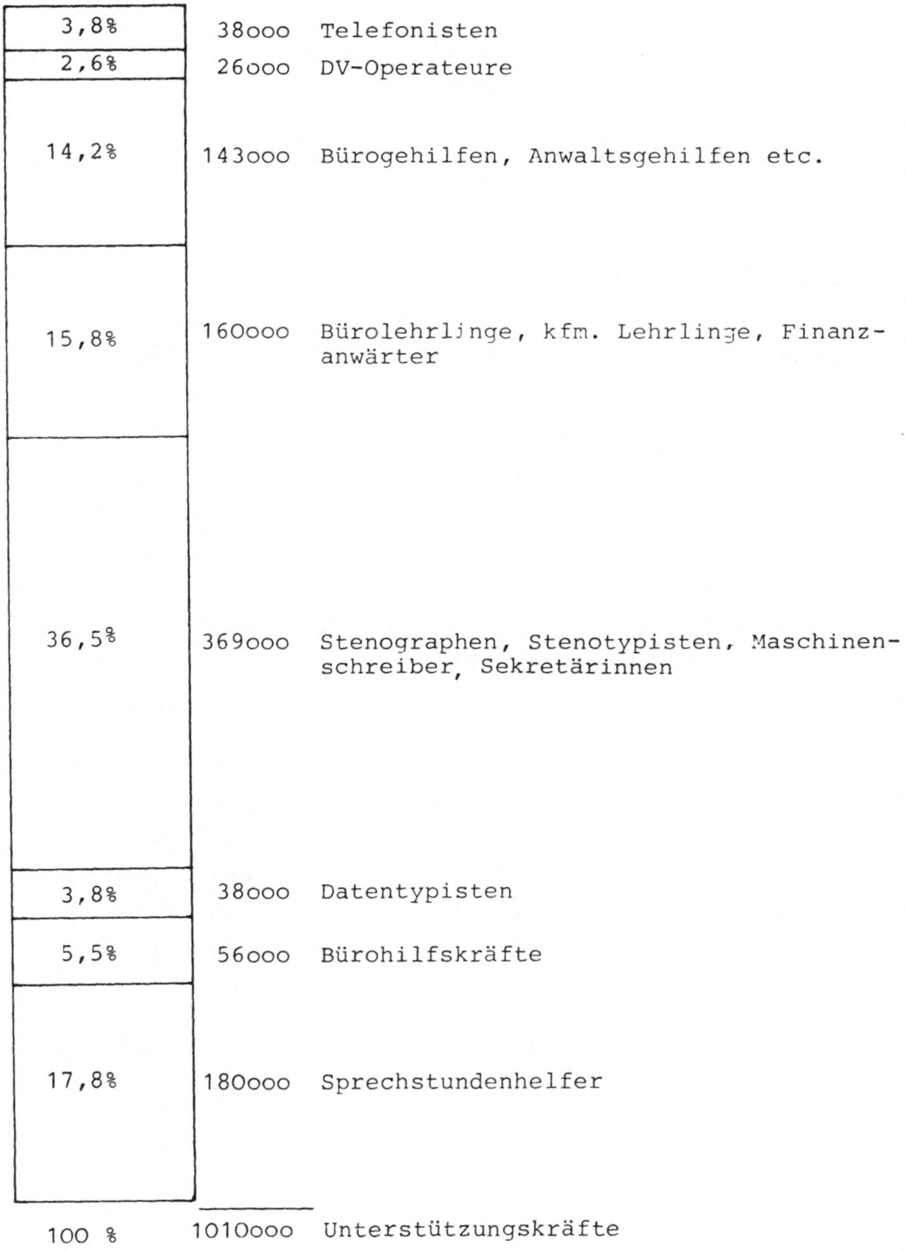

Abb. B-9 : Untergliederung der Unterstützungsaufgaben

Diejenigen Arbeitskräfte, die vorwiegend mit der Textbearbeitung beschäftigt sind (Stenographen,Stenotypistinnen,
Maschinenschreiber, Sekretärinnen), stellen mit 369.000
die größte Gruppe der Unterstützungskräfte. Ihr Anteil
an allen Büro-Beschäftigten beträgt aber nur 4,4 %.

3.3 Bestätigung der Typenbildung durch die Fallstudien

Die Typisierung resultiert zum einen aus dem Bemühen um
wissenschaftliche Systematisierung und um die Verwertung
bereits gesicherter Informationen, und zum anderen aus den
Untersuchungen ausgewählter Büroarbeitsplätze im Rahmen der
Studie. Die Untersuchungen, die in sieben Scenarien ausführlich beschrieben werden, wurden an Arbeitsplätzen aller Typen
vorgenommen[1]. Bei der Auswahl der Arbeitsplätze wurde darauf
geachtet, daß die für die Büroarbeit wichtigsten Branchen vertreten sind. Außerdem wurden diejenigen organisatorischen Stellen bzw. Basisfunktionen untersucht, die in der jeweiligen
Branche besonders häufig vorkommen oder besonders typisch sind.

Abbildung B-10 vermittelt einen Überblick über die im Rahmen
der Studie untersuchten Büroarbeitsplätze. Insgesamt wurden
sechzehn Büroarbeitsplätze im Detail und weitere sechs zusätzlich untersucht. Dabei wurde großer Wert darauf gelegt,
die Untersuchungen vom Allgemeinen zum Speziellen zu führen,
so daß in relativ kurzer Zeit die grundsätzlichen und ver-
allgemeinerbaren Gesichtspunkte zu Tage treten konnten.

Die Untersuchungen erstreckten sich in allen Fällen auf
folgende Punkte:

---

1) Vgl. 2. Teil.

Scenario-Nr.	Untersuchungsbereich		Untersuchte Grundtypen			
	Arbeitsplätze	Branche	Führungsaufg.	Fachaufgaben	Sachbearbei-tungsaufgaben	Unterstützungs-aufgaben
1	Architekt	Bauwesen		X		
1	Statiker	Bauwesen		X		
1	beratender Ingenieur	Bauwesen		X		
1	Handwerker mit Verwaltung	Bauwesen	X	X	(X)	(X)
2	Stahl-Verkäufer	Großhandel	(X)		X	
2	dgl. Export-Import	Großhandel		X		
3	Rechtsanwälte	Dienstleistg.		X		(X)
4	Bauprüfer	öff. Verwaltung		X	(X)	
5	Speditionssach-bearbeiter	Spedition			X	(X)
6	Versicherungs-sachbearbeiter	Versicherung			X	
7	Führungskräfte im Verkauf	Industrie	X			(X)

X = Untersuchung im Detail

(X)= Untersuchung im Zusammenhang mit anderem Arbeitsplatz

Abb. B-10: Untersuchte Arbeitsplätze

- Beschreibung des Betriebes und seines Systems:

  . Betriebliche Aufgaben

  . Umsystem des Betriebes

  . Organisationsstruktur

- Aufgaben-Analyse je untersuchte Stelle:

  . Beschreibung der Aufgaben

  . Kommunikationspartner

  . Kommunikationsstruktur

  . Inhalte der Kommunikation

  . Prozesse der Kommunikation

  . Dateien

- Detaillierte Beschreibung der Aufgabenerfüllung
  (Kommunikationsprozesse)

Auf Grund dieser Analysen wurden Konzepte von möglichen Prozessen der Aufgabenerfüllung, die von zukünftigen Geräten
und Systemen unterstützt werden könnten, entworfen und diskutiert.

Die Auswertung der einzelnen Untersuchungen (Scenarien)
erbrachte folgende wichtigen Ergebnisse:

1. Alle untersuchten Arbeitsplätze lassen sich gut den Grund
   typen der Büroarbeit zuordnen und bestätigen somit die
   Praktikabilität der Typenbildung.

2. Die Gemeinsamkeiten unter den jeweiligen Grundtypen sind
   so stark, daß sie erheblich mehr Bedeutung erlangen, als
   die Branchen-Spezifika.

   Damit wird nicht verkannt, daß es branchenspezifische und
   z.T. auch betriebsspezifische Probleme (z.B. Anwendungs-
   programme, Dateien) gibt. Aber sie sind Unterfälle einer

gemeinsamen Struktur, auf die es hier bei der Konzipie-
rung von Geräten und Systemen zunächst ankommt. Daraus
resultiert, daß die in den vorangegangenen Abschnitten
aufgeführten Merkmale wichtiger als branchenspezifische
sind.

Dieses Ergebnis ist um so beachtlicher, als bei der Auswahl
der zu untersuchenden Betriebe nach Branchen differenziert
wurde. In den Ergebnisbeschreibungen (Scenarien) werden Markt-
volumina für Geräte und Systeme nach Branchen aufgeführt.
Sie werden hier nicht noch einmal wiederholt, weil es wichtiger ist, daß sich die Anforderungen an Funktion und Leistung zukünftiger Geräte und Systeme an den Grundtypen der
Büroarbeit und den zusätzlichen Merkmalen ausrichten. Auf
diese Weise werden erheblich größere Marktpotentiale er-
schlossen (vgl. Abb. B-4).

4 Anforderungen an Funktion und Leistung zukünftiger Geräte und Systeme

4.1 Auswahl der Geräte und Systeme

Die Vielfältigkeit der Kommunikationsaufgaben fordert ein
breites Spektrum an Geräten und Systemen. Ähnlich wie im
Rahmen der Typologie der Büroarbeitsplätze Schwerpunkte herausgestellt wurden, so gilt es hier, Geräte und Systeme darzu-
stellen, die von besonderer Bedeutung sind oder sein werden.
Die in Frage kommenden Geräte orientieren sich an den Kommunikationsarten und lassen sich deshalb im gleichen Raster
ordnen.[1] Abbildung B-11 ermittelt einen Überblick über die
wichtigsten Geräte und Systeme der Bürokommunikation. An dieser Systematik orientiert sich die folgende Abhandlung der
Argumente für und wider die Auswahl der Geräte und Systeme aus
der Sicht der Kommunikationsaufgaben an den Büroarbeitsplätzen. Die Argumentation basiert dabei im wesentlichen auf den

---

1) Vgl. Abb. B-7.

Kommunikations-Beziehung / K.-Richtung und Verteilsituation \ Medium	Person - Person			Person - Computer u. umgekehrt
	akustisch	akust.+ opt. ("persönl.")	optisch	opt.(akust.)
●——▶ einseitig, einfach	Suchsysteme		mittels Trägeraustausch - Papier, - Film, - Magn. Datenträger - Bildplatte	
zweiseitig, zeitlich versetzt	Privatfunk	Fernsprechen, Festbildkomm., Austausch audiovisueller Träger	Postsysteme: - Briefpost, - Bildschirmtext, - Telex, - Teletex, - Telefax, Comp.-Mail Comp.-Conf.	K. mit Computer
zweiseitig, gleichzeitig	Fernsprechen, Gegensprechen	face-to-face Fernsprechen mit schneller Textkommunikation, Bildtelefon, Videokonferenz	Simultane Texterstellung, Comp.-Conf.	interaktive K. mit Computer, (z.B. auch Bildschirmtext)
Verbreitung	Rundfunk, Tonband, Schallplatte	Fernsehen (Kabelfernsehen)	Postsysteme s.o.	Videotext, Bildschirmzeitung, Bildschirmtext
Sammlung		Zwei-Wege Kabelfernsehen	Postsysteme s.o.	Datensammelsysteme

Abb.B-11: Geräte und Systeme im Raster der Kommunikationsarten

Ergebnissen der Untersuchungen, die in den Scenarien dargestellt sind und auf die im Text verwiesen wird.

Akustische Kommunikation von Person zu Person

Suchsysteme werden nach wie vor in speziellen Situationen
gebraucht werden, es liegen jedoch keine Anzeichen für eine
nennenswerte Ausweitung des Bedarfs vor. Ähnliches trifft
auf den Privatfunk zu, der attraktiv wäre, wenn er über eine
großstädtische Distanz mit guter Qualität zu empfangen wäre.
Dabei müßte der Preis mit dem Telefon konkurrieren können,
denn die bereits gegenwärtig vorhandenen Möglichkeiten des
Funktelefons werden zum großen Teil wegen zu hoher Preise
nicht ausgenützt. Ein Bedarf ergibt sich an Baustellen für
Handwerker, Architekten, Ingenieure etc., die sich auf dem
Wege zwischen Baustellen befinden. Der größte Teil zweiseitiger, gleichzeitiger, akustischer Kommunikation wird
nach wie vor über das Telefon abgewickelt. Dieses wichtige
Instrument wird in vielen Fällen nicht ersetzt, aber durch
Zusätze ergänzt werden, die unten behandelt sind. Gegen-
sprechanlagen lassen sich sehr günstig durch komfortable
Telefonsysteme (z.B. Kurzwahl und Konferenzschaltung) sub-
stituieren. Im Bereich der Bürokommunikation ist kein nennens-
werter Bedarf für eine Informationsverbreitung über Rundfunk,
Tonband oder Schallplatte zu erkennen.

Akustische und optische (persönliche) Kommunikation von Person zu Person

Für den Austausch audio-visueller Datenträger oder für die
wechselseitige Übermittlung von Festbildern wurden im Rahmen
der Untersuchungen zwar keine Anwendungsmöglichkeiten gefunden, doch lassen sie sich für die Zwecke audio-visuellen Ler-
nens einsetzen (Beispiele: Verkäuferschulung, Einweisung in

neue Maschinen, Lehrlingsausbildung).

Von besonderer Bedeutung ist die zweiseitige, gleichzeitige
Kommunikation. Sie läßt sich in drei Stufen gestalten:

- Von sehr breitem Interesse kann es sein, die normalen
  Funktionen des <u>Fernsprechens durch eine schnelle Übertragung eines Bildschirminhaltes zu erweitern</u>. Auf diese Weise können schriftliche (oder bildliche) Informationen,
  die dem einen Gesprächspartner vorliegen und die nicht
  auf einfache Weise oder schnell zu beschreiben oder vor-
  zulesen sind, dem anderen Gesprächspartner mitgeteilt werden. Anwendungsmöglichkeiten bieten sich sowohl bei der operativen Geschäftsabwicklung von Auskünften, Angeboten und
  Reklamationen im Handel, in der Industrie, im Verkehrswe-
  sen, in der öffentlichen Verwaltung etc.. Diese Art der
  Kommunikation wird sich besonders dann anbieten, wenn das
  sendende und das empfangende Terminal jeweils einen Arbeitsplatz-Computer enthält.

- Das <u>Bildtelefon</u> kann sich zuerst dort durchsetzen, wo ein
  besonderer Vorteil in der Beobachtung der Mimik und Ge-
  stik des Gesprächspartners gesehen wird. Anwendungsmöglichkeiten bieten sich bei Befragungen und Verhandlungen
  von Rechtsanwälten und Führungskräften.

- <u>Videokonferenz-Systeme</u> werden möglicherweise die Zahl und
  den Aufwand von Geschäftsreisen reduzieren. In der vorliegenden Untersuchung wurden keine direkten Anhaltspunkte
  für einen Bedarf an diesen Systemen gefunden. Zwei Gründe mögen hierfür maßgeblich sein:

  1. Die persönliche Wirkung der Kommuniaktionspartner auf-
     einander ist noch zu wenig absehbar, als daß die Ein--

satzmöglichkeiten der Videokonferenz für Verkaufsge-
spräche und Verhandlungen eingeschätzt werden könnten.

2. Die Kosten und die Verfügbarkeit der Videokonferenz-
   Systeme sind noch nicht ausreichend abschätzbar.

Grundsätzlich besteht jedoch ein sehr großer Bedarf zu
persönlicher Kommunikation sowohl bei Führungskräften,
als auch bei allen bedienungs- und kundenorientierten
Fachleuten und Sachbearbeitern.[1]

Im Rahmen der vorliegenden Untersuchung wurden keine Anhaltspunkte gefunden, die für eine Verbreitung von Informationen
mittels <u>Fernsehen (auch Kabelfernsehen)</u> sprechen.

Optische Kommunikation von Person zu Person

Die einseitige und einfache Übermittlung von Informationen
(z.B. für die Zwecke der Werbung und Unterweisung) läßt sich
über den gegenwärtig gebräuchlichen Datenträger <u>Papier</u> hinaus
ausdehnen auf <u>Film (Mikrofilm), Mangnetband-Kassetten und
Bildplatte</u>. Die Substitution eines Datenträgers durch einen
anderen wird von der Verfügbarkeit entsprechender Bürogeräte
und ihrer Wirtschaftlichkeit abhängen.

Wichtiger ist die zweiseitige Kommunikation, die zeitlich
versetzt ablaufen kann, weil vor der Erteilung der Antwort
ein Informationsver- oder/und -bearbeitungsgang erfolgen
muß. <u>Briefpost und Telex</u> lassen sich durch <u>Teletex</u> und <u>Tele-
fax</u> ersetzen. Das Bürofernschreiben besitzt so vielseitige
Vorzüge gegenüber der herkömmlichen Briefpost und dem Telex,
daß nur die noch relativ hohen Gerätekosten und die geringe
Verbreitung der Endgeräte[2] ein Hindernis für die Einführung
sein können. Anwendungsmöglichkeiten für das Bürofernschreiben wurden in allen Bereichen der Untersuchung gefunden.

---

1) Vgl. besonders die Scenarien des Bauwesens, des Großhandels,
   der Rechtsanwaltskanzleien und der Industrie.

2) Dabei wird sich die Kompatibilität von Telex mit Teletex
   zugunsten der Verbreitung des Bürofernschreibens auswirken.

In vielen Fällen wird eine Information in einer Kette von
Person zu Person gereicht. Wenn in dieser Kommunikations-
kette eine Person nicht über <u>Bürofernschreiben</u> erreichbar
sein wird, so kann sich der Einsatz spezieller Interfaces
anbieten, die für den Ausdruck von Informationen auf versand-
fähige Datenträger sorgen, oder die den Datenträger Papier
lesen und die Informationen vercoden oder analog abspeichern.
Die maschinelle Speicherung einer Information vor oder nach
ihrer Übertragung ist ein wesentliches Argument für Bürofernschreiben. Demgegenüber setzt das <u>Fernkopieren</u> das Handling
von Papier voraus. Dies ist kein Nachteil, solange noch sehr
viele Büroarbeitsplätze vorwiegend mit Datenträgern aus Papier
arbeiten.

Das Postsystem '<u>Bildschirmtext</u>' wird für kurze Informationen
ein praktisches und weitverbreitetes Kommunikationssystem
sein können. Da einerseits die Kommunikation kurzer Inhalte
von großer Bedeutung ist und andererseits viele Kommunikationspartner sich in privaten Haushalten befinden, kann das
System Bildschirmtext in vielen Fällen eingesetzt werden (z.
B. im Handwerk, Handel, öffentlichen Dienst).

<u>Computer-Mailing</u> unterscheidet sich von Bürofernschreiben
durch die Zwischenspeicherung der Information in einem zentralen Computer (Mail-Box-Prinzip), an den sich eine große
Zahl von Terminals anschließen läßt. Computer-Mailing kann
für alle Inhaber mobiler Arbeitsplätze von großem Interesse
sein, denn sie können von jedem Ort aus und zu jeder beliebi-
gen Zeit die an sie gerichteten Informationen empfangen (z.
B. Verkäufer, Handelsvertreter und Führungskräfte auf Reisen).
Computer-Mailing ist aber auch für diejenigen Arbeitsplätze
wichtig, die nicht über eine eigene Bürofernschreib-Station
verfügen.

Eine spezielle Form des Computer-Mailing ist das <u>Computer-
Conferencing</u>. Hier besteht eine spezielle Organisation für
den Austausch fachlicher Informationen zwischen den Teilnehmern einer 'Konferenz'. Jeder Konferenz-Teilnehmer kann an
einen, an mehrere oder an alle anderen Teilnehmer eine Nachricht absenden. Die inhaltliche und zeitliche Koordination
der Kommunikation wird von einem Konferenz-Leiter vorgenommen.
Derartige Systeme bieten sich im Bereich von Forschung und
Entwicklung sowie Politik an. Die Voraussetzungen für Computer-
Conferencing sind einfache Terminals, ein zentraler Rechner
und ein Informations-Netz.

Eine spezielle Form des Computer-Conferencing ist die <u>simul-
tane</u> Texterstellung. Daran beteiligen sich in der Regel zwei
Personen, die mittels eines zentralen Textverarbeitungssystems
zur gleichen Zeit an einem Text schreiben, korrigieren etc..
Anwendungsmöglichkeiten für eine derartige Kooperation werden im Bereich der Forschung und Entwicklung und für inner-
betriebliche Kommunikation gesehen (z.B. Überarbeitung eines
Protokolls oder Berichtes).

Zur Informations-Verarbeitung und -Sammlung lassen sich die
oben genannten <u>Postsysteme</u> oder entsprechende betriebsinterne
Systeme einsetzen. Da die Verbreitung und Sammlung sowohl betrieblicher Daten (organisatorische Mitteilungen, fachliche Berichte etc.), als auch veröffentlichter Informationen von gros-
ser Bedeutung sind, sind diejenigen Systeme zu bevorzugen,
die die Verbreitung und Sammlung besonders begünstigen.

<u>Kommunikation Person-Computer</u>

Zusätzlich zu den bislang geläufigen Kommunikationsarten über
Computer-Terminals bieten sich in Zukunft Systeme an, die in
besonderer Weise für eine neue Art der Kommunikation mit ei-

nem Computer geeignet sind: <u>Videotext, Bildschirmzeitung und
Bildschirmtext</u>. Diese Systeme werden Anwendungsmöglichkeiten
finden, wenn ihre Speicher mit Informationen gefüllt sind,
die in der betrieblichen Praxis vom Büro aus abgerufen werden: Reiseauskünfte, Wetterauskünfte, politische und wirtschaftliche Nachrichten, Anschriften und andere Dienste.

Mit zunehmender <u>Erfassung betrieblicher Daten</u> am Ort der Erstellung gewinnen Systeme an Bedeutung, die Daten einfach
aufnehmen und zu einem sammelnden Computer übersenden. Zu
diesen Zwecken genügen zum Teil einfache Stationen, die ro-
bust und handlich gebaut sind (z.B. für Werkstätten, Geschäfts-
räume, Dienstreisen etc.).

Schwerpunkte der Kommunikation

Der hier gegebene Überblick ließ Schwerpunkte erkennen, die
einerseits bei der <u>persönlichen Kommunikation (nah und fern)</u>
und andererseits bei der Kommunikation über <u>optische Dar-
stellungen</u> (Schrift und Bild) liegen. Von besonderem und
neuartigem Interesse ist die Kombination <u>akustischer Kommunikation mit bildlicher oder schriftlicher Unterstützung</u>.

Die Vorteile der persönlichen Kommunikation liegen in der
Möglichkeit der Unterbrechung, der Interaktion, den besonderen aber auch leichten Möglichkeiten der Ausdrucksweisen
(Körpersprache) sowie den Möglichkeiten, subtile, geheime,
vertrauliche oder nicht gesicherte Informationen, die nicht
dokumentiert werden sollen zu kommunizieren.

Für die schriftliche oder bildliche Kommunikation sprechen
die Möglichkeiten der besonderen Darstellung (Graphiken,
Zeichnungen, Bilder, Symbole, Synopsen), der besonderen, dis-
ziplinierten und ausgereiften Ausdrucksweise (z.B. Fachsprache,
Formeln etc.) sowie die Tatsache, daß sich optische Informa-

tionen schneller aufnehmen lassen und sich besser dem Gedächtnis einprägen. In den vielen Fällen, in denen Informationen gespeichert werden müssen, bestehen Vorteile der optischen Darstellung in der besseren Möglichkeit des Information-Retrieval. Darüber hinaus bestehen in vielen Fällen Pflichten zur Aufbewahrung der Originalträger oder der verfilmten Informationsträger.

Diese Überlegungen legen es nahe, die weitere Betrachtung auf diejenigen Geräte und Systeme zu konzentrieren, die akustische und optische Kommunikation zwischen zwei Personen unterstützen. Dabei muß insbesondere auf die Kompatibilität zwischen unterschiedlichen Kommunikationssystemen am selben Arbeitsplatz geachtet werden (z.B. durch Konvertierung von Zeichen oder entsprechenden Schnittstellen, zwischen unterschiedlichen Systemen wie Fernsehen und digitalem Bildschirm).

4.2 Konfigurierung und Dimensionierung der Geräte und Systeme

Die folgenden Ausführungen setzen voraus, daß die Kommunikation mit Unterstützung von Geräten und Systemen erfolgt, wie sie im vorangegangenen Abschnitt beschrieben wurde. Es gilt jetzt zu fragen, in welcher Zusammensetzung und in welcher Dimensionierung Geräte und Systeme erforderlich sind. Zunächst werden entsprechend der Grundstruktur der Kommunikationsprozesse Anforderungen an Geräte und Systeme gestellt.

4.2.1 Anforderungen

Informationsverarbeitung i.e.S.

Menschliche Denkprozesse werden sehr stark von der Art und Weise beeinflußt, in der Informationen dargestellt und aufge-

nommen werden. Die Unterstützung des menschlichen Verstehens
und Interpretierens wird weiter unten im Zusammenhang mit der
Darstellung und Bearbeitung von Informationen behandelt.

Die eigentlichen Denkprozesse im engsten Sinne lassen sich
darüber hinaus durch entsprechende maschinelle Prozesse der
<u>ADV und ATV</u> unterstützen. Noch immer werden relativ wenige
nichtformalisierte Transformationsprozesse durch automatisierte Berechnungen und heuristische Datenverarbeitung angereichert.
Die Anwendungen des Operations Research nehmen nur einen sehr
kleinen Teil der gesamten Informationsverarbeitung ein. Selbst
wenn derartige Management-Techniken prozentual stark zunehmen
würden, müßte nur eine insgesamte kleine Kapazität von ADV-
Anlagen zur Verfügung stehen. Jede dieser Anlagen für sich
müßte dann allerdings mit einer bezüglich der Rechengeschwin-
digkeit und Speichermöglichkeit überdurchschnittlich großen
Kapazität ausgestattet sein.

In vergleichsweise viel größerem Umfang manifestiert sich
menschliches Denken in <u>verbalen und graphischen Aussagen</u>. Sie
sind zum Teil Input und zum Teil Output für heuristische Pro-
blemlösungen, für kreative Arbeit und für freies Beurteilen
eines Sachverhaltes. Wenn sich die Unterstützung der Geräte
und Systeme auf die <u>Textanalyse und Texterschließung</u> (im Sinne der Dokumentation) sowie auf die Zusammenstellung von Textbausteinen und einzelnen Textelementen erstreckt, so ist zu
fragen, welchen Umfang diese Funktionen einnehmen und wo sie
verfügbar sein müssen. Automatische Textanalysen, also das
maschinelle Durchkämmen eines nicht-formatierten Textes auf
einen bestimmten Inhalt hin und die Textdokumentation sind
besonders bei der Analyse und Verwertung wissenschaftlicher
oder juristischer Texte notwendig. Im erweiterten Sinne stellen sich ähnliche Aufgaben auch bei der Durchsicht von Korres-

pondenzen, Produktbeschreibungen und anderem geschäftlichen
Schriftgut. Wenn Arbeitsplätze mit der Möglichkeit zu derartigen Analysen ausgestattet sind, so ergeben sich erweiterte Anforderungen an Umfang und Art der Informationsspeicherung sowie an die Verfügbarkeit am einzelnen Arbeitsplatz;
denn es wächst das Bedürfnis, alle zugänglichen Informationen
auf maschinenlesbaren Datenträgern zur Verfügung zu haben. Der
<u>Bedarf nach derartigen Analysen</u> kann noch größer eingeschätzt
werden, als der nach Hilfen für die Zusammensetzung von Texten
aus Bausteinen. In allen Fällen aber wird die <u>Verfügbarkeit</u>
am oder in der Nähe des Arbeitsplatzes von großer Bedeutung
sein, weil eine Unterbrechung der Arbeit von qualifizierten
Fachkräften in der Regel teurer ist, als die Bereitstellung
von Geräten und Systemen. Daraus resultiert für die <u>Konfigu-</u>
<u>rierung</u>, daß auf Abteilungsebene oder in einzelnen Büros Zu-
griffsmöglichkeiten auf größere Speichereinheiten bestehen
müssen.

<u>Informationsbearbeitung</u>

Im Rahmen der Informationsbearbeitung werden Informationen geäußert oder für die Aufnahme vorbereitet. Es bietet sich deshalb an, in diesem Zusammenhang alle Input/Output-Geräte zu
betrachten.

Von herausragender Bedeutung ist die Frage, ob ein Text diktiert oder vom jeweiligen Ersteller selbst (mit der Maschine
oder per Hand) geschrieben wird. Die betriebswirtschaftliche
Analyse der Aufgabenstellungen und Arbeitsprozesse im Büro
erbrachte eine derartige Vielfalt der Erscheinungsformen,
daß auch weiterhin mit einem '<u>Nebeneinander verschiedener Ar-</u>
<u>beitsweisen</u>' gerechnet werden muß. Das Diktieren ist nach
wie vor in steigender Tendenz ein Weg, einfache oder leicht
und flüssig zu äußernde Texte festzuhalten. In allen Fällen,

in denen ein Text häufig gelesen und überarbeitet werden muß,
ist es zweckmäßig, daß der Autor ihn selber schreibt. Das
Schreiben 'direkt in die Maschine' bringt gegenüber herkömmlichem Schreiben mit Papier und Stift erhebliche Vorteile
mit sich, wenn die Möglichkeiten der automatischen Textbearbeitung gegeben sind: Die Informationen können besser gelesen
und leichter verändert und überarbeitet werden, als bei her-
kömmlicher Arbeitsweise. Diese Vorteile dürften auch diejenigen überzeugen, die gegenwärtig nicht gewöhnt und willens
sind, eine Schreibmaschinentastatur zu bedienen.

Die Untersuchung erbrachte keine grundsätzliche Ablehnung der
Bedienung einer Tastatur oder eines anderen Interfaces, sofern erstens mehr Komfort als bei einer herkömmlichen Schreibmaschine gegeben ist und zweitens diese Geräte jeweils am Arbeitsplatz verfügbar sind. Daraus resultiert als Konsequenz
die Forderung, daß jeder mit einem Bürosystem ausgestattete
Arbeitsplatz eine Eingabemöglichkeit für Texte besitzen muß,
die zumindest die Fähigkeiten der normalen Textbearbeitung[1]
einschließen sollte.

Mit dieser Forderung wird nicht impliziert, daß eine Tastatur
das denkbar beste Eingabe-Interface wäre. Es besteht ein gros-
ser Bedarf nach einem schnelleren und leichter bedienbaren
Interface:

- In vielen Fällen, in denen die Hände zum Halten eines trag-
  baren Gerätes oder zum Blättern in Akten benötigt werden,
  bietet sich Spracheingabe an (z.B. auf Baustellen, an Aus-
  kunftsplätzen).

- Wenn ein bestehender Text um einige Bemerkungen ergänzt
  werden soll (z.B. um Bürokürzel als Bearbeitungsvermerk
  und Anweisungen), ist Handschrift vorteilhaft. Bei elektronischer Speicherung muß sie auf einem entsprechenden

1) In Abschnitt 4.3.1 werden die Anforderungen an Standard-
   Funktionen genannt.

Display vorgenommen werden. Ein Bedarf hierfür kann an allen Arbeitsplätzen erkannt werden.

- Für die Erstellung langer Texte (z.B. durch Rechtsanwälte,
  Publizisten, Wissenschaftler) kann ein <u>Stenographen-Inter-
  face</u> von großem Nutzen sein.

- Zur <u>Identifizierung</u> einer Person, die ein Arbeitsplatz-
  System bedient, sind Ausweiskarten oder andere Eingabe-
  Möglichkeiten (z.B. Fingerabdruck, Unterschrifterkennung
  oder Spracherkennung) notwendig.

Die Analyse der Sachbearbeitungsaufgaben ergab folgende
These: Die Ausgabe von Informationen auf <u>Hard-Copy</u> wird voraussichtlich bei strukturierten Aufgaben der operativen Ebene
am stärksten zurückgehen. Bis hier jedoch ein merklicher Rück-
gang des Datenträgers Papier eintreten wird, ist es nach wie
vor notwendig, in der Nähe vieler Büroarbeitsplätze Hard-
Copy-Geräte vorzusehen. Die Dimensionierung dieser und spezieller Ausgabe-Geräte für Zeichnungen, Graphiken, Bilder
etc. hängt von den speziellen Anwendungsproblemen ab (Entscheidungsunterlagen im Bereich der betrieblichen Planung
können z.B. auf kleinerem Format dargestellt werden, als
technische Zeichnungen im Ingenieur-Bereich).

Besondere Aufmerksamkeit verdienen alle Geräte und Systeme
zur Präsentation und besonderen Darstellung von Informationen
für die <u>Zwecke der Informationsverbreitung, Verteilung und
dem persönlichen Vortrag</u>. Insbesondere im Rahmen von Führungs-
und Fachaufgaben ist es notwendig, einem bestimmten Kreis von
Personen Informationen in kürzester Zeit zu vermitteln. Zu
wenig Aufmerksamkeit wurde bislang den Möglichkeiten der automatisierten Erstellung von <u>Graphiken</u> und ihrer ansprechen-
den, gefälligen und überzeugenden Darstellung gewidmet. Hier
sind <u>neue Geräte-Konfigurationen</u> denkbar für: Projektionen
von maschinell gespeicherten Daten auf Leinwände; Projektionen von Film-Materialien, die zuvor maschinell bearbeitet und

erstellt wurden; die ad-hoc-Erstellung von Hard-Copy derartiger Präsentationsunterlagen, während der Sitzung erstellte Protokolle und Beschluß-Unterlagen.

Insgesamt läßt sich feststellen: Der Anspruch an die Darbietungs-Qualität schriftlicher Informationen wird zugleich mit den technischen Möglichkeiten steigen. Der Bedarf wird deswegen für diejenigen Konfigurationen zunehmen, die eine gehobene Darstellungsweise (Blocksatz, Proportionalschrift etc.) und qualitativ wertvolle Trägerbehandlung (Drucken, Kopieren, Binden etc.) ermöglichen. In diesem Zusammenhang wird auch der Anspruch an die Qualität und Anzahl von Bildschirm-Displays sowie an die Farbigkeit der Darstellungen zunehmen.

Speicherung

Die notwendigen Speichervolumina, die Zugriffsbereitschaft und Zugriffszeit sind einerseits im Hinblick auf Aufgabenorientierte und zum anderen im Hinblick auf Vorgangs-orientierte Aufgaben zu unterscheiden. Im ersten Fall (issue-oriented Dateien) sind zwar in der Regel sehr große Datenvolumina, grundsätzlich aber nicht permanent im Zugriff zu halten (z. B. Verträge, allgemeine Korrespondenz, Produktunterlagen, Veröffentlichungen etc.). Für diese Zwecke können Datenträger verwendet werden, die erstim Bedarfsfall den Geräten zugeführt werden. Es bieten sich deshalb dezentrale Lösungen an, damit der Informationssuchende nicht auf zentrale Operateure angewiesen ist. Für die Speicherung dieser Bestände aus vorwiegend nicht-formatierten Daten gilt es, Massenspeicher (z.B. Video-Speicher ?) auszuloten, die preisgünstige Konfigurationen ermöglichen.

Anders verhält es sich bei formatierten, Vorgangs-orientierten Dateien, die zum Beispiel für Aufträge, Kunden, Lagerbestände etc. angelegt sind und im Rahmen der regelmäßig anfal-

lenden, operativen Aufgaben schnell zugriffsbereit sein müssen.
Diese Dateien werden vielfach von verschiedenen Stellen beschrieben und gelesen. Ihr Volumen hängt vom Umfang der Ge-
schäftsentwicklung ab, ist aber in der Regel nicht so umfangreich, daß sie nicht unter wirtschaftlichen Bedingungen im On-
line-Zugriff gehalten werden könnten. Der <u>Grad der Zentralisie-
rung</u> dieser Dateien hängt von der jeweiligen Aufgabenstruktur
und der Organisation des Betriebes ab, so daß gegenwärtig und
zukünftig sowohl zentrale, als auch dezentrale Lösungen mit
Erfolg praktiziert werden.

<u>Übertragung</u>

In zunehmendem Maße werden Büroarbeitsplätze mit Geräten ausgestattet sein, die an Übertragungswege angeschlossen sind.
Hierzu sind entweder Telefonapparate und Modems oder die Verfügbarkeit eines digitalen Netzes notwendig. Im Sinne einer
effektiven Bürokommunikation kann <u>gefordert werden, daß grundsätzlich jeder Büroarbeitsplatz mit einem derartigen Übertragungsanschluß ausgestattet ist</u>.

In vielen Fällen wird es darüber hinaus wünschenswert sein,
daß ein Arbeitsplatzsystem in der Lage ist, gleichzeitig eine
lokale Bearbeitung (z.B. Eingabe oder Ausgabe) durchzuführen
und eine Übertragung (z.B. einer ankommenden Nachricht) zu
erlauben. Der Bedarf nach einem derartigen Parallelbetrieb
besteht tendenziell immer dann, wenn entweder die Arbeitsgänge
einen großen Zeitraum beanspruchen oder häufige Übertragungen
stattfinden.

<u>Zusammenfassung der speziellen Anforderungen</u>

Einige der aufgeführten Anforderungen resultieren aus den
Untersuchungen, die in den Scenarien beschrieben sind . In
Abbildung B-12 werden noch einmal diejenigen Anforderungen
zusammengestellt, die nicht generell für jeden Arbeitsplatz
gestellt werden müssen, und die nicht nur in ihrer Tendenz
anzugeben sind.

Anforderung \ Bedarfsträger in den Scenarien	Bau	Großhandel	Rechtsanwalt	Behörde	Spedition	Versicherung	Industrie
- Eingabe :							
. über Mikrophon anstelle Tastatur	X	X	X				
. Digitalisierung von Schrift		X		X	X	X	X
. Stenographie-Interface			X	X			X
. Ausweiskarte oder sonstige Identifizierung		X		X	X	X	X
- Ausgabe:							
. großes oder mehrere Displays	X	X		(X)		X	(X)
. Hard-Copy am Arbeitsplatz			X	X	X		
. Präsentationstechnik	X						X
- Parallel-Betrieb bei Übertragung	X	X	X		X	X	X
- Mobiles Terminal	X	X				X	X

Abb. B-12: Bedarf nach speziellen Geräte-Komponenten

4.2.2 <u>Grund-Konfiguration</u>

Unter einer langfristigen Perspektive der Automation im Büro
kann angenommen werden, daß in steigendem Maße und zuletzt
nahezu <u>alle Büroarbeitsplätze mit elektronischer Geräten</u> ausgestattet sind.

Diese These fordert die Frage heraus, mit welcher Konfiguration die Arbeitsplätze auszulegen sind. Als Antwort wird
ein System-Konzept für eine Grund-Konfiguration vorgelegt.
Sie ergibt sich als 'Konzentrat' aus den System-Konzepten
der einzelnen Scenarien.

Die Grund-Konfiguration soll nicht als Minimal-, sondern eher
als Maximal-Anforderung verstanden werden. Sie enthält alle
Bausteine, aus denen sich ein Arbeitsplatz-System je nach Bedarf zusammensetzen läßt. Abbildung B-13 vermittelt einen
Überblick über die Komponenten. Das System enthält verschiedene Ein- und Ausgabe-Interfaces, einen Prozessor, verschiedene Speichermedien und eine Übertragungs-Möglichkeit. Darüberhinaus wird ein Massenspeicher für optische, nicht notwendigerweise digitalisierte Daten (z.B. Mikroformen, Bildplatte,
holographische Speicher) vorgesehen.

Als Anforderungen an die Grund-Konfiguration sind folgende
Aspekte zu berücksichtigen:

- Die Grund-Konfiguration kann mit unterschiedlich großen
  Prozessoren und Speichereinheiten ausgestattet sein. In
  Abhängigkeit von Aufgabenstellungen und Organisationsstruk-
  turen wird es zweckmäßig sein, die Prozessoren und Speicher
  in einer Hierarchie zusammenzustellen (z.B. zentrale Rechner, Abteilungs-Anlage, Sekretär-Anlage, Chef-Anlage). Insbesondere sind Hard-Copy-Geräte an jedem Arbeitsplatz notwendig und können mehreren Arbeitsplätzen zugeordnet werden.

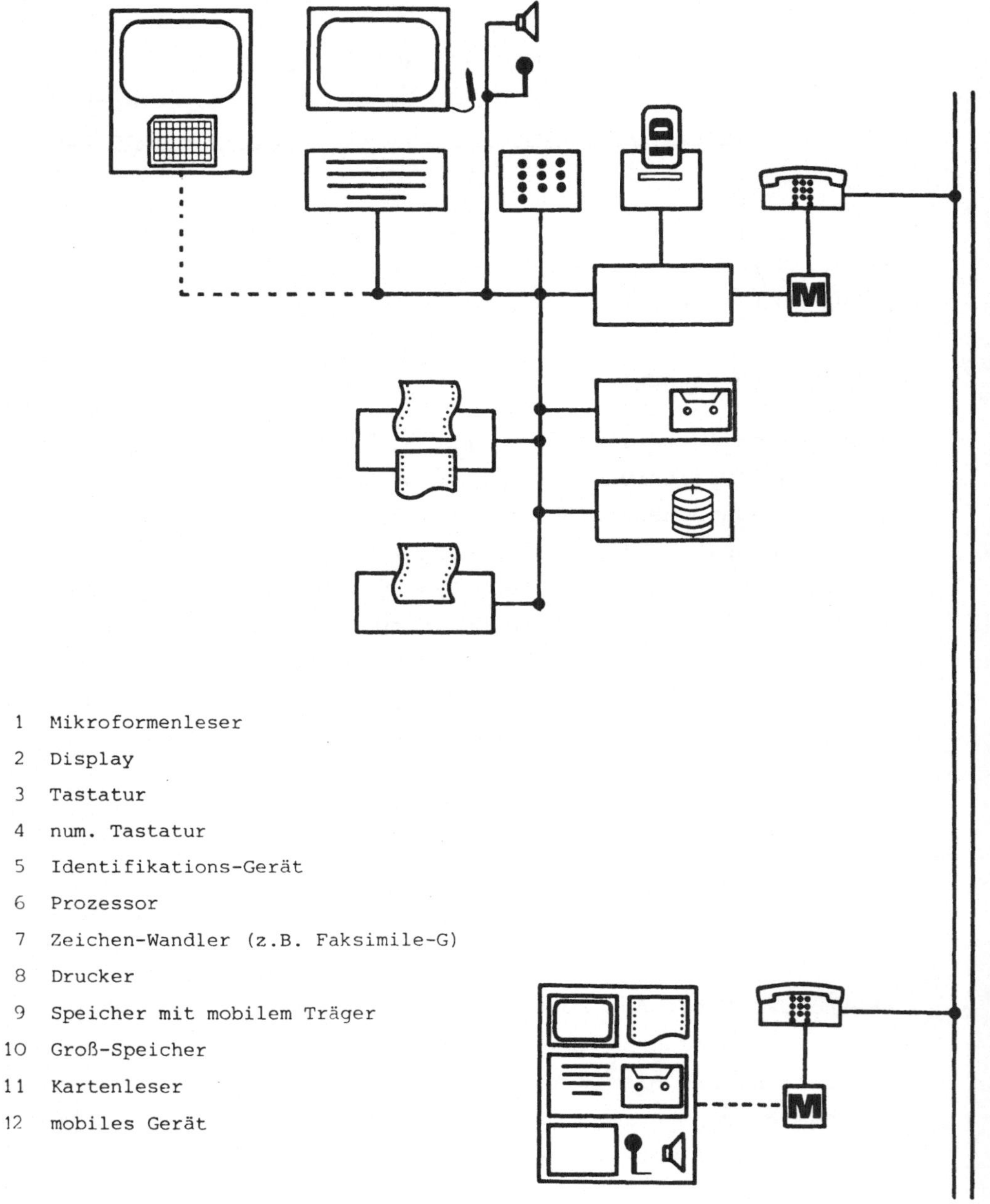

1   Mikroformenleser

2   Display

3   Tastatur

4   num. Tastatur

5   Identifikations-Gerät

6   Prozessor

7   Zeichen-Wandler (z.B. Faksimile-G)

8   Drucker

9   Speicher mit mobilem Träger

10 Groß-Speicher

11 Kartenleser

12 mobiles Gerät

Abb. B-13: System-Konzept einer Grund-Konfiguration

- Der Bedarf an Fernkopierern kann in den meisten Fällen durch
  die Übertragung im Rahmen des Bürofernschreibens ersetzt
  werden (Ausnahme bei Zeichnungen). Aus betriebswirtschaft-
  licher, funktionaler Sicht ist grundsätzlich das Bürofernschreiben vorzuziehen. Dennoch können Faksimile-Geräte von
  Bedeutung sein, wenn sie in der Lage sind, die Informationen entweder als Zeichen digital zu codieren oder in analo-
  ge Signale zu verwandeln. In umgekehrter Richtung können
  dann Faksimile-Geräte als Hard-Copy-Geräte verwendet werden. In einer Zeit zunehmender Elektronifizierung kann eine
  derartige Schnittstelle zwischen maschinenlesbaren Datenträgern und dem Papier von großer Bedeutung sein.

- In mehreren Scenarien tritt der Bedarf nach mobilen Arbeits-
  platz-Systemen zutage. Diese stellen eine wichtige und relativ leicht zu realisierende Ergänzung zu den notwendigen
  stationären Systemen dar.

- Mit der Forderung, daß jedes Bürosystem an einen Übertragungsweg angeschlossen sein soll, ist die Vorstellung verbunden, daß von den Arbeitsplätzen aus mit anderen Arbeitsplätzen oder mit Anlagen zur Daten- und/oder Textverarbeitung kommuniziert werden kann.

- Auf Grund der zu erwartenden Vielfalt an Geräten und Systemen (Netzwerken, Diensten und Hardware-Konfigurationen) erscheint es besonders wichtig, daß am Arbeitsplatz zwischen
  verschiedenen Kommunikations-Systemen gewählt werden kann,
  wie sie im vorangegangenen Abschnitt behandelt wurden. Es
  muß also beispielsweise möglich sein, eine schriftliche
  Mitteilung sowohl über Teletex, als auch über Bildschirmtext abzuschicken. Es sollte weiterhin möglich sein, eine
  ankommende Information auf dem Arbeitsplatz-Display sichtbar zu machen, unabhängig davon, ob die Information von einem Faksimile-Gerät, von einem Teletex-Gerät oder über Bildschirmtext gesendet wurde. Ebenso muß es möglich sein, sich
  wahlweise dem Postsystem Teletex oder einem anderen Netz
  für Computer-Mailing oder Computer-Konferenzen arzuschlies-
  sen.

Diese Anforderungen an zukünftige Geräte und Systeme werden
nicht aus der Sicht aller, aber doch einer sehr großen Zahl
an Arbeitsplätzen gestellt, nämlich den von Führungskräften
und Fachleuten. Da diese im Sinne der noch zu behandelnden
Implemtierungsstrategie eine wichtige Rolle spielen (Opinion
Leader), erscheinen die hier genannten Forderungen nicht
als zusätzliche Spielereien, sondern als wichtige Komponenten, die sehr frühzeitig in die Entwicklungs-Überlegungen
einzubeziehen sind.

4.3 Anforderungen an System-Funktionen

Die Funktionen zukünftiger Geräte und Systeme lassen sich einteilen in Standard-Funktionen, die zumindest in der Konfiguration enthalten sein sollten und in spezielle Funktionen,
die auf spezielle Büroarbeitsplätze und ggf. besondere Aufgaben ausgerichtet sind. Die folgenden Aufstellungen enthalten Anforderungen, die im Laufe der Untersuchungen aufgetre-
ten sind und gesammelt wurden. Sie konnten nicht auf Voll-
ständigkeit, wohl aber auf Relevanz geprüft werden.

4.3.1 <u>Standard-Funktionen</u>

In diesem Abschnitt werden diejenigen Funktionen aufgezählt
- gewissermaßen 'vor die Klammer gezogen' - die in allen
untersuchten Bereichen (Scenarien) als wichtig erachtet wurden.
Die Gliederung orientiert sich an den Grundfunktionen der Kommunikation.

a) <u>Informations-Verarbeitung</u>

    - Programm-Abruf (Starten eines Programmlaufes),

    - Programm-Unterbrechen (Interrupt),

    - Daten- und Dateizuordnung zu einem Programm.

    - Direktverarbeitung (Tischrechner-Funktionen).

b) <u>Informations-Bearbeitung</u>

    <u>Formatieren   (der Informationen)</u>

    Positionieren:

    - Zeilen-Rückführung (CR),

    - freies Positionieren (Cursor am Bildschirm nach links,
      rechts, oben, unten, links oben) mit automatischem Lauf,

    - Bereichsangaben (Start-Position und End-Position),

    - Mehrfach-Positionieren nach Suchworten oder Zeichen,

    - Tabulieren.

      . Setzen von Tabulatormarken ohne Änderung der Textan-
        zeige auf dem Bildschirm (Tabulatoranzeige auf sepa-
        rater Zeile oben oder unterhalb der Eingabe-Zeile),

      . Beschreiben der Tabellenspalten linksbündig oder rechts-
        bündig,

      . Beschreiben jeweils einer Tabellenspalte von oben nach
        unten.

- Wahlmöglichkeit zwischen feststehender Eingabezeile mit
  hochrückendem Text und feststehender Textseite mit Cur-
  sor-Bewegung zeilenweise von oben nach unten.

Formatieren von Texten:

- Zentrieren,

- Absatz-Bildung,

- Einrücken und Ausrücken,

- unterschiedlicher Zeilenabstand,

- Randausgleich mit Randzonen-Automatik(automatisches Trennen),

- Seitennumerierung oben wahlweise in der Mitte oder an
  der Seite,

- Fortsetzungsseiten-Nummer (wahlweise).

Korrigieren:

- Ersetzen eines Zeichens oder eines angegebenen Bereiches,

- Ergänzen (Anschließen und Einfügen),

- Löschen (eines Zeichens oder eines Bereiches),

- Vertauschen von Buchstaben oder Worten.

<u>Ausgabe-Steuerung</u>

Positionieren:

- Seitenvorschub um eine oder n Seiten,

- Blättern vorwärts und rückwärts,

- Aufwärts- und Abwärtsrollen langsam und schnell,

- Aufteilen des oder der Bildschirme in separate Felder,
  in denen unabhängig voneinander positioniert werden kann.

<u>Zeichen</u>

Schriftarten:

- . Normalschrift (10 und 12 Zeichen/inch) und Proportionalschrift (Anzeige der Proportionalschrift auf Bild-
  schirmgerät !),

- . Groß-/Kleinschreibung

- . Fettschrift,

- . Unterstreichen (gleichzeitig mit dem Schreiben, nach-
  trägliches Hinzufügen oder Entfernen),

- Sonderzeichen: Senkrechter und waagerechter Strich
  (nicht als Unterstreichung, sondern in der Mitte einer
  Zeile) zur Darstellung von Tabellen und einfachen Zeichnungen,

- für Bildschirmgeräte:

  . Hintergrund wahlweise dunkel oder hell,

  . Helligkeitssteuerung und Kontrastveränderung,

  . Farbsteuerung,

- Akustik (insbesondere Telefon):

  . Lautstärkenregulierung,

  . Klangfarbenregelung.

<u>Anzeigen:</u>

- Kontrolle der Betriebsbereitschaft und Funktionsfähigkeit:

  . Speichergeräte,

  . Speicherbelegung,

  . Ausgabeeinheit,

. Übertragungsweg,

- bei Mehrfachbelegung der Schalter und Tastaturen Angabe des jeweiligen Bedeutungsinhaltes durch Leuchtsig-
  nale oder Plasmaschrift (z.B. für Programmwahltasten,
  APL-Zeichen)

Hard-Copy-Anfertigung

- Ansteuerung eines Gerätes von mehreren Arbeitsplätzen
  aus,

- automatische Einzelblattzuführung oder Endlospapier-
  zuführung

Informations-Kennzeichnung

- alphanumerische Kennzeichnung von Dateien,

- Kennzeichnung des Informationsempfängers:

    . Einzelempfänger oder Empfängerliste,

    . Kennzeichnung wahlweise über Kurznummer, Telefon-
      nummer, Name, Kürzel

c) Speicherung

  - Abspeichern und Lesen von Dateien für:

    . Daten (Texte etc.),

    . Programme,

    . Listen (spezielle Dateien für Verteiler, Bürokürzel,
      Verzeichnis der geladenen Programme und Dateien),

  - Zugriffs-Sicherung durch Passwords,

  - Speicherdokumentation (detaillierter als in Listen,
    die für Menü-Abfrage vorgesehen sind):

. Inhaltsverzeichnis mit Dateibezeichnung, Daten der
  Erstellung und Veränderung,

. Hinweis auf Kopien des Datenbestandes, die zur Sicherheit angelegt wurden.

d) <u>Übertragung</u>

(für Sprache und Daten in digitalisierter oder analoger
Form).

<u>Verbindungsaufbau am Arbeitsplatz</u>

Adressieren:

- Einmalige und wiederholte Adressierung (Wiederwahl),

- einfache und mehrfache Adressierung (Verteiler),

- Adress-Ergänzung (z.B. Anschrift nach Angabe einer
  Kurznummer oder des Namens).

Sammeln:

- Unbediente Annahme (Empfang) von Informationen (besonders: Schriftliche Informationen, wenn Telefonge-
  spräch nicht möglich),

- Erfassen von Identifikationsdaten (Name und Kennung des
  Kommunikationspartners, Uhrzeit); Voraussetzung: Einheitliche Übermittlung dieser Daten.

Verzögerung:

- Verbindungsaufbau zu gewählter Zeit (Nachtstunden !),

- unbedientes Senden von Informationen aus dem Speicher,

- ad-hoc-Übermittlung einer Information (z.B. eines Bild-
  schirm-Inhaltes) an einen Kommunikationspartner während
  eines Telefongespräches.

Verbindungsaufbau durch die zentrale Vermittlungsein-
richtung (Vermittlungsrechner)

Die folgende Aufstellung enthält Vermittlungsfunktionen, die
bereits heute in Vermittlungsrechnern realisiert sind und für
die im Laufe der Untersuchungen ein Bedarf festgestellt wurde.
Der Bedarf tritt zwar in unterschiedlicher Häufigkeit und In-
tensität auf, doch wird es nicht zweckmäßig sein, die Systeme
für einzelne Benutzergruppen maßzuschneidern.

Prüfen und Genehmigen unterschiedlicher Berechtigungen:

- Zulassung eines Vermittlungsbereiches (Stadt, Inland, Ausland),

- Zulassung bestimmter Funktionen (z.B. Konferenzschaltung,
  Umlegen, 'Ruhe vor dem Telefon'),

- Zugangszulassung zu Dateien oder internen und externen
  Services (z.B. Börsenauskunft, Reisedienst u.a.).

Verbindungsschalten:

- Koppeln

  . Einfachkopplung (Durchwahl !),

  . gleichzeitige Mehrfachkopplung (Konferenzschaltung),

  . alternative Mehrfachkopplung (Makeln)

- Umlegen

  . einfach oder mehrfach

  . manuell oder automatisch (z.B. Abwurf zur Zentrale,
    zurSekretärin oder zu wahlfreiem Anschluß)

- Umleiten

  . Umleiten von Nebenstelle zu Nebenstelle (Sammelanschluß,
    Rückrufweiterschaltung),

. Umleitung zur Zentrale (bei besetztem Anschluß),

. Umleitung zu automatischem Anrufbeantworter

- Zwischenschalten

  . Aufschalten, Einblenden,

  . Rückfragen (Rückfrageeinrichtung).

Übertragungsablauf:

- Prüfen auf Übertragungsfehler und Rückmeldung (nicht bei
  Sprache),

- automatische Erfassung der Übertragungsverbindung (Teilnehmer, Ort, Dauer der Übertragung, Gebühren, Kontierungs-
  hinweis, wie 'Privatgespräch' oder 'Geschäftsbereich für
  Kontonummer x')

4.3.2 Spezielle Funktionen

Eine große Anzahl von Gerätefunktionen wird nicht an jedem
Arbeitsplatz benötigt. Die jeweils benötigten speziellen
Funktionen lassen sich einzelnen Büroarbeitsplatz-Typen zu-
ordnen. Die im folgenden aufgeführten Anforderunge an Geräte-
funktionen ergeben sich aus den vorgenommenen Untersuchungen,
deren Ergebnisse mit Aussagen in der veröffentlichten Lite-
ratur verglichen und abgestimmt wurden. Auf entsprechende
Weise wurde eine Zuordnung dieser Funktionen zu den einzelnen
Büroarbeitsplatz-Typen vorgenommen und in Abbildung B-14 als
Übersichtstabelle dargestellt.

Die Aufstellung der Funktionen orientiert sich an den Grundfunktionen der Kommunikation.

Bedarfsträger / Funktion	Führungsaufg.	Fachaufgaben	Sachbearbeitg.	Unterst.aufg.
Informationsverarbeitung:				
– Textbausteine	+	++	+++	
– Bürosprache	++	+	+	
– Textanalyse		++		
– Hilfe zur Texterstellung		++	+	
– Spezielle Speicherorganisation	+	++	+	
– Programmierung		+		
– Arbeitsplanung u. Kontrolle	[+++]	[+++]	+	
Informationsbearbeitung				
– Korrespondenzhilfen	+	+	++	++
– erweitertes Editing		++		++
– Graphiken	+	++	+	+
– Bilder		+	+	
– Zoom		+	+	
– Protokoll der Kommunikation	+	+	+	+
– Daten-Masken			[+++]	
– Daten-Neuformatierung		++	++	
– Ltg. v. Comp.-Conferences		+		
Speicherung				
– DBMS	+	++	+++	+
– unformatierte Daten	++	[+++]	+	++
– spezielle Services	+	+	+	++
– persönliche Datenbasis	++	++	+	+
– Anschluß mobiles Gerät	+	++	++	
– Diktatspeicher	+	+	+	
Übertragung				
– autom. Verteiler	+	+	++	
– autom. Verbindungsaufbau	+		+	
– Ankündigung e. Kommunikation	+	+	+	
– autom. Rückruf	+	+	+	

Bedarf: + vorhanden, ++ groß, +++ sehr groß
Voraussetzung für Akzeptanz: [ ]

Abb. B-14: Bedarf an speziellen Funktionen

Informationsverarbeitung

- Textverarbeitung:

  . Text-Bausteine (insbesondere für Korrespondenz und
    Rechnungen, Mahnungen etc.),

  . Bürosprache (Kürzel, die für Kurzbausteine stehen und
    die die innerbetriebliche Kommunikation vereinfachen),

  . Analyse von Recherchen in Texten: Für die oben besproche-
    nen Aufgaben der Textverarbeitung müssen Sprachelemente
    vorgesehen sein, mit denen die Bearbeitung gesteuert
    wird,

  . Hilfen zur Texterstellung und Wissens-Organisation,

  . spezielle Speicherorganisation für die Ablage von kleinen
    Textteilen (einzelne Ideen, Definitionen etc.) und die
    Strukturierung von Stoffsammlungen,

- Programmierung:

  Bereitstellung von Interpreter (z.B. Basic, APL) und Unterstützung der Dokumentation der Programme (Auflistung
  der Variablen, Referenzlisten etc.),

- Arbeitsplanung und Kontrolle:

  Führen von Terminkalender, Anwesenheitslisten, Arbeits-
  Status-Dateien, Prioritäts-Schaltung für Vorgesetzte, Auswahl freier Termine für Zusammenkünfte.

Informationsbearbeitung

- Korrespondenzhilfen: Automatisches Einsetzen von Adressen,
  Datum, Folgeseiten, Diktatzeichen, Grußformeln und Angabe
  des Unterzeichners),

- erweitertes Editing:

  . Anlegen von Gliederungen, Fußnoten, Seitenüberschrift,
    Literaturverzeichnis, Schlagwortregister, spezielles
    Druck-Editing, wie Umbruch- und Schrifttypen-Bezeich-
    nungen,

  . Blocksatz,

- Erstellung von Graphiken und Zeichnungen: Entweder mittels
  graphischer Datenverarbeitung oder einfacher graphischer
  Zeichen, aus denen Zeichnungen zusammengesetzt werden
  können,

- Darstellung von Bildern (Fotos) auf einem Display: Einblenden, Überlagern und Bearbeiten von Bildern,

- Vergrößern, Verkleinern von Zeichnungen, Graphiken und
  Bildern (Zoom) auf einem Display, Bildung von Ausschnit-
  ten, wobei die ursprüngliche Information erhalten bleiben
  muß,

- Protokoll-Mitschrift von Kommunikationen als Kurzmitteilungen oder über Computer-Mailing, Ablage der Protokolle
  zur Sicherung,

- Daten-Masken (anstelle von Formularen) zur Erfassung von
  Daten direkt am Arbeitsplatz, Programme zur Erstellung
  derartiger Daten-Masken,

- Daten-Neuformatierung: Wandlung unformatierter Zeichen-
  ketten in formatierte, numerische Daten mit der Möglichkeit, diese anschließend zu verarbeiten (Beispiel: Addi-
  tion einer Zahlenreihe, die innerhalb eines Textes, beispielsweise auf einer Rechnung, unformatiert eingegeben
  werden.

- Befehlspakete: Zusammenstellung von Proceduren, die eine
  Reihe von Befehlen der Informationsverarbeitung, Informationsbearbeitung, Speicherung und Übertragung ausführen,

- Leitung von Computer-Conferences oder Teleconferences:
  Befehle zur Steuerung des Kommunikationsablaufes mit höherer Priorität, als die der übrigen Kommunikations-Teil-
  nehmer, wie z.B. Vergabe oder Entzug eines Senderechtes,
  Auswahl des Verteilers, Zusammenstellung von Informationen
  oder Bildschirminhalten (Videokonferenz).

<u>Speicherung</u>

- Umfangreiche Retrieval - Möglichkeiten für Datenbanken mit
  formatierten   Daten (DBMS),

- Retrieval in Datenbanken für unformatierte Daten,

- spezielle Datei-Services: Funktionen für Aufbau und Zugang
  zu zentralen Dateien, wie z.B. Adressdateien, Telefonnummer-
  Verzeichnis, Anwesenheitsdatei, betriebliche Informationen,
  organisatorische Informationen, Terminkalender,

- persönliche Datenbasis: Aufbau und Wartung persönlicher Dateien, auf die nur von einer berechtigten Person zugegriffen werden kann (Schutz durch Passwords),

- Übertragung von Daten zum Speicher für mobiles Arbeitsplatzgerät,

- zentraler Diktat-Speicher.

<u>Übertragung</u>

Im Bereich der Übertragung sind wenige Funktionen speziell
auf einzelne Arbeitsplätze zugeschnitten. Doch stellen folgende Funktionen einen Komfort dar, der nicht an allen Ar-

beitsplätzen benötigt wird:

- Automatischer Verteiler an Empfänger, die in einer Liste
  zusammengestellt sind,

- automatischer Verbindungsaufbau auf Grund der Angabe eines
  Namens, wobei die zugehörige Anschluß-Nummer automatisch
  im Speicher gesucht werden muß,

- Ankündigung eines ankommenden Kommunikationswunsches durch
  Angabe des Senders (Name und Nummer) auf einem Display,

- automatischer Verbindungsaufbau nach Angabe eines Kommunikationspartners, der auf dem Arbeitsplatz-Display angezeigt ist (z.B. als Angabe über den Versuch, in der Abwesenheit des Empfängers eine Gesprächskommunikation aufzubauen, mit dem Vermerk: 'Bitte um Rückruf').

Teil 2: Scenarien ausgewählter Bürobereiche

1 Aufgaben und Aussagen eines Scenarios

Ein Scenario ist eine Denkhilfe und eine Diskussionsgrundlage
für Analysen, Prognosen und Planungen. Mit einem Scenario wird
eine phantasieanregende Gesamtshow von Situationen und Ereignissen angestrebt. Dies ist besonders dann nützlich, wenn ein
Problembereich unter unterschiedlichen Aspekten - z.B. wirtschaftlichen, sozialen, technischen, politischen, psychologischen, kulturellen oder demoskopischen - beleuchtet werden soll.
Die Aussagen eines Scenarios werden unter dem Gesichtspunkt zusammengestellt, möglichst alle unter einer bestimmten Zielsetzung
als relevant erachteten Informationen darzulegen. Scenarien werden in der Regel auf komplexe, schlecht strukturierte Gegen-
standsbereiche angewendet, deren Planung zu kritschen Entschei-
dungssituationen über sehr unterschiedliche Alternativen führt.

Wenn ein Scenario im Rahmen von Planungsüberlegungen für Beschrei-
bungen der möglichen Zukunftsentwicklung herangezogen wird, so
ist es in der Regel sinnvoll, Elemente der Gegenwart und der Zukunft miteinander zu vereinen. Das bedeutet, daß zunächst eine
Ist-Analyse, sodann eine Beschreibung der erwarteten, signifikan-
ten zukünftigen Situationen und Prozesse vorgenommen wird, und
daß die Zwischenstadien und Verhaltensweisen der Akteure dargelegt werden. Die Darstellung kann sowohl quantitativ als auch qualitativ beschreibend sein. Sie wird in sinnvoller Weise gestützt
durch statistisches Material und evtl. Prognoserechnungen sowie
durch hypothetische Expertenurteile.

Die Vorgehensweisen bei der Erstellung eines Scenarios sind nicht
eindeutig festgelegt und werden unterschiedlich gehandhabt. In

manchen Fällen begnügt man sich mit bloßen verbalen Beschreibun-
gen, in anderen werden quantitative Methoden (Prognosemethoden,
Simulationen, Planspiele) oder andere heuristische Methoden wie
Delphi-Methode und Brainstorming herangezogen. In entsprechender
Weise kann auch die Ergebnisdarstellung unterschiedlich ausfallen.

Im Rahmen dieser Studie wurde ein Scenario für jeweils eine
untersuchte Unternehmung (bzw. Behörde) erstellt. Es kann als
Ausgangspunkt für eine mögliche Verallgemeinerung innerhalb der
Branche oder des Wirtschaftszweiges gesehen werden.

Ziel eines jeden Scenarios ist es, eine Diskussionsgrundlage
für die Gestaltung zukünftiger Kommunikationslandschaften zu
bilden. Diese schließen alle innerbetrieblichen und externen Prozesse der Informations-Verarbeitung, -Speicher und -Übertragung
ein, soweit sie auf die Kommunikation zwischen Menschen oder
zwischen Menschen und Maschinen ausgerichtet sind.

Ausgangspunkt der Betrachtung muß immer die strategische Zielsetzung eines Betriebes sein. Denn daran orientieren sich die
betrieblichen Aufgaben der Leistungserstellung und die Aufgaben
der Kommunikation. Diese Aufgaben werden im Grundsätzlichen beeinflußt von der jeweils herrschenden Vorstellung (Konzeption)
über Aufgaben, Strukturen und Prozesse der Kommunikation.

Ein wichtiger Gegenstand der Analyse und Beschreibung ist der
tatsächliche Ablauf der Kommunikation (mit differenzierten Prozessen und Verhaltensweisen der Beteiligten), wie er für die Gegenwart analysiert und für die Zukunft erwartet werden kann.
Mit ihm ist die Auswahl von Geräten und Systemen der Bürokommunikation untrennbar verbunden. Für die Auswahl wird angenommen, daß

ein modularer Satz von möglichen und prinzipiell einsetzbaren
Geräten und Systemen bausteinartig zur Verfügung steht. Der
speziell im jeweiligen Scenario angenommene Hardware-/Software-
Teil wird herausgearbeitet und in seinen Leistungsanforderungen
spezifiziert.

Das Scenario schließt eine Beschreibung der zukünftig zu erwartenden Verhaltensweisen ebenso ein, wie die notwendigen Verhaltens-
änderungen, die zu der zukünftigen Situation führen. Sie werden
in starkem Maße von den Einstellungen zu bzw. Erfahrungen mit
neuen Geräten und Systemen geprägt sein. Aus diesem Grund werden
insbesondere der Appeal der Geräte und Systeme, ihre Benutzungs-
eignung, die gewählten Implementierungsstrategien und die organisatorischen Randbedingungen als Einflußgrößen zu berücksichtigen
sein.

Jedes Scenario wird quantitativ durch die Zahl der berührten Arbeitsplätze und Personen zu belegen sein. Dabei sind die Grenzen
auszuloten, innerhalb derer Analogie-Schlüsse aus einem jeweiligen Scenario zulässig sind. In einem weiteren Teil des Scenarios
sind wirtschaftliche Aspekte zu untersuchen. Daraus kann auf den
Absatz am Markt und die relative Marktdurchdringung geschlossen
werden, welche wiederum die Einstellung zu den Geräten und Systemen
prägt.

Abbildung C-1 veranschaulicht, in welchen komplexen Zusammenhängen
die zu betrachtenden Größen zu einander stehen. Es ist leicht
einzusehen, daß es für das Verständnis eines Scenarios nicht genügt, einzelne Teilbereiche zu betrachten. Vielmehr muß der Gesamt-
Zusammenhang untersucht und diskutiert werden. Dabei erscheint
es zweckmäßig, von einer zunächst aggregierten Aussageebene ausgehend solange nach immer tieferen Detaillierungen zu suchen, bis
die gewünschten Aussagen als Ergebnis gefunden wurden.

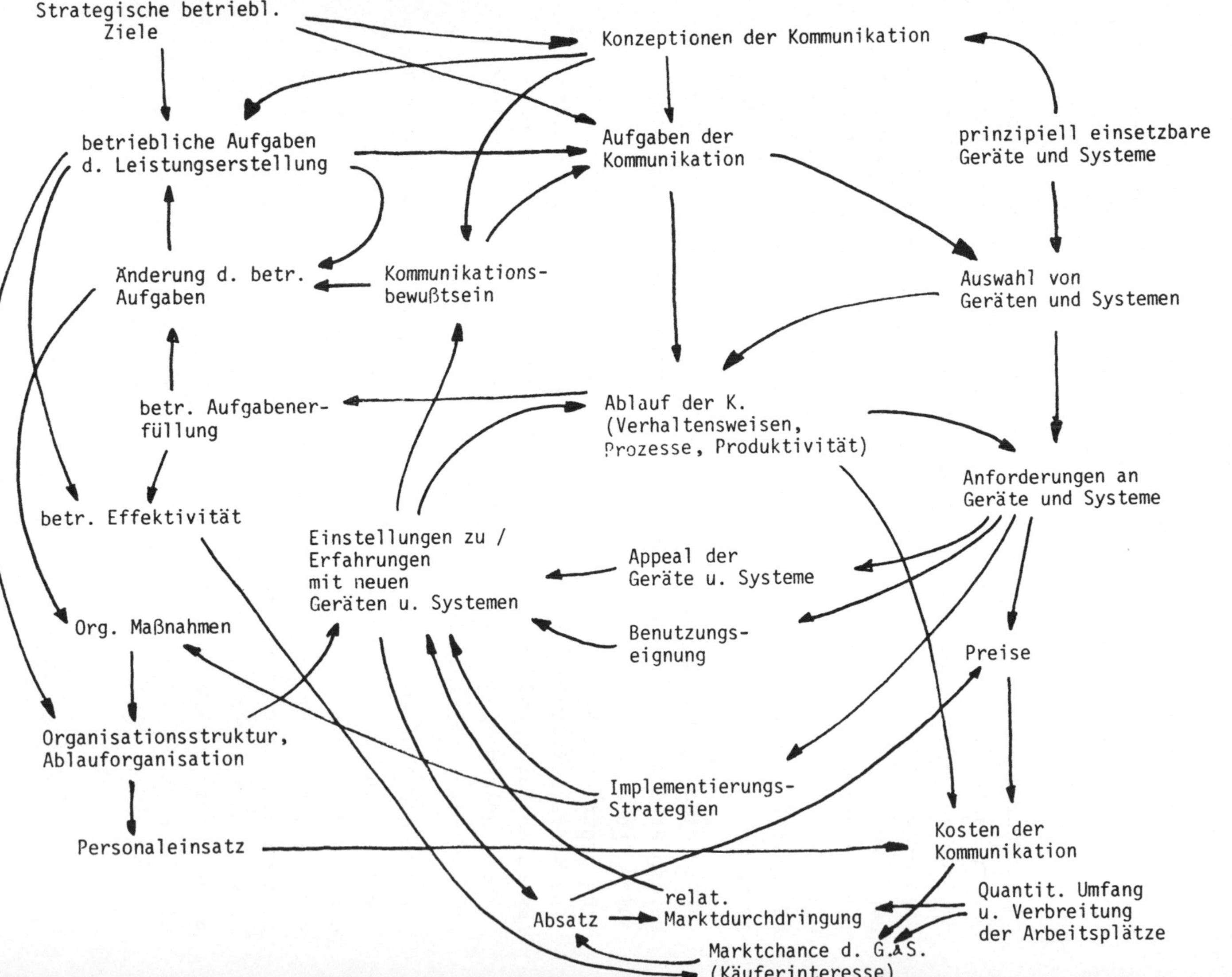

Abb.: C-1: Zusammenhänge eines Scenario

2 Scenario der Kommunikation bei Bauplanung und -durchführung

2.1 <u>Kommunikationssystem</u>

2.1.1 <u>Der Verbund der Projektbeteiligten</u>

<u>Einleitung:</u>

Der Anlaß zur Untersuchung des Bereichs Bauplanung und
-durchführung war die Frage, welche Anforderungen der typische Handwerksbetrieb an zukünftige Geräte und Systeme
stellt. Bereits mit den ersten Überlegungen zeigte sich,
daß eine derartige Untersuchung sich nicht ausschließlich
auf einen Handwerksbetrieb stützen darf, will man die Effektivität und Effizienz der Auftragsabwicklung in erheblichem Maße und unter Beachtung zukunftsträchtiger Techno-
logien verbessern. Es wurden daher die wichtigsten Kommunikationspartner des Handwerkers in das Scenario aufgenommen. Die Auswahl des Bereichs Bauplanung und -durchführung
erfolgte unter der Annahme, daß aufgrund des hohen Grades
an Auftrags- bzw. Kundenorientiertheit die ermittelten Anforderungen auch für eine große Anzahl anderer Handwerks-
sparten und ihre Kommunikationspartner als repräsentativ
bezeichnet werden können.

<u>Beteiligte:</u>

Als Kommunikationspartner in einem Bauvorhaben kommen in
Frage:

- Bauherr	⎫	Initiator
- Architekt	⎪	
- Ingenieurbüro	⎬	Planung
. Statik	⎪	und
. Heizung, Sanitär, Lüftung	⎪	Kontrolle
. Elektriker	⎭	
- Handwerker	⎫	Ausführung
- Baufirmen	⎭	

Grundsätzlicher Ablauf eines Bauvorhabens:

Als Initiatoren eines Bauvorhabens, d.h. als Bauherren, kommen Privatpersonen, Unternehmungen und Interessenverbände in Frage. Der Bauherr wendet sich mit seinem Anliegen an einen Architekten. Dieser hat im Rahmen eines Bauvorhabens in der Regel zwei Funktionen: Erstens unterstützt er den Bauherrn bei der Bauplanung, d.h. von der ersten Konkretisierung seiner Vorstellungen bis zu detaillierten Entwürfen; zweitens vertritt er die Interessen des Bauherrn bei der Baudurchführung, indem er Ingenieurbüros (für die Statik und u.U. für die Planung von Heizung, Sanitäranlagen und Lüftung), Baufirmen und Handwerker beauftragt und kontrolliert. Konkret besteht die Arbeit des Architekten in der Erstellung einer Bauvorlage (1:100), die den Ingenieurbüros als Arbeitsvorlage dient, in der Projektierung, d.h. Auslegung der Heizungs-, Sanitär- und Lüftungsanlagen, und der Ausschreibung, die aufgrund der Massenberechnungen je Gewerk erfolgt.

Bei größeren Bauvorhaben übernehmen entsprechende Ingenieurbüros die Projektierung und Ausschreibung der Heizungs-, Sanitär- und Lüftungsanlagen sowie des Rohbaus. Die Ausschreibungen werden in erster Linie bauausführenden Firmen, also Handwerkern und Baugesellschaften zugesandt, mit denen man bisher zufriedenstellende Erfahrungen machen konnte.

Die Bearbeitung der Ausschreibungen durch bauausführende Firmen (Angebotserstellung) erfordert meist umfangreiche Vorarbeiten. So müssen zur näheren Spezifikation der Wünsche mit den Bauherren Gespräche geführt werden; sind die in der Ausschreibung erfaßten Materialien nicht im eigenen Lager vorhanden, bedarf es Anfragen bei verschiedenen Großhändlern. Derartige Anfragen sind relativ umständlich und zeitaufwendig, da die Artikelnummernsysteme der Großhändler nicht untereinander abgestimmt sind. Aufgrund der Materialpreise und vorgegebener Kalkulationsunterlagen für Löhne

führt der Handwerker die Kalkulation und schließlich die
Angebotsformulierung durch.
Architekten bzw. beteiligte Ingenieurbüros untersuchen das
Preis-Leistungsverhältnis der eingehenden Angebote. Die
letzte Entscheidung bleibt dem Bauherrn vorbehalten, in
dessen Namen schließlich die Beauftragung der bauausführenden Firmen erfolgt. Die ausgewählten Firmen planen nun
ihrerseits die sie betreffenden Aktivitäten der Bauausfüh-
rung. Dies sind die Terminplanung und -fixierung, Personal-
einsatzplanung und die Materialdisposition; Schwerpunkt
bildet - aufgrund der bereits erwähnten Probleme mit den
Großhändlern - die letztere Tätigkeit.

In der Realisierungsphase wird überwiegend dem Architekten
die direkte Bauleitung zugesprochen. Zur Wahrnehmung dieser
Aufgabe ist seine regelmäßige Anwesenheit (alle 1 bis 2
Tage) auf der Baustelle erforderlich. Geringer ist der Anwe-
senheitsgrad der Ingenieure zur Erfüllung ihrer Aufsichts-
pflichten während der Bauphase. Architekten wie Ingenieure
leiten und kontrollieren Handwerker und Baufirmen. Trotzdem
sehen sich diese häufig mit folgenden Problemen konfrontiert:

- Koordination der an der Baudurchführung Beteiligten
- Materialbedarfsrechnung und -disposition
  sowie
- Berücksichtigung geänderter Kundenwünsche.

Am Ende der Durchführungsphase erfolgt die Abnahme. Sie
wird gemeinschaftlich von Bauherrn, Architekten, Ingenieu-
ren und Handwerkern durchgeführt. Erst mit der Beseitigung
festgestellter Mängel sind alle am Bau Beteiligten weitgehend ihren Pflichten enthoben.

Kommunikationsstruktur:

Der Ablauf eines Bauvorhabens kann in drei Phasen einge-
teilt werden, deren Kommunikationsstruktur weitgehend ident-
isch ist. Die unterschiedlichen Kommunikationsinhalte sind

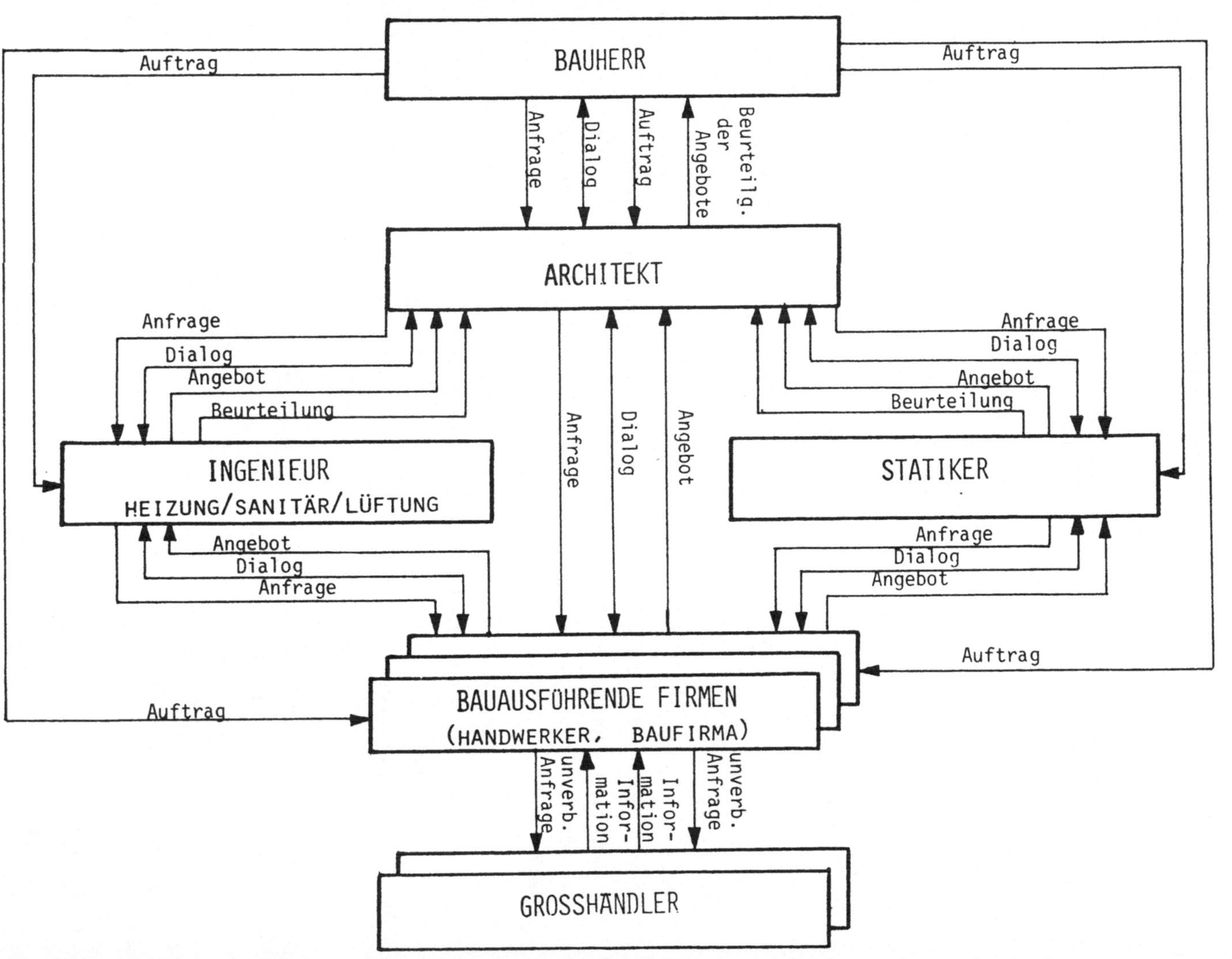

ABB. C-2:   BAUPLANUNG

78

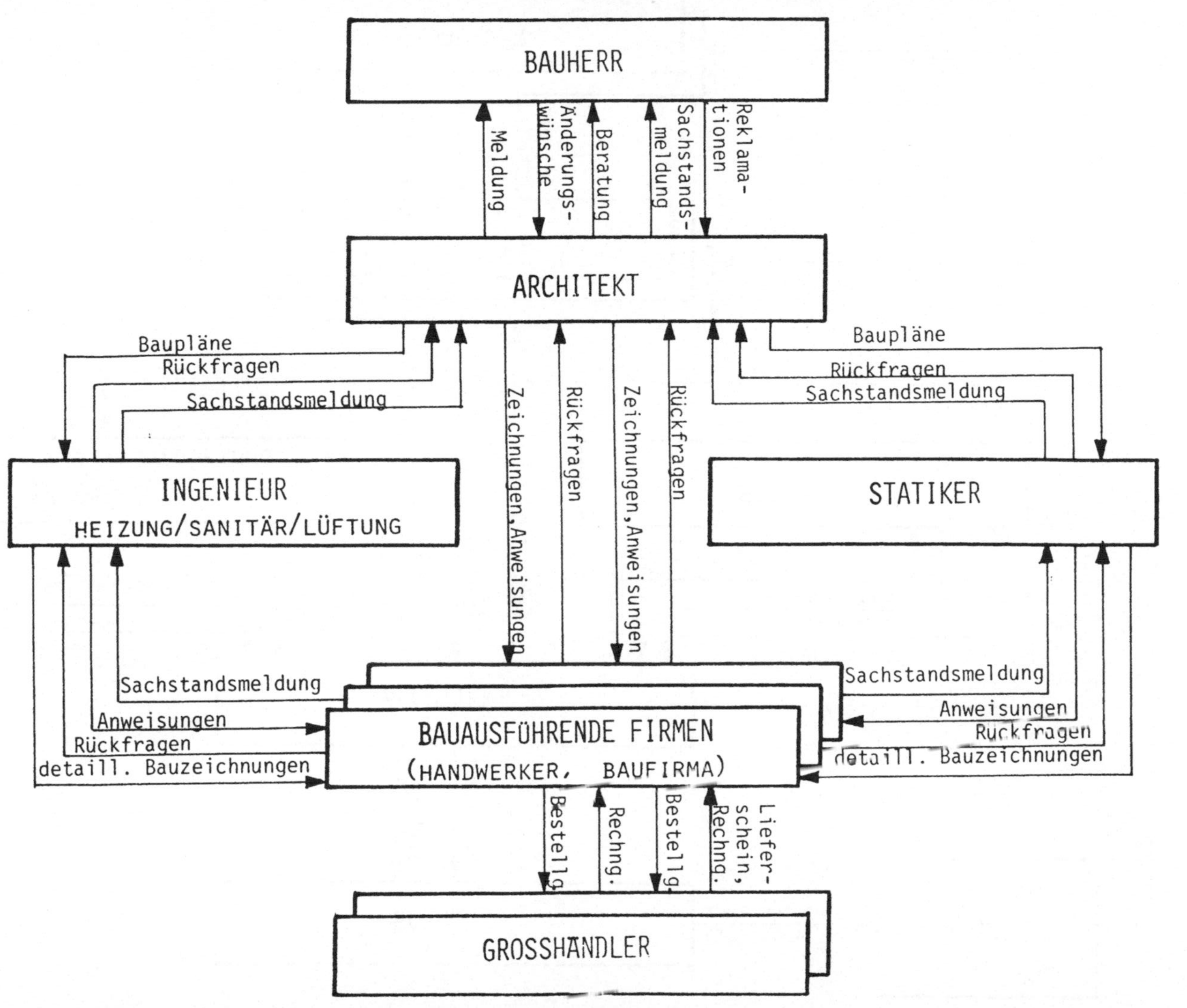

Abb. C-3: BAUREALISIERUNG

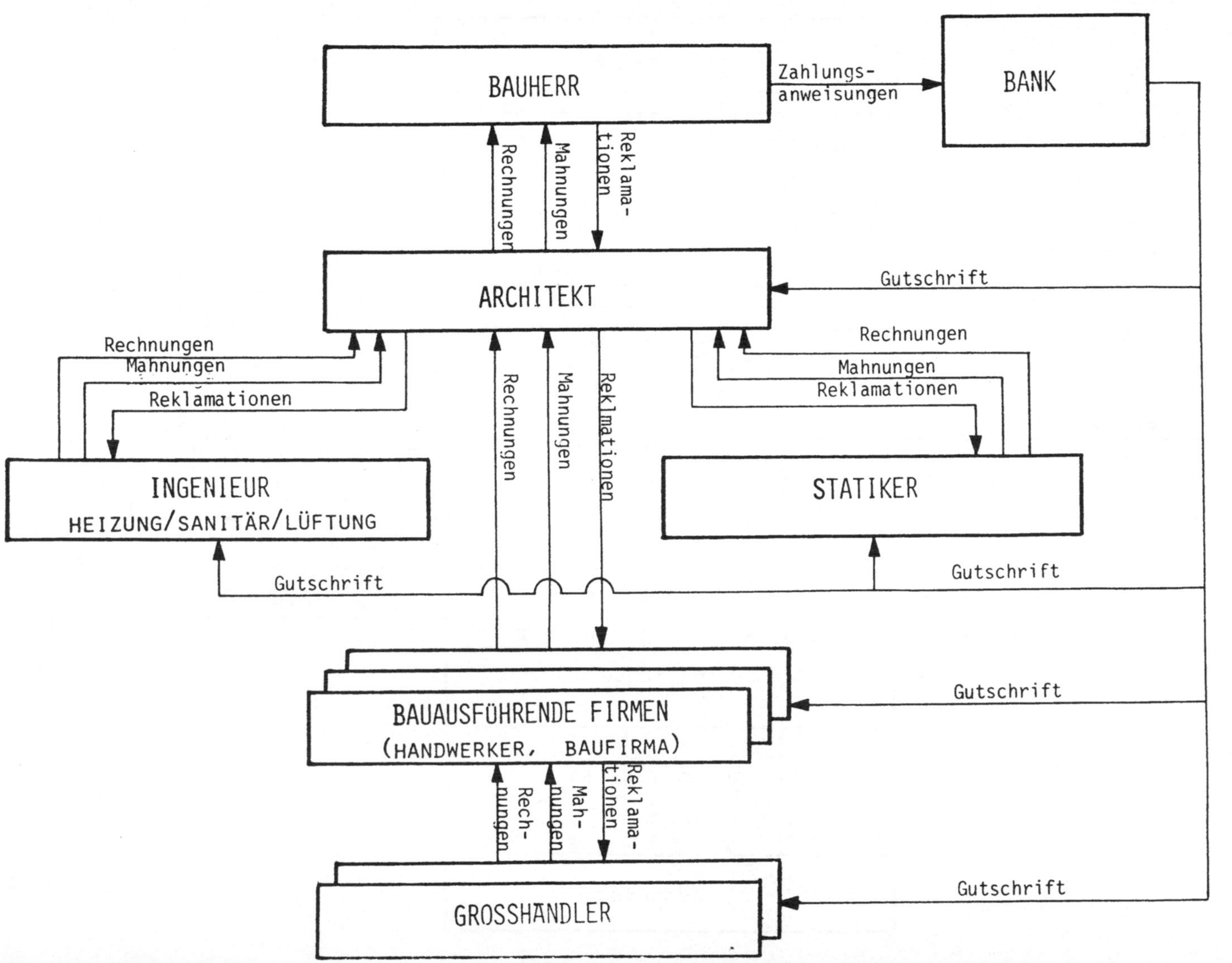

Abb. C-4: ABRECHNUNG

in den Abbildung C-2 bis C-4 erkennbar. Eine eingehendere Betrachtung dieser Darstellungen führt zu folgenden grundsätzlichen Feststellungen:

- ein großer Teil der Informationen (z.B. technische Daten) erfährt von 'oben' (Architekt) nach 'unten' (Handwerker, Baufirmen) eine zunehmende Detaillierung;

- in umgekehrter Datenflußrichtung erfolgt dagegen häufig eine Verdichtung der Informationen (z.B. bei der Angebotserstellung, -auswertung und später bei der Abrechnung);

- aufgrund seiner Verantwortlichkeit für das gesamte Bauvorhaben muß das Architekturbüro eine Informationsbasis aufbauen, die dem Architekten als Grundlage für Planungs-, Steuerungs- und Kontrollmaßnahmen dient.

Das anschließende Kapitel vermittelt einen Eindruck über die Ist-Situationen der einzelnen Projektbeteiligten. Anhand des Handwerksbetriebes wird der Informationsbedarf und die dazugehörigen internen Arbeitsabläufe der bauausführenden Firmen, also der operativen Ebene, aufgezeigt. Der detaillierten Analyse einzelner Aufgaben folgen jeweils Vorschläge für neue gerätetechnische Unterstützungsmöglichkeiten.

2.1.2 <u>Kommunikation der Projektbeteiligten</u>

2.1.2.1 <u>Detaillierte Analyse eines Handwerksbetriebes</u>

a) <u>Beschreibung des Betriebes und seines Umsystems</u>
a 1) <u>Betriebliche Aufgaben</u>

Betriebliches Oberziel: Verkauf, Installation und Reparatur von Heizungs- und Sanitäranlagen;
Ausführungen im Raum Köln (trotz der örtlichen Nähe zu Leverkusen kaum Aufträge von dort, weil Telephon-Grenze!);
Verkauf in Ausstellungsräumen in K-Stammheim;

80-85 % der Aufträge werden an Neubauten ausgeführt, der
Rest sind Reparatur-Aufträge (vorwiegend im lokalen Bereich).
Bezüglich Neubau: ziemlich fester Kundenstamm im sogenannten 'Projektbau'; regelmäßig ca. 20 Einsatzorte der Arbeitskräfte gleichzeitig, davon 2 große Baustellen (= rd.
130 Wohnungen).

Eine neue Art der Verkaufsförderung im Handwerk ist in der
Diskussion: Verkauf von Heizungs- und Sanitäranlagen unter-
stützt durch Verkäuferschulung.
Umsatz: rd. 1,3 Mio. DM im Jahr,
Anzahl der Rechnungen: rd. 450 pro Jahr,
Höhe des Rechnungsbetrages variiert stark (von 50,- DM bis
einige hunderttausend DM).

a_2)__Umsystem_des_Betriebes

Konkurrenzsituation:
Rd. 200 Installations-Firmen in Köln, davon ca. 3 mit Ver-
kaufs-Ausstellungsräumen. Der Größe nach rangiert die untersuchte Firma im 2. Viertel von unten.
Einkaufsmarkt:
9 Großhändler und eine Reihe von Lieferanten für Spezial-
artikel; Einkauf hauptsächlich in Köln, aber auch in Essen,
Lollar etc..

Bei großen Baustellen liefern die Großhändler an. Das Material für kleine Baustellen wird bestellt und selbst abgeholt. Dabei besteht das Problem, daß die Teile-Beschaffung
einen erheblichen Zeitaufwand verursacht (Wartezeit beim
Großhändler: 15 Minuten bis 2 Stunden).

Eigenes Lager:
Enthält ca. 2.000 Artikel im Wert von ca. 15 bis 20.000 DM
bei einem Anschaffungswert von ca. 40-50.000 DM. (Die hohe
Abschreibung resultiert aus einem hohen Anteil von Restpo-
sten, die bei der Baustellentätigkeit übrigbleiben.)

Fuhrpark:
2 Busse,
1 Pritschenwagen,

82

2 Kombiwagen,

1 Pkw.

<u>Kundenkreis:</u>

- Großkunden aus dem Bereich des Projektbaus,

- Einzelbauherren,

- Inhaber sanierungsfähiger Häuser,

- akute Reparaturfälle.

<u>Sonstige Kommunikationspartner:</u>

- Architekten und Ingenieurbüros

- Finanzamt,

- Rechtsanwalt (für Mahnwesen).

<u>a 3) Organisationsstruktur</u>

Herr F. ist Geschäftsführer und einer von 3 Mitinhabern;
ihm unterstehen:

1 Techniker,

12 Monteure (incl. 1 Helfer und 1 Lehrling),

1/2 Buchhalterin,

1/2 Angestellte (für Rechnungswesen, Korrespondenz,
                Ablage).

<u>b) Analyse des Arbeitsplatzes</u>

<u>- Geschäftsführer -</u>

Die Aufgaben (j = 1-3) des Geschäftsführers bestehen in:

j = 1   Akquisition

           . Speichern der Anfrage

           . Kundenberatung

           . Kalkulation

           . Angebotsformulierung

           . Terminplanung

j = 2   Arbeitsplanung

           . Arbeitseinsatzplanung (Personal)

           . Terminplanung

           . Materialdisposition

j = 3   Arbeitskontrolle und Abrechnung

          . Anweisung des Außendienstes
          . Behandlung von Kundenwünschen
             und -reklamationen
          . Materialnachbestellung
          . Terminplanung
          . Abrechnung.

b 1) Akquisition
- Aufgabenanalyse -

Aufgabe: Ausgangspunkt der Auftragsabwicklung ist die
           Akquisitionsphase. Sie wird in der Regel durch
           eine Anfrage per Telefon oder Brief des (poten-
           tiellen) Kunden eingeleitet. Derartige Anfragen
           sind, bedingt durch die Unkenntnis der Kunden und
           der Verschiedenartigkeit der Objekte, relativ un-
           spezifisch. Erst während einer längeren Diskussion
           mit dem Kunden bzgl. individueller Kundenbedürf-
           nisse, Preise und Termine, in deren Verlauf zumin-
           dest bei großen Projekten oftmals eine Besichti-
           gung 'vor Ort' notwendig wird, ist der Geschäfts-
           führer im Besitz der Basisinformationen für eine
           Angebotserstellung. Aufgrund der Kundenwünsche
           wird eine Kalkulation mit Hilfe von Tabellen (für
           Löhne) und Katalogen (für Material) durchgeführt.
           Das Ergebnis wird als Angebot formuliert und dem
           Kunden per Post zugesandt. Die Auftragsbestätigung
           kann telefonisch oder schriftlich erfolgen.

Kommuni-   Die Akquisitionsphase ist geprägt von der Kommu-
kations-   nikation:
partner:

           a) Kunde (Baufirma, Bauherr, Architekt) -
               Geschäftsführer

           b) Großhändler - Geschäftsführer
               (bzgl. Materialvorrat)

           c) Außendienst - Geschäftsführer
               (bzgl. Termine)

           d) Bank - Geschäftsführer
               (bzgl. Vorfinanzierung).

Kommuni-   Kennzeichen der Kommunikationssituationen sind:
kations-
struktur: - Verteilsituation   : Dialog
                - Partnerstruktur   : Masse
                - Netzstruktur   : Stern,

                wobei eine räumliche Beschränkung auf cen Köl-
                ner Raum und damit auf den Ortsbereich gegeben
                ist.

Informa-   Im Rahmen der Kommunikation werden behandelt:
tions-
inhalte: . Kundenwünsche

                . Offerten

                . Produktinformationen.

Informa-   Den Kommunikationsprozessen liegen folgende Ver-
tions-
verarbei-   arbeitungsprozesse und Dateien zugrunde:
tungs-
prozesse   1. Speichern von Kundenanfragen, d.h. Kunden-
und Da-
teien: anschriften und Kundenwünschen, i.d.R. form-

                  los, z.B. auf Zettel u.ä..

              2. Beratung des Kunden; dazu müssen Produktin-

                  formationen (insbes. Preise) und Lohnkennzah-

                  len (lt. Tabelle) aus Prospekten bzw. Akten-

                  ordnern gesammelt werden. Soweit Produktin-

                  formationen (wie Produktbeschreibung, Preis,

                  Liefertermin) nicht aus Prospekten hervorge-

                  hen, sind Rückfragen beim Großhändler notwen-

                  dig. Bei speziellen Sach- und Terminfragen

                  hat u.U. auch der Ingenieur vom Außendienst

                  eine beratende Funktion.

              3. Die Kalkulation; dieser Rechenvorgang kann

                  als Verknüpfung der Kundenwünsche mit den Pro-

                  duktpreisen, Löhnen und Gemeinkosten gesehen

                  werden.

              4. Formulierung des Angebots; das Kalkulaticns-

                  ergebnis wird in einer für den Kunden ver-

                  ständlichen Form fixiert und ihm per Post

                  übermittelt.

5. Terminplanung und (sobald die Auftragsbestätigung erfolgt) die Terminfixierung anhand eines Kalenders.

6. Bei großen Projekten, die eine außergewöhnlich hohe finanzielle Belastung der Installateurfirma erwarten lassen, ist zuweilen die Rücksprache mit der Bank notwendig.

In den Abbildungen C-5 und C-6 sind die Ergebnisse der Ist-Analyse: Akquisition zusammengefaßt und schematisch dargestellt. Abbildung C-5 verdeutlicht die Kommunikationsbeziehungen und -inhalte, die die Basis für diese Aufgaben bilden. Ferner sind die Dateien angegeben, die in dieser Phase die Informationsbasis bilden (mit einem Kreuz in der untersten Zeile versehen). Als Zusatzinformation ist die derzeitige Realisierungsform dieser Dateien vermerkt. Abbildung C-6 verdeutlicht die den jeweiligen Kommunikationsbeziehungen zugrunde liegenden Verarbeitungsprozesse und Dateien.

Problem-
analyse: Die Installateurfirma ist wie die meisten Handwerksbetriebe als sehr kundenorientiert zu bezeichnen. Besonders deutlich wird dies in der Akquisitionsphase, die einen intensiven und direkten Kunden-Handwerker-Kontakt erfordert.

Im Rahmen dieser Phase ist der Geschäftsführer jedoch in seiner wesentlichen Funktion, der Beratung des Kunden, eingeschränkt. Die Vielzahl der Produkte, Kataloge und Prospekte sowie die Umständlichkeit der Anfragen bei Großhändlern erschweren einen direkten Produktvergleich mit entsprechenden Preiskalkulationen. Bei der Kundenberatung werden dem Kunden daher häufig nur eine oder wenige Alternativen zur Auswahl angeboten, zuweilen erst nach langwierigen Such- und Kalkulationsprozessen. Eine Beschleunigung dieser Prozesse, mit der Möglichkeit, bereits während der

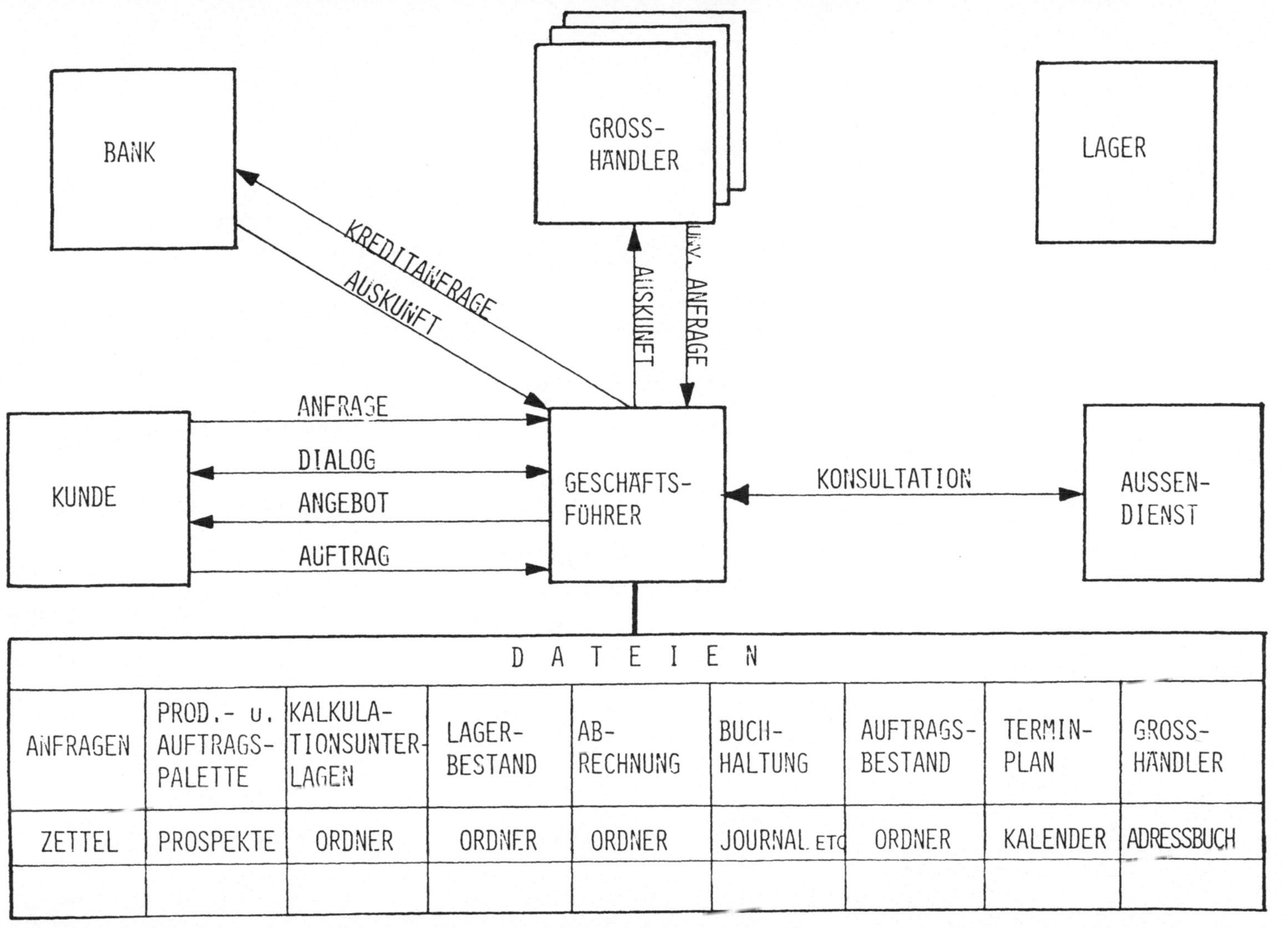

Abb. C-5: KOMMUNIKATIONSSTRUKTUR - AKQUISITION

PARTNER-BEZIEHUNG	VERARBEITUNGSPROZESSE	DATEIEN
Geschäftsführer-Kunde	- Speichern von Kundenanfragen	A. Zettel
	- Suche von Produktinformationen und Lohnkennzahlen	B. Prospekte C. Aktenordner mit Kalkulationsunterlagen
	- Kalkulation	A., B., C.
	- Formulierung des Angebots	A., B., C.
	- Terminplanung	D. Kalender
Geschäftsführer-Außendienst	- Terminrückfragen Sachfragen	D., A.
Geschäftsführer-Großhändler	- Anfragen, Speichern u. Vergleichen von Produktinformationen (Preise, Liefertermine)	A., B.
Geschäftsführer-Bank	- Anfrage bzgl. Vorfinanzierung	E. Unterlagen aus der Buchhaltung

Abb. C-6: Kommunikations-Prozesse
bei Akquisition

ersten Anfrage des Kunden verschiedene Alternativen zu erörtern und dem Kunden entsprechende Ko-
stenvorstellungen zu vermitteln, würde einen posi-
tiven Einfluß auf die Kundenentscheidung ausüben.
Darüberhinaus sind Wettbewerbsvorteile zu erwarten, wenn aufgrund weitgehender Transparenz bezüglich der Angebote verschiedener Großhändler
die Generierung preisgünstiger Alternativen möglich ist.

- Aufgabenkonzeption (Akquisition) -

Als eine Lösung für die Zukunft könnte folgender Aktivitä-
tenablauf und Geräteeinsatz gelten:

Die <u>Anfrage</u> des Kunden wird weiterhin per Brief oder auf
telekommunikativer Weise (Telefon, TELETEX, TELEFAX) eintreffen. Als erstes gilt es, die Speicherung der ankommenden Informationen sicherzustellen, d.h.

. ein entsprechendes Speichermedium zur
  Verfügung stellen   und

. eine problemlose Übertragung der Daten vom
  Kommunikationsgerät zum Speichermedium zu
  ermöglichen.

<u>TELETEX</u> ist im Rahmen dieser Probleme aufgrund der bereits
digitalisierten Daten als ideal anzusehen.
Der Inhalt von <u>Briefen und Telekopien</u> könnte u.U. per Belegleser (evtl. ein Stift, der lediglich über die zu speichernden Zeilen geführt wird) digitalisiert und damit ohne größere Schwierigkeiten übertragungs- und speicherungsfähig gemacht werden.
Größere Probleme werfen hingegen <u>telefonische</u> Anfragen auf.
Hier sind folgende Alternativen zu prüfen:

- die Übertragung wichtiger alphanumerischer
  Daten in digitaler Form per Telefon, möglichst
  direkt auf ein Speichermedium;

- Speicherung von Sprache auf einem Tonträger
  und die nachträgliche Übertragung auf das
  Speichermedium (durch die Sekretärin);
- Formulierung und Speicherung eines Textes
  während des Telefongesprächs.

Derart gespeicherte Daten sollen hier kurz unter dem Begriff 'Anfrage-Datei' zusammengefaßt werden. Während des
Gesprächs mit dem Kunden per Telefon kann der Zugriff auf
eine Datei der Dienstleistungs-/Produktpalette interessant
sein, um dem Kunden kurzfristig eine Kostenvorstellung zu
vermitteln. Daneben ist der Zugriff auf ein Terminplanungssystem, auf dem alle Termine laufender Projekte verfolgt
werden, sinnvoll, um Termine zu vereinbaren und vorzumer-
ken. Die 'Vor-Ort'-Besichtigung durch den Geschäftsführer
(Meister) ist voraussichtlich weiterhin bei großen Projekten unumgänglich.

Sind nach dem Dialog mit dem Kunden alle Basisdaten in der
Anfrage-Datei gespeichert, kann der Geschäftsführer mit
der Angebotserstellung für die im Laufe der Zeit angefalle-
nen Anfragen beginnen. Der Einsatz eines Kalkulationspro-
gramms scheint hier sinnvoll. Im Programmablauf erfolgt
auch der Zugriff auf die Kalkulationsunterlagen (Löhne)
und Produktkataloge (Materialpreise). Zusätzlich muß bei
besonderen Kundenwünschen oder nicht vorrätigem Material
Kontakt zu Großhändlern aufgenommen werden. Dies läßt sich
unterschiedlich realisieren. Grundlage wäre jedoch in jedem Fall eine gespeicherte Großhändler-Datei (mit Adresse,
Konditionen etc.), deren Daten gleichzeitig zur Steuerung
von Telefon, Telex oder DÜ-Systemen dienen, um z.B. eine
Rundfrage bei allen in Frage kommenden Großhändlern zu
starten. Dabei werden automatisch nacheinander die Firmen
angewählt und entsprechende Anfragen

- telefonisch oder
- auf andere telekommunikative Weise

durchgeführt. Der Vorteil liegt hier vor allem in der Markt-

transparenz, die ohne allzu großen Aufwand durch optimale
Disposition und damit auch günstige Kalkulation einen we-
sentlichen Wettbewerbsvorteil verschafft.
Die derart durchgeführte Kalkulation wird in der Anfrage-
Datei abgespeichert. Nach eventueller Zufügung einiger
Textbausteine wird das Angebot ausgedruckt und dem Kunden
zugesandt. Mit der telefonisch oder (fern-)schriftlich er-
folgten Beauftragung werden die Angaben aus der Anfrage-
Datei in die <u>Auftrags-Datei</u> übertragen und die entsprechen-
den Termine fixiert.

Die vorgeschlagenen Kommunikations- und Informationsverarbeitungsprozesse unterscheiden sich inhaltlich nicht von
den gegenwärtigen Prozessen. Als entscheidend wirkt sich
die Unterstützung dieser Prozesse durch Übertragungs-, Ver-
arbeitungs- und Speichergeräte, bzw. die dazugehörige Software, aus.

<u>b 2) Arbeitsplanung</u>

<u>- Aufgabenanalyse -</u>

Aufgabe: In der Arbeitsplanung werden vom Geschäftsführer
            alle Vorbereitungen zur Auftragsdurchführung ge-
            troffen. Es muß dabei sichergestellt werden, daß
            zu bestimmten Terminen alle notwendigen Ressour-
            cen zur Verfügung stehen. Darüber hinaus muß
            bereits in dieser Phase die Abstimmung mit den
            übrigen am Bau beteiligten Stellen vorgenommen
            werden.

Kommuni-   Die Kommunikation in dieser Phase beschränkt sich
kations-   überwiegend auf die Partner
partner:

                Geschäftsführer - Großhandel,
                Geschäftsführer - Architekt, Ingenieurbüro

            alle übrigen Kommunikationsbeziehungen, wie

                Geschäftsführer - Außendienst
                Geschäftsführer - Kunde

            können im Rahmen dieser Aktivitäten weitgehend
            vernachlässigt werden.

Kommuni-
kations-
struktur: Die Kommunikationsstruktur in der Phase der Arbeitsplanung ist gekennzeichnet durch:

- Verteilsituation:
  Dialog   (Großhändler - Handwerk)
  Datensammeln und   (Geschäftsführer -
  Datenverteilen   Außendienst)

- Partnerstruktur:
  Masse   (Großhändler)
  Gruppe   (Außendienst)

- Netzstruktur:
  Stern.

Raum-
Aspekte: Die Kommunikation mit den Großhändlern ist auf
den Ortsbereich beschränkt. Die Einweisung des
Außendienstes wird in der Geschäftsstelle und
auf der Baustelle vorgenommen.

Informa-
tionsver-
arbei-
tungspro-   Die Arbeitsplanung basiert auf den Aktivitäten:
zesse und
Dateien: 1. Materialdisposition; es wird das zur Erledi-
               gung des Auftrags benötigte Material ermit-
               telt und bei Großhändlern bestellt.
               Der Lagerbestand, das Verzeichnis der Groß-
               Händler im Telefon- oder Adressbuch sowie
               entsprechende Kataloge bilden die Informati-
               onsbasis für diese Aufgabe.

            2. Personaleinsatzplanung; der Schätzung des
               Personalaufwandes für den zugrundeliegenden
               Auftrag folgt die Abstimmung mit eventuell
               ebenfalls anstehenden Aufträgen.

            3. Festlegung der Termine im Detail, u.a. auch
               in Abstimmung mit den übrigen Projektpartnern;
               diese Aktivität sichert den reibungslosen Ab-
               lauf größerer Projekte. Für die Tätigkeit 2
               und 3 ist neben den Auftragsdaten der Termin-
               kalender maßgeblich.

In den Abbildungen C-7 und C-8 ist wiederum der Istzu-
stand schematisch beschrieben. Die Verteilsituation des
Geschäftsführers wird in Abbildung C-7 besonders deutlich.

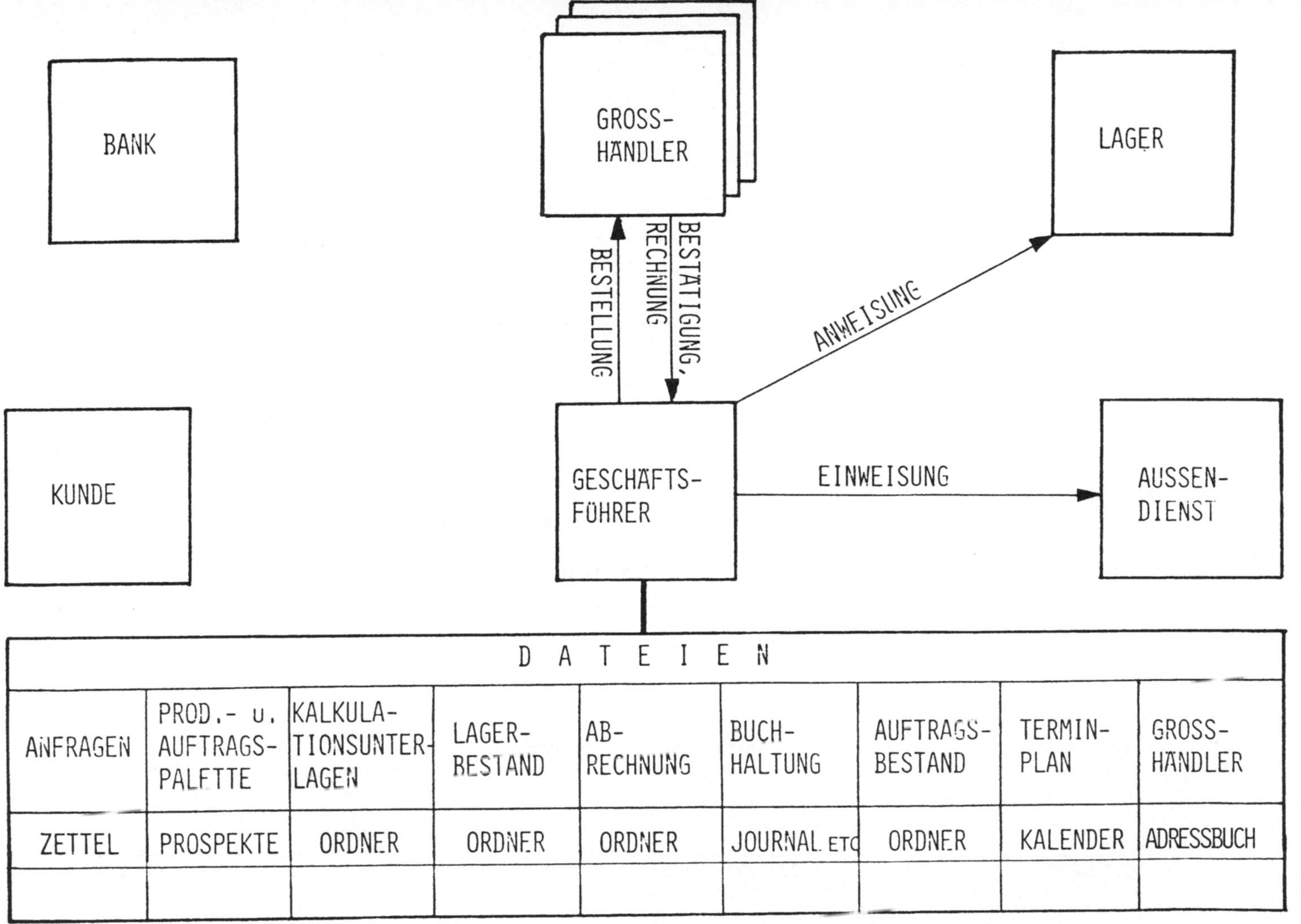

D A T E I E N								
ANFRAGEN	PROD.- u. AUFTRAGS-PALETTE	KALKULATIONSUNTER-LAGEN	LAGER-BESTAND	AB-RECHNUNG	BUCH-HALTUNG	AUFTRAGS-BESTAND	TERMIN-PLAN	GROSS-HÄNDLER
ZETTEL	PROSPEKTE	ORDNER	ORDNER	ORDNER	JOURNAL etc	ORDNER	KALENDER	ADRESSBUCH

Abb. C-7:   KOMMUNIKATIONSSTRUKTUR - ARBEITSPLANUNG

PARTNER-BEZIEHUNG	VERARBEITUNGSPROZESSE	DATEIEN
Geschäftsführer-Großhandel	Materialdisposition (Planung u. Bestellung)	F. Ordner mit Lager-bestand B. Prospekte, Kataloge C. Adreßbuch (bzgl. Großhändlerliste)
Geschäftsführer-Außendienst	Personaleinsatzplanung Terminplanung	G. Auftragsbestand D. Kalender
Geschäftsführer-Kunde	Rückfragen	G.

Abb. C-8: Kommunikations-Prozesse
        bei Arbeitsplanung

Problem-   Die <u>Materialdisposition</u> steht in dieser Phase im
analyse: Vordergrund. Große Schwierigkeiten kennzeichnen
              die Kommunikation Händler - Geschäftsführer:

                   - uneinheitliche Artikelnummern   und
                   - umständliche Rundfragen bei verschie-
                     denen Händlern.

              Die Prospekte und Kataloge der Großhändler sind
              in der Regel schwer zu aktualisieren.

              Die Materialdisposition wird ferner erschwert
              durch Probleme der Lagerhaltung und Materialbe-
              darfsrechnung bei größeren Aufträgen.

              <u>Personaleinsatzplanung und Terminplanung</u> sind zur
              Zeit unproblematisch, da sie relativ oberflächlich
              behandelt werden. Eine grobe Information des Aus-
              sendienstes und eine Terminplanung lt. Kalender
              reichen für diejenigen Projekte, die den größten
              Teil des Auftragsbestandes bilden, üblicherweise
              aus. Mit der Erweiterung des Dienstleistungsange-
              bots auf Reparaturen etc. dürfte sich jedoch die
              Notwendigkeit einer detaillierten und fixierten
              Planung ergeben. Für die Planung und Ausführung
              sehr großer Bauvorhaben (durch entsprechend große
              Betriebe) können Verfahren der Netzplantechnik an-
              gewendet werden.

<u>- Aufgabenkonzeption (Arbeitsplanung) -</u>

In Zukunft müssen die Aktivitäten

                   a) Materialdisposition,
                   b) Personalplanung   und
                   c) Terminplanung

intensiviert werden. Aufgrund der bereits zur Angebotserstellung ermittelten und antizipierten Daten sind diese Arbeiten
weitgehend automatisierbar.

Zu a):   Basis für die Materialdisposition ist der in der
              Auftragsdatei festgelegte Materialbedarf. Sind die
              in der Akquisitionsphase beschriebenen Kommunika-

tionsbeziehungen mit den Großhändlern (Telekommunikation) geknüpft, können ohne große Schwierigkeiten nach entsprechender Überprüfung des Lagerbestan-
des (per System) die entsprechenden Bestellungen
an den in der Akquisitionsphase ausgewählten (günstigsten) Großhändler abgesandt werden. Die Arbeitsbelastung des Geschäftsführers durch manuelle
Eingriffe zwischen den einzelnen Programmschritten
ist dabei von der Leistungsfähigkeit der verwendeten Programme abhängig. Die Effektivität des Systems dürfte jedoch ganz erheblich sein. Wenn die
oben angesprochenen Bedingungen (einheitliche Artikelnummern etc.) nicht verwirklicht sind, könnten 'Anpassungsprogramme' die Kompatibilität herstellen, also z.B. die Übersetzung von einem Num-
mernsystem zum anderen übernehmen.

Zu b)
und c): Der in der Akquisitionsphase ermittelte Personal-
bedarf und die mit dem Kunden abgesprochenen Termine werden von der Auftragsdatei dem <u>'Terminplanungssystem'</u> übergeben und fixiert. Das System
legt daraufhin die Termine für die einzelnen Außendienstmitarbeiter fest und druckt diese nach Mitarbeitern geordnet aus. Aufgrund gemeldeter Terminverzögerungen überarbeitet das Terminplanungssystem
den aufgestellten Terminplan und leitet die Verständigung der betroffenen Kunden in die Wege (Aus-
drucken schriftlicher Kundenmitteilungen, in dringenden Fällen Ausgabe der Telefon-Nr. des Kunden
via Bildschirm und auf Verlangen automatisches Wählen dieser Telefon-Nr.). Die ermittelten Arbeits-
zeiten könnten wiederum der <u>'Abrechnungsdatei'</u> zur
Verfügung gestellt werden, die – nach Aufträgen geordnet – die anfallenden Material- und Personalkosten speichert und in Verbindung mit einem 'Abrech-
nungsprogramm' die Endabrechnung durchführt. Für
die Phase Arbeitsplanung sind demnach gegenüber der
Akquisitionsphase keine zusätzlichen Geräte notwen-

dig. Insgesamt müssen die geschilderten Aktivitäten
als rechenintensiv bezeichnet werden. Sie setzen daher, wenn sie automatisiert werden sollen, lei-
stungsfähige Programmbausteine mit der notwendigen
Rechnerkapazität voraus. In der Regel werden sich
die Arbeitsabläufe jedoch nicht voll automatisieren
lassen. Vielmehr sind halbautomatische und flexible
Systeme erstrebenswert, die im Laufe zunehmender Erfahrung ausgebaut werden.

b_3)__Kontrolle_und_Abrechnung

-_Aufgabenanalyse_-

Aufgabe: Die Aktivitäten des Geschäftsführers in dieser
          Phase begleiten die Durchführungsarbeiten der
          Außendienstmitarbeiter bzw. schließen den Auftrag
          ab. Er greift dabei lenkend in die Arbeiten ein,
          indem er neue Kundenwünsche und -reklamationen
          entgegennimmt, gegebenenfalls nochmals mit dem
          Kunden abstimmt, diese dokumentiert, z.B. als Ak-
          tennotiz in einem 'Auftragsordner' ablegt und sie
          in dieser Form oder mündlich an seine Mitarbeiter
          weitergibt. Unter den Mitarbeitern ist ein Inge-
          nieur sein Ansprechpartner, der die Auftragsab-
          wicklung vor Ort leitet. Mit ihm werden alle an-
          stehenden Sachfragen erörtert. Die Kontrollakti-
          vitäten des Geschäftsführers sind daher vorwie-
          gend auf quantitative Aspekte (Termineinhaltung)
          gerichtet. Verzögerungen treten vor allem auf, so-
          bald der Materialvorrat nicht ausreicht. Die not-
          wendigen Nachkäufe werden meist von Arbeitern
          durchgeführt, die in ungünstigen Fällen verschie-
          dene Großhändler, jeweils mit längeren Wartezei-
          ten, aufsuchen müssen und das Material direkt zum
          Arbeitsplatz transportieren. Nach Auftragserledi-
          gung, bzw. bei à-Kontorechnungen oder Zahlungsan-
          weisungen für Material, erfolgen Abrechnung und
          Buchhaltung.

 Für diese relativ kommunikationsintensive Aufgabe
kommen folgende Gesprächspartner in Betracht:

- Außendienst (insbesondere der Ingenieur)
- Kunde
- Großhändler
- Bank.

 Zusammenfassend können für die Kommunikationssituationen mit den unterschiedlichen Partnern
folgende Kennzeichen angeführt werden:

- Verteilsituation : Dialog
- Partnerstruktur : Masse
- Netzstruktur   : Stern,

wobei hinsichtlich der räumlichen Abgrenzung wiederum der nahe Ortsbereich maßgeblich ist.

 Die Erfüllung der Kontroll- und Abrechnungsaufga-
be durch den Geschäftsführer vollzieht sich in
den Aktivitäten:

1. Anweisung des Außendienstes bzgl.:

   . neuer Kundenwünsche
   . Kundenreklamationen
   . im Auftrag nicht eindeutig festgelegter
     Sachverhalte
   . Materialanforderungen

2. Empfangen und Dokumentieren von Kundenwünschen und -reklamationen

3. Durchführung umfangreicher Materialbestellungen
   Kontrolle des Lagers

4. Abrechnung
5. Terminkontrolle.

Im Rahmen dieser Aktivitäten erfolgt der Zugriff
auf

- Auftragsbestand
- Großhändlerliste
- Lagerbestand

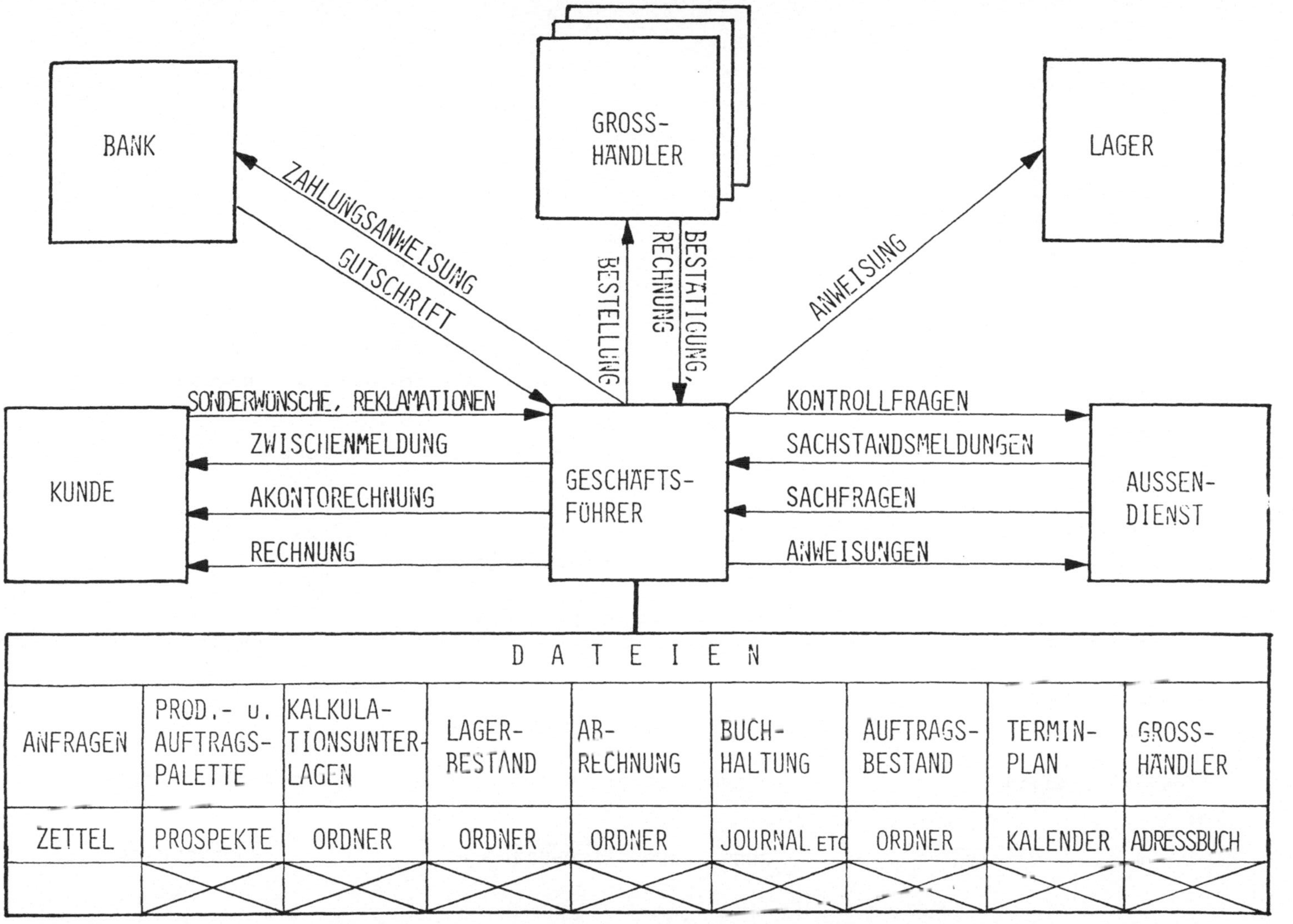

Abb. C-9: KOMMUNIKATIONSSTRUKTUR - KONTROLLE/ABRECHNUNG

PARTNER-BEZIEHUNG	VERARBEITUNGSPROZESSE	DATEIEN
Geschäftsführer-Außendienst	- Anweisung (bzgl. Kunden- wünsche, -reklamationen)	G. Auftragsbestand
	- Terminkontrolle	G. Auftragsbestand D. Terminkalender
Geschäftsführer-Kunde	- Empfangen und Dokumentieren von Kundenwünschen und -reklamationen	G. Auftragsbestand
	- Abrechnung	G. Auftragsbestand E. Buchhaltung Kalkulationsunterlagen
Geschäftsführer-Großhändler	- Materialnachbestellung	C. Adreßbuch F. Lagerbestand B. Prospekte, Kataloge

Abb. C-10: Kommunikations-Prozesse
bei Kontrolle / Abrechnung

- Prospekte / Kataloge
- Kalkulationsunterlagen
- Buchhaltungsunterlagen
- Abrechnungsunterlagen
- Terminkalender.

d.h. aufgrund von Korrekturen bzw. Erweiterungen
des Auftrages wird der gesamte Datenbestand (mit
Ausnahme der unverbindlichen Anfragedatei) angesprochen.

Dieser Sachverhalt wird wiederun in den Abbildungen C-9 und C-10 erläutert.

Problem-
analyse:

Die im Aufgabenbereich Arbeitskontrolle und Abrechnung involvierten Aktivitäten (Materialbestellungen, Verhandlungen mit dem Kunden) sind
bereits weitgehend in den voranstehenden Aufga-
benanalysen behandelt worden. Ihre Problematik
wird indessen noch deutlich verstärkt, da ihre
Bewältigung unter Terminzwang erfolgt, um Verzögerungen im Arbeitsablauf zu vermeiden. Dies gilt
insbesondere für die Nachbestellung von Material
und die Bearbeitung neuer Kundenwünsche bzw. -re-
klamationen, die teilweise erst nach Rücksprache
mit dem Außendienst geklärt werden können.

- Aufgabenkonzeption (Kontrolle und Abrechnung) -

Die Analyse dieser Phase deckt zwei wesentliche Probleme
auf, die sich vor allem nachteilig auf die Effektivität der
Auftragserledigung auswirken:

1. der Kommunikationsfluß
   Kunde - Geschäftsführer - Außendienst

2. die Nachbestellung von Material.

Zu 1.: Für die Kommunikation Zentrale - Außendienst ist
der Einsatz von

- Autotelefon
- tragbares Telefon o.ä.

zu überprüfen. Ist mit Hilfe derartiger Geräte
eine Verbindung hergestellt, dürfte eine Konferenzschaltung in der Zentrale (Kunde - Geschäftsführer -
Ingenieur) keine allzugroßen Probleme darstellen.
Kundenwünsche und -reklamationen können auf diese
Weise schneller besprochen und festgelegt werden.
Die Zentrale des Handwerksbetriebs erhält ferner alle notwendigen Daten für die weitere Materialdisposition, Arbeitseinsatzplanung und Terminplanung. In diesem Zusammenhang ist auch die Möglichkeit einer Textspeicherung im Anhang der 'Auftragsdatei' zu prüfen,
um Absprachen, Mitteilungen, Aktennotizen zu speichern, also in einer Form, die der Ablage in Aktenordnern entspricht.

Zu 2.:   Zur Materialnachbestellung bietet sich die Inanspruchnahme der bereits in der Planungsphase disku-
tierten Techniken an. Über das transportable Telefon gehen exakte Materialbestellungen von der Baustelle an die Zentrale, werden dort gespeichert
und automatisch als Anfrage und ggf. Bestellung an
den Großhändler weitergeleitet. Die derart vorberei-
teten Bestellungen können ohne großen Zeitverlust
geliefert oder von einem Mitarbeiter abgeholt werden.

Alle übrigen Aktivitäten dieser Phase stellen hinsichtlich
der Unterstützungsmöglichkeiten keine großen Probleme dar.
Da das System alle laufenden Aktivitäten erfaßt und bearbeitet, können alle buchhalterischen Abrechnungsaufgaben
jederzeit durchgeführt werden. In Abhängigkeit von Entwick-
lungen auf dem Banksektor ist die Wirtschaftlichkeit und
und Sicherheit der Übertragung von Zahlungsanweisungen und
Bankgutschriften per DÜ-Systeme zu prüfen. Ansonsten erfolgt die Ausgabe von Rechnungen und Zahlungsanweisungen

über Drucker o.ä., bzw. die Eingabe von Bankgutschriften
über Belegleser zur weiteren Verarbeitung. Mit Begleichung
der Rechnung ist es zu Dokumentationszwecken sinnvoll, in
Anlehnung an die bewährte Methode des Auftragsordners, alle
Auftragsdaten zusammengefaßt auf einen leicht handhabbaren
Datenträger (ähnlich Mikrofilm) zu transferieren.

Die gesamte Terminplanung dieser Phase basiert auf Angaben
der Arbeitsbögen (je Mitarbeiter), die dem System zugeführt
werden. Die Angaben werden mit den Soll-Zahlen verglichen
und der Abrechnungsdatei ebenso wie der Buchhaltung (zur
Lohnabrechnung) übergeben.

2.1.2.2 Ist-Aufnahme Architektur-Büro

Beschreibung des Betriebes und seines Umsystems

Der Betrieb

Aufgabe: - Entwurf und Planung von Gebäuden
               (private und gewerbliche)
            - Bauleitung

Raum: Köln, bei gewerblichen Objekten manchmal auch
            andere Bundesländer

Auftrags-   5 - 10 zugleich
zahl:

Ablauf   1. Planungs- und Entwurfsphase
eines   - potentielle Kunden treten (i.d.R. nach
Auftrags: Empfehlungen früherer Geschäftspartner)
                   mit den Architekten in Verbindung (Anfra-
                   ge);

                - nach Diskussion mit den Kunden werden Ent-
                   wurfsskizzen angefertigt und so lange über-
                   arbeitet, bis sie den Wünschen des Kunden
                   entsprechen; Kommunikationen werden persön-
                   lich, kaum schriftlich, selten telefonisch
                   geführt;

                - nach erzielter Einigung über einen Auftrag
                   wird eine Bauvorlage (1:100) erstellt. Die-
                   se wird dem Statiker zur Begutachtung vorge-
                   legt;

- Der Genehmigung folgt die <u>Projektierung</u>,
  d.h. die Auslegung der Heizungs-, Sanitär-
  und Lüftungsanlagen, und die <u>Ausschrei-
  bung</u>. Dazu wird eine Massenberechnung je
  Gewerk vorgenommen. Obliegt die gesamte
  Fertigstellung einer einzigen Baugesell-
  schaft, wird ein Raumbuch für das gesamte
  Vorhaben angelegt, das als Grundlage für
  alle weiteren Baupläne und Massenberechnungen dient.

- Die eingehenden <u>Angebote</u> werden dem Bauherrn vorgelegt; er trifft die Entscheidung über die Auftragsvergabe.

2. <u>Bauphase</u>

In dieser Phase übernimmt der Architekt die
Bauaufsicht und -kontrolle. Nach der Fertigstellung führt er zusammen mit dem Bauherrn
und den Handwerkern die Abnahme durch.Fehler in
der Ausführung werden von den Handwerkern oder
dem Architekten in Protokollen festgehalten.

Hilfs-
mittel: 1 Zeichentisch

            1 Telefon

            1 Anrufbeantworter

            1 Schreibmaschine

Probleme: - Ausschreibungen sind aufwendig in Formulie-
            rung und Auswertung.

          - Die Massenberechnungen sind relativ aufwendig.

          - Für die Beteiligten ist u.U. das Raumbuch, das
            bisher nur in Ausnahmefällen erstellt wird,
            sehr nützlich. Es sollte den jeweiligen Stand
            der Pläne (incl. Änderungen) detailliert be-
            schreiben und dadurch Unklarheiten und Rückfra-
            gen vermindern. Eine weitgehende Unterstützung
            bei der Anfertigung des Raumbuches wäre notwen-
            dig, um den hohen Arbeitsaufwand zu reduzieren.

- Das 'Up-dating' von Katalogen, Materialbe-
  schreibungen ist sehr zeitaufwendig.

<u>Umsystem des Betriebes</u>

Auftraggeber: -   Unternehmungen

                   -   Baugesellschaften

                   -   Privatpersonen

Kommunikations-   -   Bauherren (s.o.)
partner:
                   -   Bauamt

                   -   Ingenieurbüros für:

                          . Statik

                          . Heizung, Sanitär, Elektro etc.

                   -   Handwerker (ca. 10 je Projekt)

                   -   Baufirmen.

<u>Organisationsstruktur</u>

2 Architekten (Arbeitsteilung: a) Büroarbeit

                                b) Planung und Ausführung)

1 Angestellte

     . Sekretariat

     . Technische Zeichnungen.

2.1.2.3 <u>Ist-Aufnahme Statiker-Büro</u>

<u>Beschreibung des Betriebes und seines Umsystems</u>

<u>Der Betrieb</u>

Aufgabe: . Durchführung statischer Berechnungen

           . Übernahme der Verantwortung für:

                 - Bauweise

                 - Baumaterial

                 - Ablauf der Rohbauerstellung

           . Kontrolle der Bauausführung

Raum: Köln und Umgebung

Auftrags- 1974 - 27
zahl: 1975 - 29

                    1976 - 31

                    1977 - 16

                    (Bei Überbelastung:

                        - bis zu 80 Arbeitsstunden/Woche

                        - Vergabe an befreundete Büros

Detail-   a) Administrative Aufgaben
aufgaben:
                    - Angebotserstellung

                    - Ausschreibungen

                    - allg. Mitteilungen
                       (z.B. an Bauherrn oder Baufirma)

                    - Rechnungen
                       (ab DM 4.000,-- a-Konto-Zahlung)

                    - Arbeitsplanung Büro

             b) Konstruktive Aufgaben

                    - Durchrechnen der 1. Pläne (von oben
                       nach unten)

                       Ordner mit statische Berechnungen
                       geht an Prüfingenieur

                    - detaillierte Bauzeichnungen für Bau-
                       firma (von unten nach oben)

                    - Baukontrolle

                        . Soll-Ist-Vergleich der
                           Arbeitsplanung (Balkendiagramm)

                        . Qualitätskontrolle der Bauaus-
                           führung und des Baumaterials
                           (DIN-Norm eingehalten ?)

Techni-   - Klein-Rechner mit Programmsammlung
sche
Hilfs-   - Lichtpaus-Gerät
mittel:
             - Tischrechner

             - 4 Telefonleitungen (notwendig nur 2)

             - Schreibmaschine

             - 2 Zeichenmaschinen

Rationa-   a) Administrativer Bereich
lisie-
rungsmög-   - Diktiergerät für Besprechungsergeb-
lichkei-   nisse der Baukontrolle   oder
ten:
                    - einfaches (tragbares) Schreibgerät

                    - Auftragsverfolgungssystem

             b) Konstruktiver Bereich

                    - Zeichenhilfe: .. Anfertigung von
                                         Zeichnungen

                                      .. Beschriftung der
                                         Zeichnungen

106

                    - Berechnungen: .. schnellerer Zugriff
                                        auf Berechnungsunter-
                                        lagen

                                     .. Text-Unterstützung
                                        für Erklärungen der
                                        Berechnungen

<u>Umsystem des Betriebes</u>

Auftraggeber: - Bauherren mit größeren Bauobjekten

                      . ab 2-Familienhäuser

                      . bis Industriebauten

                      . i.d.R. Großprojekte

Kommunikations-   . Bauherr
partner:
                   . Architekt

                   . Baufirmen, insbesondere Polier

                   . Bauamt

<u>Organisationsstruktur</u>

Leitung: Statiker (Ingenieur)

Angestellte: 1 Technische Zeichnerin

                   1 Technischer Zeichner (Aushilfe)

                   1/2-tagskraft für Büro

2.1.2.4 <u>Ist-Aufnahme Ingenieur-Büro</u>

<u>Beschreibung des Betriebes und seines Umsystems</u>

<u>Der Betrieb</u>

Aufgabe: Planung und Kontrolle (der Ausführung) von
                   Heizungs-, Sanitäranlagen
                   (Die Vielzahl der Gestaltungsmöglichkeiten
                   und die Vorschriften macht die Einbezie-
                   hung eines Ingenieurbüros erforderlich.

Raum: Köln - Aachen - Düsseldorf

Ablauf   1. Abschnitt:
eines
Auftrags: - Anfrage des Kunden
                      (Beschreibung des Vorhabens: Bauplatz,
                      Art des Baus, Auflagen);

- Dialog mit Kunden über verschiedene Details
  von Heizung, Sanitär, Elektro, Bauart, Iso-
  lierung, Fenster etc.; ggf. Besichtigung der
  Baustelle;

- Angebotserstellung, (häufig nicht schriftlich) mit Nennung der voraussichtlichen Höhe
  des Honorars;

2. Abschnitt:

- (Vor-)Projektierung
  (Messen der Masse, Erstellen einer Stückli-
  ste);

- Ausschreibung an 10-40 Installateure (hier
  gute Unterstützungsmöglichkeiten durch
  Textbausteine, da ca. 500 verschiedene Positionen vorkommen können);

- Auswertung der Angebote
  (Erstellung eines Preisspiegels, Auswertung
  hinsichtlich der Preise und des fachlichen
  Inhalts);

- Weiterreichen der 3 günstigsten Angebote an
  den Bauherrn, der die Endauswahl und die Vergabe vornimmt;

- Erstellen der Ausführungspläne im Detail.

3. Abschnitt:

- entweder Oberbauleitung
  (Überprüfungen alle 2-3 Wochen)   oder

- direkte Bauleitung
  (Kontrolle der Ausführung alle 1-2 Tage).

Abnahme:

Der Ingenieur fertigt eine Mängelliste an. Nach

der Mängelbeseitigung durch den Installateur er-

folgt die Kontrolle durch den Bauherrn. Mit der

Erklärung des Bauherrn, daß alle Mängel beseitigt

sind, ist der Auftrag abgeschlossen.

Abrechnung:

Honorarberechnung lt. Gebührenordnung, Kontrolle

des Zahlungseinganges, ggf. Mahnungen und Ein-

schalten eines Rechtsanwaltes.

Hilfs-   1 Telefon-Anlage (ca. 500,- DM Gebühren/Monat)
mittel: 1 Klein-Rechner (Programme auf Kassette,
                   Schreibmaschine, Anschaf-
                   fungspreis rd. 53.000,- DM)

                    1 Schreibmaschine
                      Tischrechner
                    2 Zeichentische
                      Porto ca. 100,- bis 150,- DM/Monat

Probleme: -   Terminplanung erschwert durch Abweichungen
                   und kurzfristige Änderungen bzw. Beauftra-
                   gung; wegen ungleichmäßigen Arbeitsanfalles
                   sind oftmals Überstunden zu leisten;

               -   Verhandlungen mit Behörden z.T. langwierig

               -   Aktenablage umfangreich und zeitaufwendig:
                     . Bauakten
                     . Kataloge

               -   Ausschreibungen aufwendig (siehe Architektur-
                   büro).

Umsystem des Betriebes

Auftraggeber: -   Private Bauherren (Architekten) 40 %
                       -   Stadtverwaltungen
                       -   öffentl. Institutionen   10 %

                       -   Baugesellschaften   50 %

                           davon Stammkunden:
                           2-3 Baugesellschaften
                           20-30 Architekten
                           (90 % der Kunden sind bekannt)

Konkurrenz: 30-40 Firmen:
                   a) größere Firmen mit Großkunden
                   b) kleinere Firmen (3-5 Angestellte, da
                                       sonst Risiko zu groß).

Organisations-Struktur

Inhaber: Leitung (administrativ und technisch),
                   spezialisiert auf Heizung, Sanitär, Lüftung,

Mitarbeiter: spezialisiert auf Klimaanlagen, Kältetechnik,

Technischer   Anfertigung technischer Zeichnungen entspre-
Zeichner: chend vorgelegter Entwürfe,

Ehefrau des   Buchhaltung und Sekretariat (= 1/2 Kraft)
Inhabers:

2.1.3 <u>Der Kommunikationsverbund</u>
<u>- Probleme und Lösungsansätze -</u>

<u>Probleme:</u>

Im Laufe der Analysen haben sich folgende Grundprobleme der
Beteiligten herauskristallisiert:

a) Die <u>geringe Abstimmung</u> der Kommunikationspartner bezüg-
    lich formaler Aspekte der Kommunikation verursacht
    i.d.R. Mehrarbeit; Beispiele:

        . Die äußere Form bestimmter Schreiben, die den An-
           forderungen der jeweiligen Kommunikationspartner
           entsprechen muß, ist umständlich.
        . Artikelnummernsysteme der verschiedenen Groß-
           händler sind nicht kompatibel.

b) Die <u>Kommunikation zwischen Büro und Baustelle</u> stellt
    besondere Anforderungen an Datenerfassung und -über-
    tragung.
    Gründe:
    - Termindruck, der häufig bei der Bauausführung
       herrscht;

    - räumliche Besonderheiten von Baustellen (oft wech-
       selnde örtliche Lage, extreme Gegebenheiten wie
       Lärm, Staub, Erschütterungen etc.)   und

    - Verschiedenartigkeit der möglichen Kommunikations-
       inhalte (administrativ, konstruktiv-sachlich, bzw.
       alphanumerisch, graphisch).

c) Das Hantieren mit <u>Zeichnungen</u> im Format DIN A O (soweit
    es nicht das Zeichnen selbst betrifft, das von Archi-
    tekten und Ingenieuren gerne ausgeführt wird), vor al-
    lem die Vervielfältigung, Verkleinerung, Vergrößerung
    und der physische Transport (Verteilung) von graphi-
    schen Darstellungen sind relativ umständlich.

<u>Bisherige Automatisierungsansätze:</u>

Die computertechnische Unterstützung ist bislang beschränkt
auf folgende Bereiche[1]:

---

1) Vgl. N.N.: (Computer am Bau) S. 78
   Vgl. N.N.: (Computerhilfen für Architekten) S. 24

a) <u>administrative Bereiche</u> z.B.:

    . Kalkulation

    . Auftragsbearbeitung

    . Buchhaltung

b) <u>konstruktive Bereiche</u>   z.B.:

    . Massenberechnungen

    . Wärmeberechnungen

    . statische Berechnungen

<u>Sonstige gerätetechnische Unterstützung</u>

Neben den computerorientierten Hilfsmitteln existieren
ferner:

    Mikrofilmsysteme, die z.Zt. überwiegend zur Speicherung
    graphischer Darstellungen herangezogen werden. Der Ver-
    breitungsgrad dieses Hilfsmittels ist indessen relativ
    gering.

<u>Lösungsansätze</u> (siehe Abb. C-11)

Die Projektbeteiligten stehen für die Zeit eines Bauvorhabens in einem teilweise sehr engen Kontakt. Die Effektivität eines derartigen <u>'Kommunikationsverbundes'</u> steigt i.d.R.
mit dem Grad der gegenseitigen Abstimmung. Es liegt daher
nahe, den Kontakt unter den Projektbeteiligten durch telekommunikative und computergestützte Hilfe noch intensiver
zu gestalten, d.h.

    - Übertragungs-   und
    - interne Verarbeitungsprozesse

und damit auch Informationsinhalte (Artikelnummern etc.)
und Formate aufeinander abzustimmen. Endergebnis einer kon-
sequent durchgeführten Koordination ist schließlich eine
<u>'integrierte Auftragsverfolgung'</u>. Diese beinhaltet neben
einem internen Abwicklungsverfahren auch eine umfassende,
integrierte Auftragsabwicklung unter den Projektpartnern.

Die interne Auftragsverfolgung erfaßt, verarbeitet, speichert und dokumentiert Informationen jeweils eines Projekt-

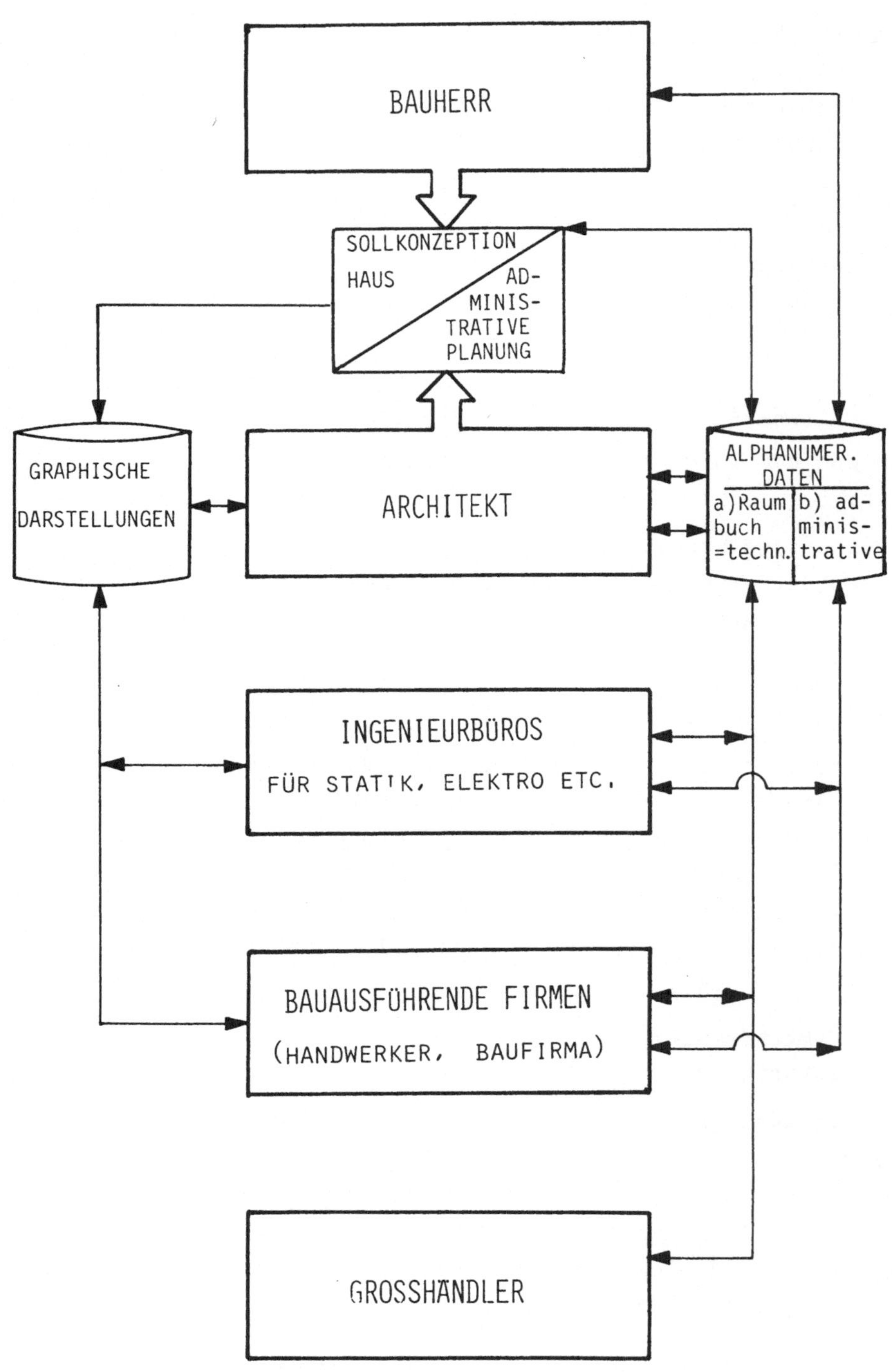

Abb. C-11: LÖSUNGSANSATZ - KOMMUNIKATIONSVERBUND

partners, während eine extern gerichtete Integration die
Verbreitung und Übertragung von Daten innerhalb des Kommunikationsverbundes erleichtert.

Der Vorteil einer derartigen Auftragsabwicklung liegt vor
allem in der schnellen und problemlosen Durchführung der
Abstimmungsprozesse, womit letztlich eine Effektivitäts-
und u.U. auch Effizienzsteigerung im Rahmen des gesamten
Bauvorhabens gegeben sein dürfte.

<u>Für den Sanitärbereich wäre konkret folgender Ablauf denk-
bar:</u> Der Architekt ermittelt und speichert die Wünsche des
Kunden. Es entsteht eine Datenbasis, die sowohl graphische
als auch alphanumerische Informationen technischer Art
(entsprechend dem bislang gebräuchlichen Raumbuch) enthält. Die Daten werden daraufhin nach verschiedenen Teil-
bereichen (Heizung, Sanitär, Elektro, Rohbau etc.) strukturiert, zusammengestellt und in Form einer Anfrage u.a.
dem Ingenieurbüro für sanitäre Anlagen auf telekommunika-
tivem Wege übermittelt. Dort wird die Anfrage zunächst in
einer 'Anfragedatei' gespeichert und nach der Aushandlung
von Bedingungen und erfolgter Beauftragung in die 'Auftragsdatei' des Ingenieurbüros übertragen. Die vom Ingenieur projektierten Daten werden in einer Ausschreibung
mit Hilfe von Textbausteinen definiert und an verschiedene
Handwerker (für Sanitäranlagen) wiederum auf telekommunikative Weise verteilt. Nach Extraktion der Materialdaten
und ihrer Ergänzung durch Artikelnummern übermittelt der
Handwerker diese an eine größere Anzahl von Großhändlern
als unverbindliche Anfrage. Die Großhändler fügen lediglich Preise und Liefertermine auf automatisiertem Wege hinzu. Die Datenübertragung verläuft daraufhin in umgekehrter
Richtung bis zum Architekten. Er berät den Bauherrn an Hand
maschinell erstellter Übersichten bei der Auswahl der bauausführenden Firmen. Sobald der Handwerker den Auftrag erhält, übernimmt er die Daten von der Anfrage- in die Auftragsdatei, mit deren Hilfe er die weitere Planung, Kontrolle und spätere Abrechnung vollzieht.

Wichtig erscheint in diesem Zusammenhang die Forderung,
nicht nur die Übertragung und Verarbeitung technischer bzw.
gut strukturierter, administrativer Informationen (z.B.
Rechnungen) zu unterstützen, sondern die Geräte mit Funktionen auszustatten, die auch die Arbeit mit unstrukturier-
ten, administrativen Informationen (Aktennotizen, Kurznach-
richten, Terminrücksprachen) erleichtern.

Als ein weiteres wesentliches Problem hat sich in der Untersuchung die <u>Kommunikation zwischen Büro und Baustelle</u>
herausgestellt. Hier besteht ein weitgehendes Bedürfnis bei
allen Beteiligten,

- die Datenerfassung 'vor Ort'   und
- die Übertragung von Informationen zum Büro

zu erleichtern. Die betreffenden Informationsinhalte sind:

a) Absprachen der leitenden und kontrollierenden
    Projektpartner auf der Baustelle,

b) technisch-sachbezogene Daten (Maßangaben),

c) Rückfragen der bauausführenden Mitarbeiter   und

d) Anweisungen aus den/an die Büros.

Während die Informationen c) und d) vorwiegend Übertra-
gungsprobleme beinhalten, verlangen a) und b) eine funk-
tionsgerechtere Erfassung der Daten am Entstehungsort und
eine problemlose, speichergerechte Transformation der Daten im Büro.

2.2 <u>Konzeption der Systeme und Geräte</u>

2.2.1 <u>Systemkonzept</u>

Für den Bereich 'Bauplanung und -durchführung' kommt eine
Anlage in Frage, die die

- . Übertragung,
- . Speicherung,
- . Be- und Verarbeitung

von

- . Daten (für formatierte Informationen)   und
- . Texten (für unformierte Informationen)

unterstützt. Es wird dabei bewußt eine Integration der
z. Zt. relativ selbständigen Komponenten

- . ADV
- . DÜ
- . TV
- . TELETEX

angestrebt, um eine Effektivitätssteigerung im Rahmen kom-
munikationsorientierter Aufgaben, die sowohl Informationsverarbeitung als auch -übertragung beinhalten, zu erreichen. Ein großer Teil der benötigten Funktionen ist technisch bereits realisierbar. Das Problem besteht daher primär in der Bündelung der Funktionen, die den Bedürfnissen
der Benutzer bezüglich der o.a. Anforderungen und Probleme
in wirtschaftlicher Art und Weise entsprechen muß.

Mit der integrierten Verarbeitung/Übertragung von Daten
und Texten können auch Bereiche in die Unterstützung einbezogen werden, die bislang nur ansatzweise automatisierbar sind:

- Erstellung eines Raumbuchs, das alle das Bau-
    objekt betreffenden technischen Daten enthält.
    Damit ist zunächst eine Mehrbelastung für den
    Architekten gegeben, dem die Erstellung des
    Raumbuchs obliegt. Dieses Manko könnte jedoch
    durch entsprechende Hilfen bei der

. Berechnung der Daten   und

. Formulierung des Textes

möglichst mit graphischer Unterstützung ausge-
glichen werden.

- Verteilung der Daten aus dem Raumbuch. Das auf Datenträgern gespeicherte Raumbuch legt eine automatisierte Auswahl und Verteilung projektpartner-spe-
  zifischer Daten nahe.

- Darüberhinaus die

  . Informationserfassung
    (insbesondere mündlicher Absprachen)

  . Informationsspeicherung
    (insbesondere das Führen persönlicher Daten)

  . Informationsverarbeitung
    (wichtig erscheint in diesem Zusammenhang
    der problemlose Zugriff auf Dateien, die
    schnelle Rückfrage bei Projektbeteiligten,
    die kombinierte Text- und Datenverarbei-
    tung, z.B. bei der Rechnungsschreibung,
    der Massenberechnung u.ä.)

  . Informationsverteilung mit allen damit
    verbundenen Arbeiten.

In den Abbildungen C-12 und C-13 sind die Grundkompo-
nenten eines derartigen Systems dargestellt: Das <u>zentrale
System</u> besteht im Kern aus einem

- Bedienungsteil mit
  . Eingabe
  . Display

- Arbeitsteil mit
  . Rechner
  . Speicher.

Daneben werden weitere Systemkomponenten zur Durchführung
von 'Hilfs'-funktionen notwendig. Zu diesen Systembestand-

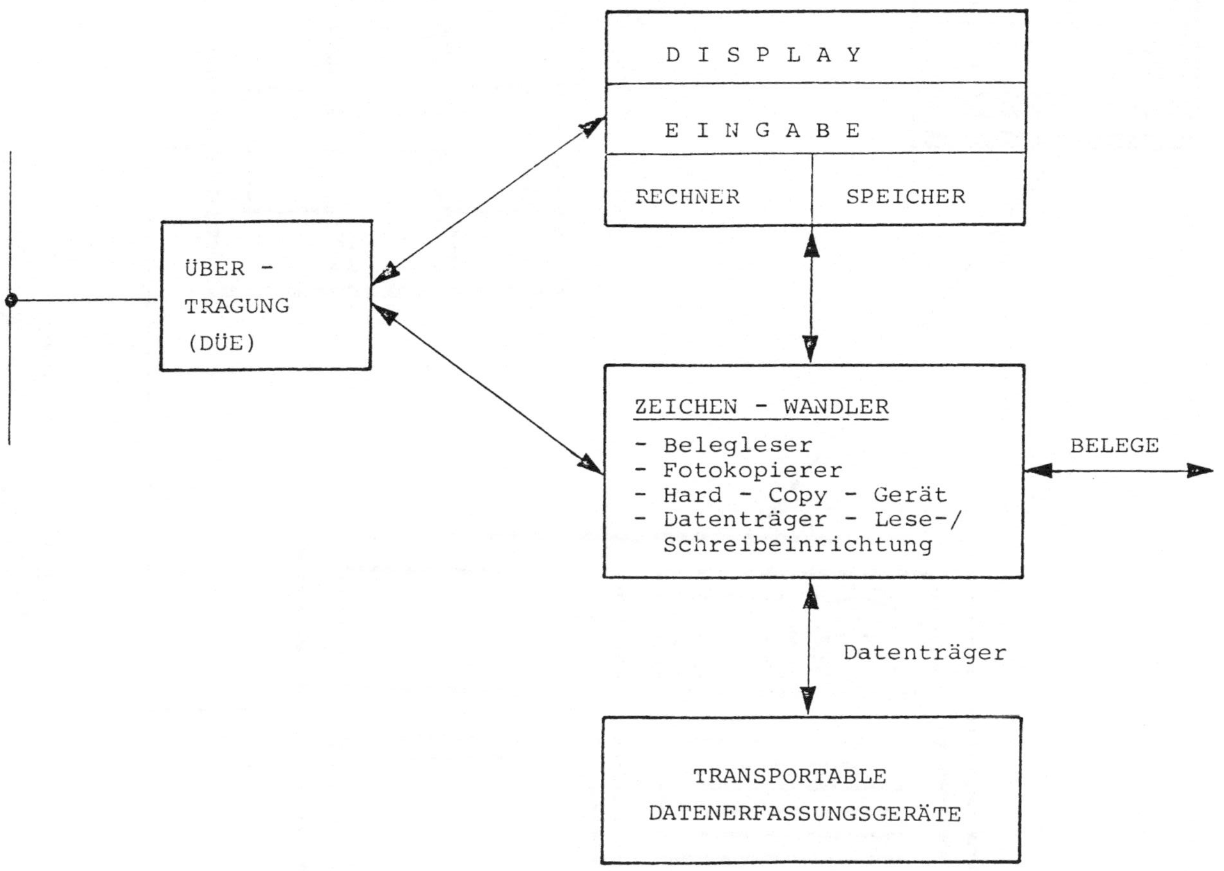

Abb. C-12: Systemkonzept

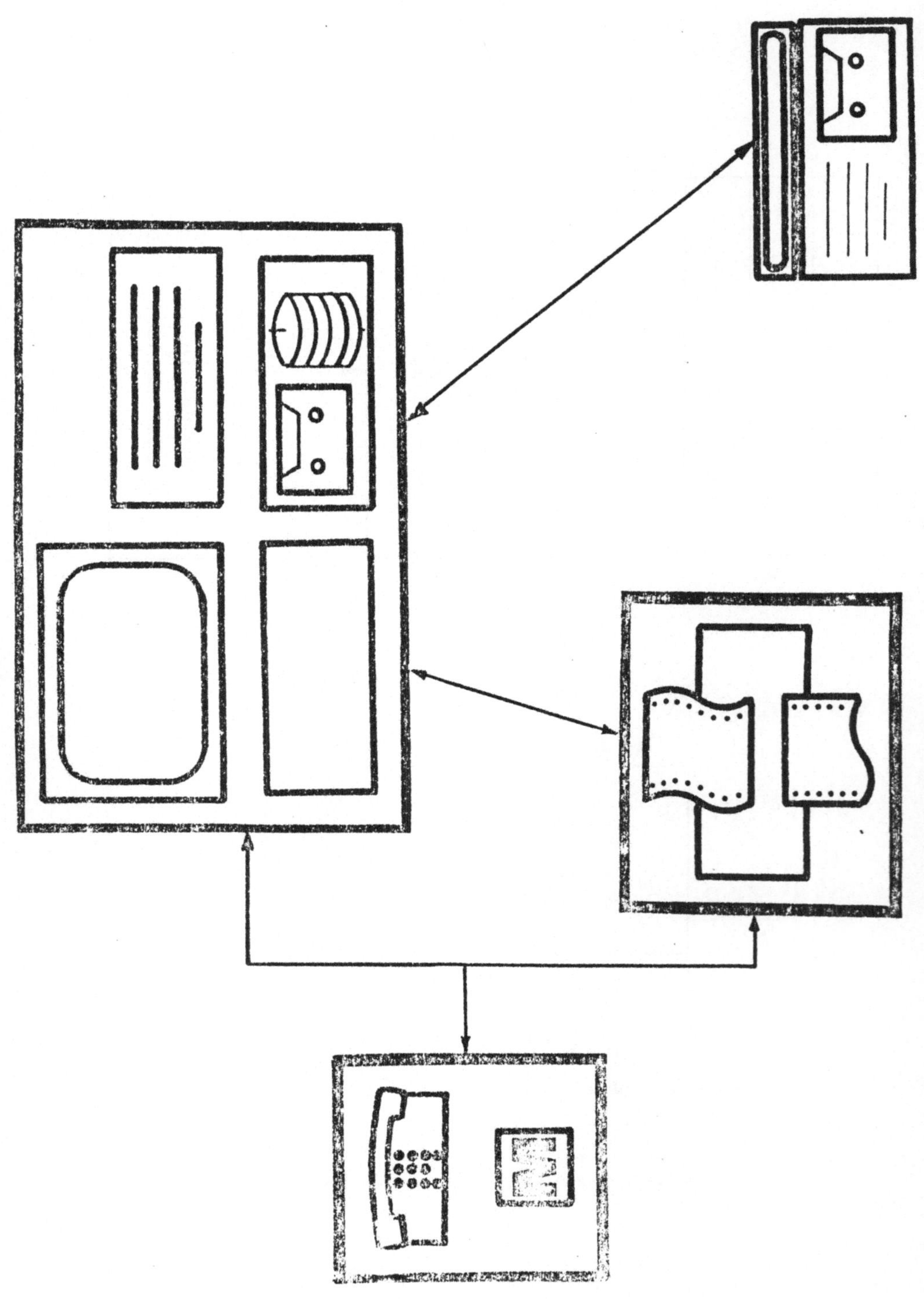

Abb. C-13: SYSTEMFUNKTIONEN

teilen müssen entsprechende Schnittstellen vorgesehen werden. So ist an technische oder organisatorische Möglichkeiten zu denken, die die Speicherung telefonischer Absprachen sicherstellen.

Darüber hinaus werden Schnittstellen zu transportablen In-
formationserfassungs-Geräten notwendig, wie:

- . Diktiergerät   (Spracheingabe)
- . Minischreibgerät   (Belegeingabe)
- . Minispeicher mit Tastatur (Kassetteneingabe).

Wünschenswert wäre die

- Digitalisierung
  - . schriftlicher Informationen   und
  - . der menschlichen Sprache;

- Übertragung digitaler Daten
  - . auf Hardcopy
  - . auf andere transportable Datenträger.

In den Abbildungen C-12 und C-13 ist lediglich die
alphanumerische Komponente enthalten. Bezüglich der graphischen Komponente muß zunächst festgestellt werden, daß
z.Zt. drei Techniken erkennbar sind, die die Unterstützung
leisten könnten:

1. Das Anfertigen von Zeichnungen mit Rechnerunter-
   stützung (Computer Aided Design).

2. Die Speicherung von Zeichnungen auf <u>Mikrofilm</u>.

3. Die Übertragung von kleinen Zeichnungen über
   <u>Telekopierer</u> (nicht für DIN A Ø).

Zusammenfassend lassen sich derzeit lediglich folgende Grund-
forderungen aufrechterhalten:

a) Aufgrund der
   - . Eindeutigkeit bei der Übertragung und Ver-
     arbeitung von Zeichnungen und Daten/Texten
     und

. der Wirtschaftlichkeit, die u.U. beim
  Einsatz mehrerer Techniken nebeneinander
  eingeschränkt werden könnte

ist eine Digitalisierung der Zeichnungen erstrebenswert.

b) Die Unterstützung der Erstellung von Zeichnungen
   sollte weitgehend bisherige Arbeitsgewohnheiten
   am Zeichenbrett berücksichtigen, da zumindest
   beim Architekten und Statiker das Zeichnen in
   der gewohnten Weise als ein sehr kreativer
   und komplexer Informationsverarbeitungsprozeß
   bezeichnet werden kann.

c) Um mehr Zeit für kreative Arbeiten zu gewinnen,
   sollte sich die Unterstützung vor allem auf
   Routine-Arbeiten, wie das Zeichnen mehrerer
   gleicher Elemente, beziehen. Ferner sollte die

   . Vergrößerung / Verkleinerung
   . Vervielfältigung
   . Änderung

von Zeichnungen einbezogen werden.

2.2.2 Anforderungen an Geräte und Systeme

Ist prinzipiell die Mitwirkung aller an der Bauplanung und
-durchführung beteiligter Gruppen gesichert, stellt sich
die Frage, welche detaillierten Anforderungen an die Gerä-
tekonzeption des Kommunikationsverbundes zu stellen sind.

Aufgabenbezogene Anforderungen:

Die in die Untersuchung involvierten Ingenieur- u. Archi-
tekturbüros sowie der Handwerksbetrieb sind als relativ
typisch hinsichtlich ihrer personellen Besetzung und Aufgabenverteilung zu bezeichnen. Bei den Ingenieur- und Archi-
tekturbüros waren es jeweils 2 Personen, die ihre Projekte
sowohl administrativ als auch konstruktiv-sachbezogen be-
treuten. Im Handwerksbetrieb ist der Geschäftsfüh-

rer für die Administration und auch konstruktive Planung
und Kontrolle verantwortlich.

Die mehr <u>administrativen</u> Funktionen unterscheiden sich bei
den jeweiligen Projektpartnern nur in geringem Maße. Lediglich der Gegenstandsbereich ist verschiedenartig hinsichtlich Detaillierungsgrad und technischem Bereich.

Bei allen untersuchten Arbeitsplätzen in der Bauplanung
und -durchführung spielt der Aufgabenbereich der Projekt-
steuerung, d.h. der Planung, Abstimmung und Kontrolle des
Ablaufs eines Bauvorhabens, eine außerordentliche Rolle.

Ein wesentliches Kriterium für die Unterstützungsmöglichkeiten derartiger Funktionen stellt die Informationsart
dar. Das Arbeiten mit formalisierbaren Daten (z.B. Rechnungen, Terminpläne etc.) ist aufgrund bereits ausgefeil-
ter Datenverarbeitungs- und -übertragungstechniken als
weitgehend problemlos zu bezeichnen.
Als komplizierter erweist sich indessen, exakte Anforderungen bezüglich nicht oder nur schwer formalisierbarer
Informationen zu stellen. Unterstützenswert erscheint:

- die Informationserfassung bezüglich:
  . Absprachen am Telefon
  . Absprachen an der Baustelle

- die Informationsspeicherung:
  . Ablage von Aktennotizen
  . Ablage von Produktinformationen,
    Verordnungen etc.
  . Führen von Karteien, Listen, Adressen,
    Terminkalendern

- die Informationsverteilung:
  von Interesse sind vor allem Hilfsfunktionen,
  die die Übertragung weitgehend vereinfachen:
  . Herstellen von Verbindungen mit Hilfe
    einer Adressdatei,
  . Aufbau eines Verteilers aus der
    Adressdatei und die automatische
    Verteilung von Daten und Texten,

- Adressierung von Briefen

    . das Speichern eingehender Informationen,
      auch bei nicht besetztem Büro

  - die Informationsbe- und -verarbeitung

    . mit Hilfe von Textverarbeitungsfunktionen

      einschließlich Textbausteinen,

    . kombinierte Text- und Datenverarbeitung
      (z.B. bei der Rechnungsschreibung und
      Angebotserstellung),

    . automatische Erledigung einfacher
      Kontroll- und Steuerungsaufgaben
      (z.B. Terminplanung, -abstimmung und
      -kontrolle, einschließlich der Benach-
      richtigung bei Terminverzögerungen,
      Registratur von Schriftsachen, etc.)

    . das sukzessive Abarbeiten der eingegange-
      nen, gespeicherten Informationen auf
      einem Interface (Auswertung von Akten-
      notizen, Bearbeitung von Anfragen etc.).

<u>Funktionale Anforderungen:</u>

Die <u>Speichereinheit</u> sollte der Anwendung bisheriger Spei-
cher- bzw. Ablagegewohnheiten entgegenkommen, d.h. die
sachlogische Ordnung, wie sie bisher mit der Einteilung
der Aktenordner verfolgt wurde, sollte übertragbar sein.
Dies würde neben der Anwendung der Speichermedien in Ver-
arbeitungsprogrammen auch ihre Handhabung wesentlich erleichtern. Sicherzustellen ist auf alle Fälle, daß die entsprechenden Dateien

  - unkompliziert angesprochen werden können,

  - Verknüpfungen zwischen zusammenhängenden Dateien
    ermöglichen
    und

  - eine hohe Betriebssicherheit aufweisen.

Bezüglich der Be- und Verarbeitung von Daten und Texten
ist das Anforderungsprofil der Anlage relativ umfassend.

Da lediglich in Ausnahmefällen Funktionen über Code- oder
Menüeingabe abgerufen werden sollten, stellt sich die Frage,
in welcher Weise ein 'Funktionsabrufsystem' zu realisieren
ist. Wünschenswert ist ein möglichst unkomplizierter Auf-
ruf per 'Knopfdruck' oder 'mündlichem Zuruf'.

Wählt man die Tastatur o.ä. als Funktionsabrufsystem, so
darf die Anzahl der Tasten das bislang Gewohnte nicht wesentlich übertreffen. Daraus resultiert eine Multifunktio-
nalität der Tasten und der Wunsch nach einer eindeutigen
und sich möglichst automatisch ändernden Beschriftung der
Tasten. Denkbar wäre beispielsweise, daß zunächst mit Hilfe von Tasten oder Drehschalter das gewünschte Arbeitsge-
biet (Korrespondenz erledigen, Angebotserstellung, Ausschreibungen, Abrechnung etc.) gewählt wird. Die operativen Tasten weisen daraufhin die im jeweiligen Arbeitsge-
biet möglichen Funktionen aus, während gleichzeitig die
entsprechenden Arbeitsprogramme geladen werden. Um die
Übertragung der Ergebnisse eines Arbeitsgebietes (z.B. Abrechnung) in ein anderes zu erlauben, muß u.U. eine problemlose Zwischenspeicherung zur Verfügung gestellt werden.
Abspeicherungsprozesse sollten möglichst bildlich dargestellt (dokumentiert) werden, um die Vorstellungskraft der
Benutzer zu unterstützen. Für die Zwischenspeicherung könnte also u.U. ein zusätzliches Display notwendig werden, sodaß der Benutzer zwischengespeicherte Informationen im Auge
behalten kann.

2.3 Beurteilung der Konzeption

2.3.1 Ökonomische Aspekte

Wirtschaftlichkeit:

Grundsätzlich kann für diesen Bereich, der von kleineren Firmen geprägt ist, festgestellt werden, daß quantitativ-meßba-
re, monetäre Faktoren eine weitaus wichtigere Rolle bei der
Entscheidung für ein neues Bürosystem spielen, als bei größeren Firmen. Solange nicht eine wesentliche Preissenkung,
z.B. bei heutigen Textverarbeitungsanlagen, eintritt, wären
Firmen der untersuchten Größenklasse mit dem Kauf oder auch
der Miete derartiger Systeme überfordert.

Konkrete Vorstellungen über akzeptable Preisspannen konnten
die Interviewpartner nicht äußern. Dies ist verständlich,
bedenkt man, daß weder die Kosten des bestehenden Systems
noch der Nutzen künftiger Systeme, der sicherlich in Abhängigkeit von der gerätetechnischen Ausstattung der übrigen
Kommunikationspartner variieren kann, bekannt ist.

Marktpotentiale:

Die Wirtschaftlichkeitsbeurteilung sollte nicht in der Weise
interpretiert werden, daß der Untersuchungsbereich zunächst
als Markt auszuschließen ist. Auf Grund des Konservativimus,
der oft diesem Bereich zugesprochen wird, und des hohen Preis-
niveaus der ersten Gerätegenerationen, wird der untersuchte Bereich wahrscheinlich nicht zu den 'Vorreitern' zählen. Dennoch
sollten bereits jetzt Marketingstrategien gesucht werden, die
ein schrittweises Vordringen auf diesem Markt sicherstellen.

Bei der Entwicklung einer derartigen Marktstrategie kann davon
ausgegangen werden, daß das Handwerk nur wenige Möglichkeiten sehen wird, mit Hilfe neuer Geräte und Systeme seine
Produktivität und Dienstleistungsfähigkeit zu steigern, solange es sich alleine dieser Geräte und Systeme bedient. Für
eine koordinierte Entwicklung im gesamten Kommunikationsbe-
Verbund wird das Handwerk vermutlich keine Initiative er-
greifen, sodaß der Anstoß zum Einsatz der konzipierten Geräte

und Systeme vom Großhandel und/oder von Ingenieurbüros
(einschl. Architekten) erfolgen muß. Nebeneinander sollten
dabei die interne Informationsverarbeitung und die Übertra-
gungstechnik ausgedehnt und verbessert werden, weil gerade
im Kommunikationsverbund erst die Integration dieser Komponenten eine volle Ausschöpfung des Nutzenpotentials gewährleistet (auch wenn es sich zunächst, entsprechend der ein-
gesetzten Moduln, nur um 'Teil'nutzungsaspekte handelt).
Die Berücksichtigung des untersuchten Bereichs in der Mar-
ketingstrategie gewinnt an Bedeutung, wenn man nach der Ge-
neralisierbarkeit der ermittelten Anforderungen fragt.

Im o.a. Scenario sind zwei Gruppen involviert:

  a) Handwerker   und
  b) Ingenieurbüros (Architekten, Statiker etc.).

Zu a): Die untersuchte Handwerksfirma ist dem Bauhilfsge-
        werbe zuzurechnen, das als beispielhaft für das
        auftragsorientierte Handwerk gelten kann. Während
        Handwerksbetriebe mit einer Laden-/Lagerproduktion
        (z.B. Bäcker) im Regelfall einen nahezu standardi-
        sierten betrieblichen Ablauf ermöglichen, ist die
        Auftragsproduktion stark vom jeweiligen Einzelfall
        abhängig. Der Standardisierbarkeit des betriebli-
        chen Ablaufs sind daher Grenzen gesetzt. Deutlich
        wird die Problematik z.B. bei der 'Handwerker -
        Lieferanten - Beziehung':

        Kontinuierliche Einkäufe (Dispositionen), wie sie
        bei der Laden-/Lagerproduktion möglich sind, kommen
        für die Auftragsproduktion kaum in Betracht:

           . Kommunikationspartner
           . Kommunikationsinhalte
           . Kommunikationszeitpunkt

        sind abhängig vom jeweiligen Auftrag.

        Für den Handwerksbereich kann demnach zusammenfas-
        send festgestellt werden:

Die Probleme der untersuchten Firma dürften für
eine große Firmenzahl der verschiedensten Hand-
werksbereiche exemplarisch sein, sobald weitgehend Individualleistungen im Kundenauftrag er-
bracht werden. Abb. C-14 zeigt eine Tabelle
mit statistischen Daten verschiedener Gewerbe-
zweige des Handwerks, die ähnliche Kommunikations-
probleme aufweisen dürften. Welche Priorität diesen Fragen im Einzelfall, also im jeweiligen Handwerksbetrieb eingeräumt wurd, ist von Faktoren
abhängig wie:

- Umsatz
- Komplexität der Auftragsdurchführung
- Anzahl der Aufträge
- Anzahl/Art der Kommunikationspartner
  etc.

Tendenziell dürfte die Innovationsbereitschaft
umso größer sein, je mehr die Ausprägung der o.a.
Faktoren auf eine Ähnlichkeit mit einem Indu-
striebetrieb schließen lassen.

Zu b): Eine ähnliche Ausweitung des Anwendungsbereiches
dürfte auch bei den Ingenieurbüros zu erwarten sein.
Aufgrund mangelhafter Statistiken soll hier lediglich die Anzahl der <u>Architekturbüros</u> genannt werden, die bei ca. <u>30.000</u> liegen dürfte.

2.3.2 <u>Organisatorische Aspekte</u>

Der einzelne Arbeitsplatz (des Ingenieurs, des Architekten,
des Geschäftsführer (Meisters) beim Handwerksbetrieb) wird
eine u.U. recht erhebliche Wandlung erfahren. Die differen-
zierte Betrachtung zeigte, daß inhaltliche Änderungen der
Aufgabenstellungen nicht oder nur im geringen Maße erkennbar sind. Betroffen sind folglich hauptsächlich die Ausfüh-
rungsprozesse (z.B. statt Wählen: Ansprechen der Adressda-
tei). Eine Veränderung <u>bestehender Qualifikationsanforderun-
gen</u> tritt nicht ein, wohl aber kommen neue Anforderungen be-

126

GEWERBEZWEIGE des Handwerks	BETRIEBE (Anzahl) (1976)	BESCHÄFTIGTE in Tsd. (1977)	UMSATZ in Mio DM (1976)
BAUGEWERBE	158.000	1.410	83.000
- Bauhauptgewerbe	58.000	840	50.000
- Ausbau- und Bauhilfsgewerbe	100.000	570	33.000
VERARBEITENDES GEWERBE			
- Stahl-, Maschinen- und Fahrzeugbau	51.000	520	57.000
- Schlosserei- und Elekrotechnik	8.000	135	9.000
- Hersteller von Holzbauten u.ä.	30.000	130	9.500
I	247.000	2.195	158.500
II HANDWERK GESAMT	540.000	3.750	260.000
	I : II = 45,7%	= 58,5%	= 60,9%

Abb. C-14: STATISTIK DER HANDWERKSBETRIEBE MIT AUFTRAGSPRODUKTION

züglich der Gerätebedingung hinzu, die jedoch in Abhängigkeit des funktionalen System Designs, qualitativ gering sein dürften.
Neben der Qualifikation spielt die quantitative <u>Ar-
beitsbelastung</u> je Arbeitsplatz eine entscheidende
Rolle. Dabei wird eine Abnahme der Arbeitsbelastung
kaum eintreten, wohl aber kann eine Verschiebung derart erfolgen, daß der Anteil der Ausführungsaktivi-
täten gegenüber den auf den Inhalt der Aufgabenerfüllung bezogenen Aktivitäten(Informationsaufnahme und
-verarbeitung) abnimmt. Die Folge ist eine Steigerung der Arbeitseffektivität, vor allem der qualitativen Komponente.

Quantitative Veränderungen im <u>Stellengefüge</u> sind in
dem untersuchten Bereich nicht zu erwarten. Jedoch
sind Aufgabenverschiebungen möglich. Einerseits könnte der Aufgabenbereich der Sekretärin angereichert
werden, sodaß diese zusätzlich neue Aufgaben (z.B.
Buchhaltung o.ä.) und damit eine Art Sachbearbeiter-
funktion übernimmt. Eine andere Möglichkeit besteht
darin, daß der 'Chef' bestimmte Sekretariats-Aufga-
ben wahrnimmt (z.B. Erledigung der Korrespondenz).

Da die Grundstruktur der Informationsverarbeitungs-
und Speicherungsprozesse erhalten bleibt, werden die
Änderungen im Rahmen der Ablauforganisation hauptsächlich qualitativer Natur sein:

- der Standardisierungsgrad steigt
- die Schnittstellen extern/intern werden
  exakter definiert
- die Zusammenarbeit im Kommunikationsverbund wird

    - qualitativ besser
      (mehr Planung und Kontrolle,
      weniger Mängel in der Ausführung)

    - konfliktärmer
      (Abstimmungsprozesse werden
      erleichtert)

. Informationsflüsse werden schneller

  - Aktualität steigt

  - Fehler und Störungen werden
    schneller gefunden

  - Beseitigung erfolgt frühzeitig,
    schnell und damit kostengünstiger.

. das gesamte Aufgabengefüge (intern und extern)
  wird transparenter

. der Anteil der Administration verringert sich
  zu Gunsten der konstruktiv-sachbezogenen Aufgaben.

2.3.3 Sozio-psychologische Aspekte

Es kann vermutet werden, daß keine unüberbrückbaren Schwierigkeiten bei der Einführung neuer Geräte entstehen werden.
Ingenieure und Handwerker haben eine technische Ausbildung,
die die Akzeptanz neuer Geräte vergrößert. Dennoch könnte
die Einführung neuer Geräte und Systeme in Handwerksbetrie-
ben problematisch werden. Denn dieser Gewerbezweig - besonders kleine Betriebe - gilt als konservativ. Deswegen kommen für die Einführung neuer Systeme vorwiegend mittlere
bis größere Betriebe in Betracht, bei denen Auftragsprobleme
und Wettbewerb in stärkerem Maße zu Produktivitätssteige-
rungen zwingen. Inwiefern ein 'zuviel Technik' negative
Empfindungen hervorruft, hängt nicht zuletzt vom Design ab.
Gerade Architektur- und Ingenieurbüros, die Kunden in ihren
Arbeitsräumen empfangen, erwarten ein stimulierendes, Image-
prägendes zumindest aber neutrales Design. Wünschenswert
wäre eine Anpassungsfähigkeit bezüglich Material und Farbe.
Auch eine beschränkte Anzahl von Tasten, Schaltern, Anzei-
gen kann die Scheu vor der Technik nehmen. Um die teilweise
recht kleinen Büroräume nicht mit einem relativ großen Gerät
unproportioniert erscheinen zu lassen, sollte auch eine Aufteilung in Arbeitsteil (Rechner, Speicher u.ä.) und Bedienungsteil mit Interface möglich sein. Dies wird ohnehin auch
bei größeren Systemen sinnvoll sein, bei denen an ein zentrales Arbeitsteil mehrere Bedienungsteile angeschlossen sind.
Der Arbeitsteil kann in kleineren Räumen ('Abstellräume')
untergebracht werden, so daß der Bedienungsteil lediglich
eine Ergänzung des Schreibtisches darstellt.

3 Scenario der industriellen Kommunikation

3.1 <u>Der Betrieb und sein Umsystem</u>

3.1.1 <u>Die Industrieunternehmung</u>

Einleitung

Als Untersuchungsobjekt für den industriellen Bereich wurde eine
Unternehmung gewählt, die Dichtungen aller Art (Gußerzeugnisse,
Gummi-Metall-Verbindungen, Asbest-Stahl-Verbindungen) produziert
und damit der metallverarbeitenden Branche zuzuordnen ist. In den
insgesamt fünf Werken sind 6.740 Arbeitsnehmer beschäftigt. Der
Jahresumsatz lag 1977 bei 420 Mio. DM.

Die Unternehmung ist Zulieferer für Motoren- bzw. Automobilher-
steller und entsprechende Großhändler. Im Produktionsprogramm
sind ca. 45.000 verschiedene Artikel enthalten. 90 % des Pro-
duktionsvolumens erfolgt auf Auftrag. Im Monat fallen durch-
schnittlich 3.000 Aufträge an. Die Rahmenbedingungen für die
Aufträge werden mit größeren Kunden in einer Jahresabschlußver-
handlung festgelegt. Verhandlungspunkte sind neben den Preisen
vor allem auch die Quoten, d.h. die Aufteilung des Gesamtbedarfs
auf die einzelnen Anbieter.

Für die Kunden, die ihre eigene Produktion nicht gefährden wollen, spielt die Zuverlässigkeit bei der Termineinhaltung eine
große Rolle. Da auf Grund der großen Anzahl verschiedener Artikel keine größeren Vorräte angelegt werden können, ist eine relativ flexible Produktionssteuerung und eine Kontrolle der Auftragsabwicklung unumgänglich.

Untersuchungsbereich

Ein Überblick über die Aktivitäten der Unternehmung zeigt, daß
dem Vertrieb eine zentrale Funktion im Gesamtkommunikations-
system zugeordnet werden muß. Die Sachbearbeiter des Vertriebs
setzen externe Anforderungen (Aufträge) in interne Informationen
um, die die Auftragsabwicklungs- bzw. Produktionsprozesse steuern. Die relativ große Anzahl von internen und externen Kommunikationspartnern, die teilweise unter Termindruck ablaufenden
Informationsverarbeitungs- und -übertragssprozesse ließen beim
Vertrieb konkrete und vordringliche Bedürfnisse bezüglich neuer
Kommunikationstechniken vermuten. Dies bestätigte sich sowohl
auf der Sachbearbeiter- als auch auf der Führungsebene.

Das vorliegende Scenario beschränkt sich auf die Kommunikations-
prozesse im Vertrieb und bezieht zugrunde liegende betriebliche
Abläufe nur des Verständnisses wegen ein.

3.1.2 Organisations- und Kommunikationsstruktur

Organisationsstruktur

Die nach funktionalen Aspekten geordnete Unternehmungsstruktur
ist in Abb. C-15 dargestellt. Lediglich der untersuchte Vorstands-
bereich Vertrieb erfährt eine detailliertere Darstellung, um
die Positionen des untersuchten Führungspersonals zu verdeutli-
chen (die Interviewpartner sind im Organigramm durch starke Um-
randung hervorgehoben). Von Interesse ist in diesem Zusammenhang
auch die Anzahl der jeweils unterstellten Mitarbeiter:

- Vertrieb Ausland: ca. 30   Mitarbeiter

- Vertrieb Inland (Gußerzeugnisse): ca. 10-15 Mitarbeiter

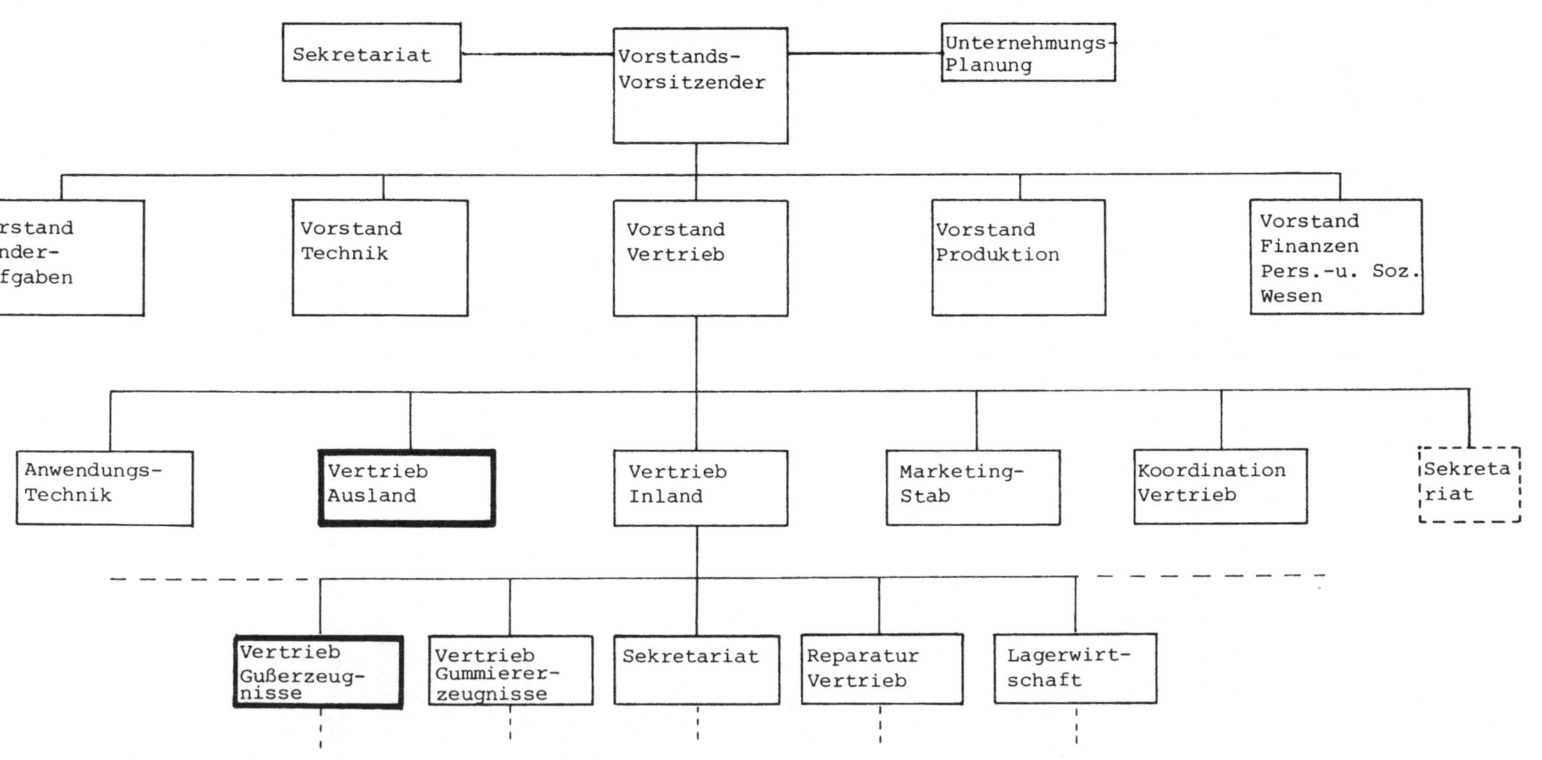

Abb. C-15: Organigramm der untersuchten Industrieunternehmung

Kommunikationsstruktur

Die untersuchte Unternehmung hat auf Grund ihrer Größe und ihrer Produktpalette eine große Anzahl externer Kommunikationspartner (Abb. C-16). Dieser Umstand wirkt sich nicht nur auf die extern-gerichtete Kommunikationsstruktur aus. Auch interne organisatorische Bedingungen müssen diesem Aspekt Rechnung tragen.

Zwei Gruppen externer Kommunikationspartner sind herauszustellen, die relativ eng mit dem Untersuchungsobjekt verknüpft
sind:

> - Kunden und
> - Lieferanten

Es herrscht das Bewußtsein vor, daß nur permanente, intensive
Bemühungen in der Kommunikation mit diesen Gruppen auf lange
Sicht den Bestand der Unternehmung gewährleisten.

Der Einkauf kommuniziert mit ca. 5.000 Lieferanten bezüglich
Preisen, Mengen, Qualität der Güter etc. (zur Bedeutung des
Einkaufsvolumens: 33,2 % vom Umsatz).

Die Kommunikation mit den ca. 600 Kunden hat folgende Zielsetzung:

- Wahrung des Kundenstamms für bestehende Produkte

- Gewinnung des alten Kundenstamms für neue Produkte

- Gewinnung neuer Kunden für bestehende bzw. neue Produkte.

Bei der Sicherung bestehender und Gewinnung neuer Marktpotentiale kommt dem Vertrieb eine zentrale Bedeutung zu. Im Rahmen
seiner Aktivitäten nimmt er zwei Funktionen wahr:

a) Vertretung der Unternehmungsinteressen gegenüber dem Kunden
   (= Führen von Verkaufsverhandlungen und Abschließen von
   Verträgen);

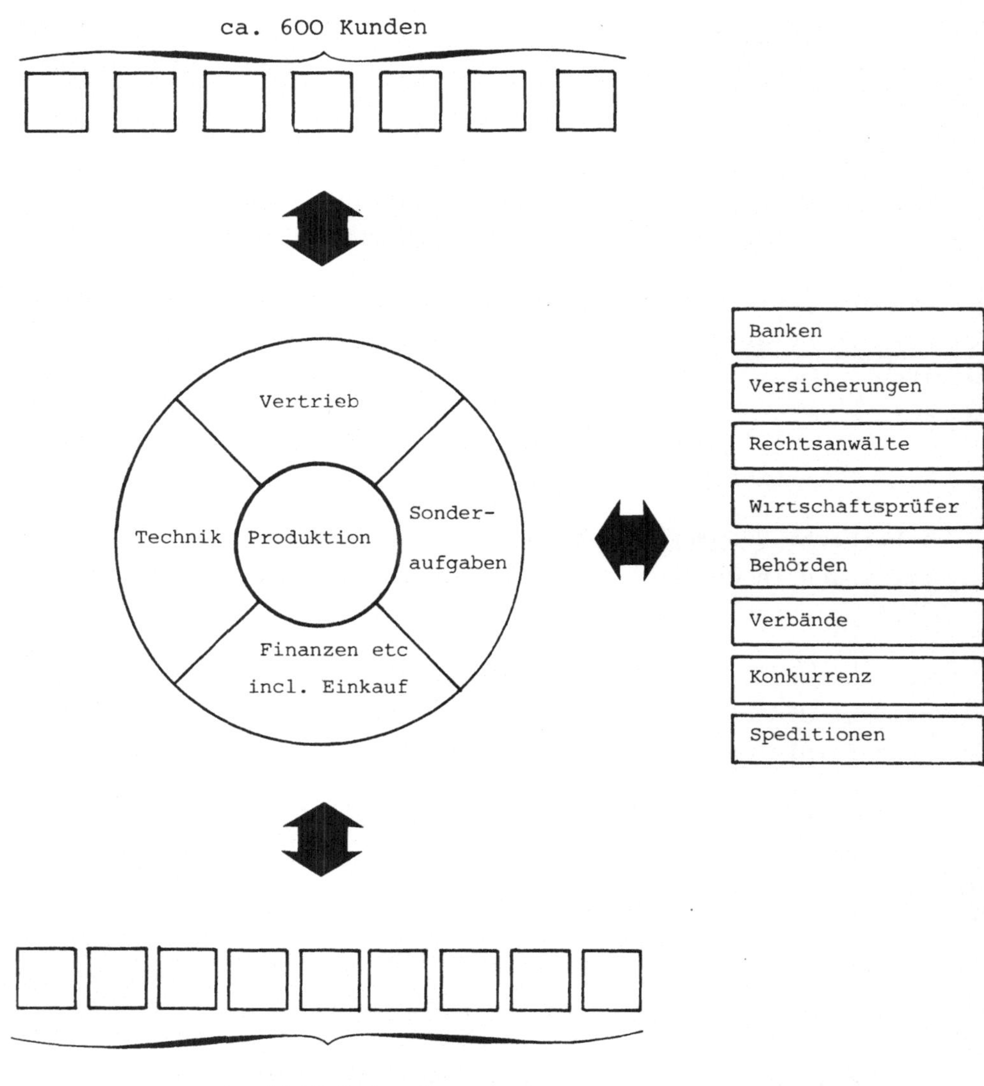

Abb. C-16: Interorganisationale Kommunikationsstruktur - Industrie

b) Vertretung von Kundeninteressen in der Unternehmung
   (= Begutachtung der Produkte aus der Sicht des Kunden,
   Terminkontrolle).

Dies setzt intensive inter- und intraorganisationale Kommunikationsprozesse voraus, die durch Geräte und Systeme unterstützt werden können. In der Abb. C-17 sind die wichtigsten
Kommunikationspartner benannt, mit denen der Vertrieb im Informationsaustausch steht.

3.1.3 Kommunikation - Vertrieb

Kommunikations-Aufgaben

Im folgenden werden die Kommunikationsprozesse der Vertriebsabteilung und die ihnen zugrunde liegenden betrieblichen Aktivitäten erläutert:

Akquisition, eine primäre Aufgabe der untersuchten Abteilung,
wird vorwiegend vom Vertriebs-Management wahrgenommen. Es führt
die entscheidenden Gespräche mit wichtigen Kunden. In den Jahresabschlußverhandlungen legt der jeweilige Vertriebsleiter mit
den Einkaufsabteilungen seiner Kunden die Quoten fest, die, bezogen auf den Gesamtbedarf, zu liefern sind. Konkreter Verhand-
lungsgegenstand sind Menge, Preis bzw. Preiserhöhungen und besondere Lieferbedingungen.

In den Bereich der akquisitorischen Aufgaben fallen auch die re-
gelmäßigen Besuche mit repräsentativem Charakter beim Kunden.

Alle Verhandlungen mit den Kunden finden in der Regel am Ort
der Abnehmerunternehmung statt. Der Abteilungsleiter Inlands-
vertrieb, Gußerzeugnisse, reist an ca. 120 Tagen im Jahr. Die
Reisen werden in Zusammenarbeit mit den Mitarbeitern und seinen
Vorgesetzten vorbereitet. Dies geschieht bezüglich der 'strate-

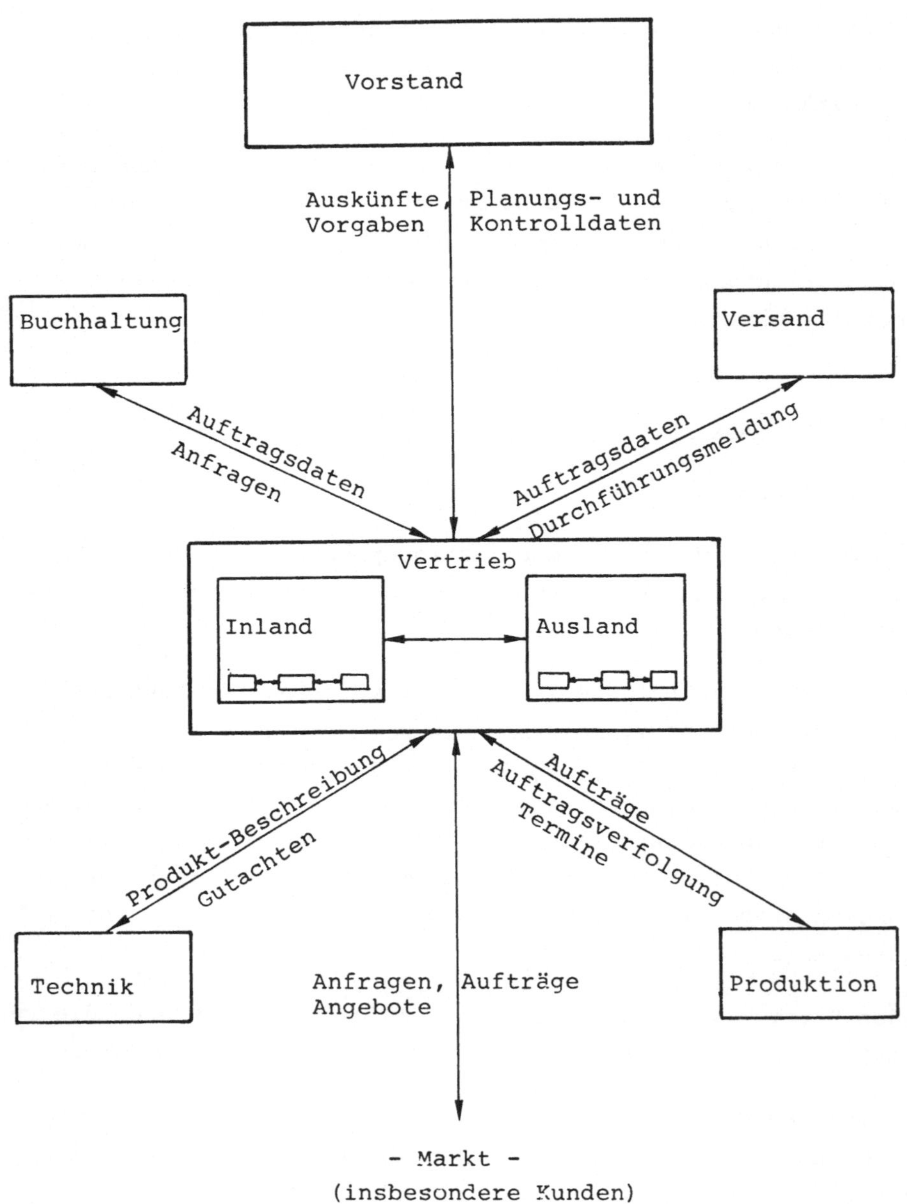

Abb. C-17: Kommunikationsstruktur-Vertrieb

136

gischen Konzeptionen', die die Vorgehensweisen in den Verhandlungen bestimmen, mündlich. Soweit konkrete Fakten erforderlich
sind, stellen Mitarbeiter und Sekretärinnen diese Daten schriftlich zusammen.

Die Information der Mitarbeiter und der anderen betrieblichen
Abteilungen über den Inhalt bzw. die Konsequenzen dieser Gespräche erfolgt über Reiseberichte, die üblicherweise noch am Ver-
handlungstag diktiert und der Sekretärin zugesandt werden,
die das Schreiben und die Verteilung übernimmt.

Die Aufgabe der Sachbearbeiter im Vertrieb besteht in der Realisierung der vom Abteilungsleiter abgeschlossenen Rahmenverträ-
ge. Sie werden tätig, sobald schriftliche Aufträge per Post vom
Kunden eintreffen. Mit der Erfassung der Aufträge auf Belegen
erfolgt auch die Überprüfung der Daten (Kundenanschrift, Artikelnummer etc.). Ist eine eindeutige Identifizierung der Artikel
anhand der Artikelnummern nicht möglich, so wird eine Zwischen-
stelle eingeschaltet, die auf Grund von Zeichnungen die Kunden-
angaben in Artikel-Nummern umsetzt.

Im Rahmen der Fertigungsvorbereitung wird eine Zusammenstellung
nach Produktgruppen vorgenommen. Nach einer Prüfung gegen den
Fertiglagerbestand werden den Werksleitungen die Aufträge übergeben. Ein wesentlicher Teil der Auftragsverfolgung läuft über
eine zentrale ADVA ab. Der Arbeitsfortschritt wird von den jeweiligen Arbeitsgruppen über Beleg einer Datenbank eingegeben. Der
Vertriebssachbearbeiter wird allerdings erst Ende 1978 in der Lage sein, den konkreten jeweiligen Bearbeitungsstand zu erfragen,
weil die Auftragsverfolgung z.Z. lediglich im Batch-Verfahren durchgeführt wird. Weitere Aufgaben des Sachbearbeiters bestehen in der
Reaktion auf Kundenanfragen, d.h. dem Kunden muß über Terminverzögerungen etc. möglichst direkt am Telefon Auskunft gegeben werden können.

Bei der Mehrzahl der Aufträge beschränkt sich der Informationsaustausch des Vertriebs mit den anderen Bereichen auf den Weg
über die zentrale ADV. Ad-hoc-Kommunikationsverbindungen, z.B.
bei Produktionsstörungen, Fristüberschreitungen etc., müssen hingegen vom Sachbearbeiter bzw. Manager des Vertriebs im Einzelfall
aufgebaut werden. In diesen Fällen versucht jeder Sachbearbeiter,
die weitere Ausführung seiner Aufträge mit Vorrang durchzusetzen.
Häufig werden in derartigen Situationen Abstimmungsprozesse zwischen den verschiedenen Vertriebs- und Produktionsabteilungen notwendig, in denen die Prioritäten festgesetzt werden, die die weitere Bearbeitungsfolge bestimmen. Zuweilen ist letztlich sogar das
Eingreifen von Vorstandsmitgliedern notwendig, um anhand übergreifender unternehmungspolitischer Aspekte Prioritätsentscheidungen
zu treffen.

Die letzten Tätigkeiten des Vertriebs im Rahmen der Abwicklung
eines Auftrages liegen in der Kontrolle, der Fakturierung und
des Versands. Dazu wird die Lieferung hinsichtlich Menge, Preis
und Artikelnummer überprüft. Diese Daten werden anschließend der
ADV zugeführt, die unter Einbeziehung der bereits gespeicherten
Daten die Rechnung erstellt und für die Buchhaltung aufbereitet.

Die Sachbearbeiter-Kommunikation ist in Abb. C-18 verdeutlicht.
Die gesamten Aktivitäten im Vertrieb werden vom Management gelenkt, d.h. neben der reinen Akquisition nehmen die Abteilungsleiter auch Organisations-, Anleitungs- und Kontrollfunktionen
wahr. Dies geschieht sowohl mündlich (Anweisungen, Rückfragen
etc.) als auch schriftlich (Aktennotizen) bzw. durch Sichten
von Schriftstücken. Welche Kommunikationsform letztlich zwischen
Sachbearbeiter und Management gewählt wird, ist vom Anlaß bestimmt, nicht zuletzt aber auch abhängig vom Führungsstil. Nach
der extern gerichteten Kommunikation (Akquisition) des Managers,
der intern nach 'unten' gerichteten Kommunikation (Organisation,
Kontrolle) ist schließlich die intern nach 'oben'

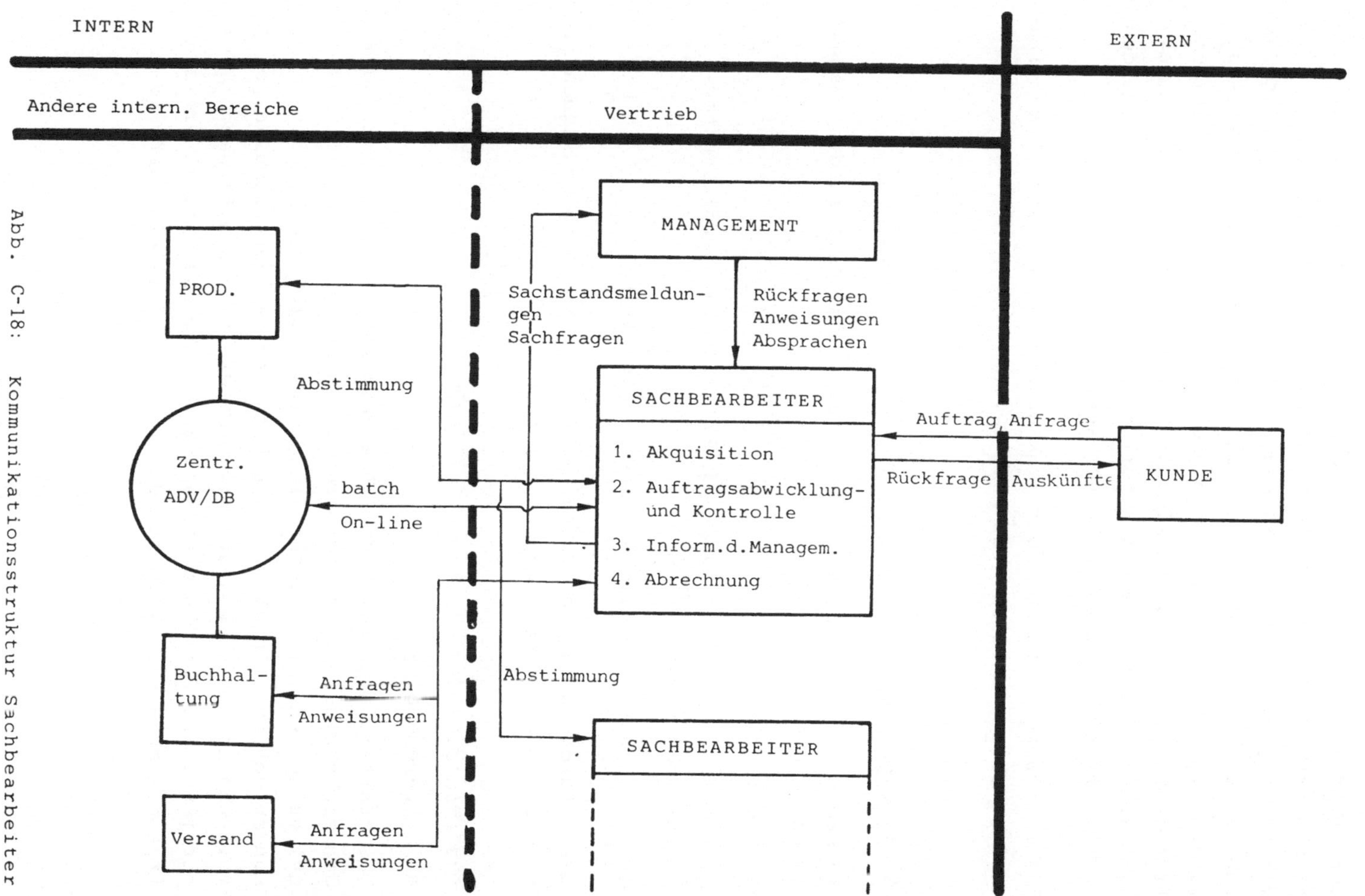

Abb. C-18: Kommunikationsstruktur Sachbearbeiter (Industrie)

gerichtete hervorzuheben. Ziel dieser Kommunikation ist die
Einflußnahme auf die Unternehmungspolitik, d.h. Vertretung
vertriebsspezifischer Interessen und Kenntnisse. Konkret werden
neue Produkte begutachtet oder dem Vorstand zugearbeitet (Auswertung von abteilungsintern erstellten Plänen und Statistiken,
Erstellung von Aufgabenkatalogen für den Vorstand). Die Kommunikationsprozesse zwischen Abteilungsleiter und Vorstand werden
sowohl (fern-) mündlich als auch schriftlich geführt.

Einen zusammenfassenden Überblick über die Management-Kommunika-
tion in diesem Bereich gibt Abb. C-19.

Aufgabenerfüllung

In Abb. C-19 werden drei Aufgabengruppen des untersuchten Managements definiert:

1. Akquisition

2. Organisation, Anleitung und Kontrolle der jeweils unterstellten Bereiche

3. Einflußnahme auf die Unternehmungspolitik.

Diese Aufgabengruppen bilden keine logische 'Aufgabensequenz',
sondern eine pragmatische Einteilung.

Akquisition

a) Aufgabenanalyse

Das zentrale akquisitorische Ereignis ist die Verhandlung des
Jahresabschlusses, bei der die Quoten für das Folgejahr festgelegt werden. Diese Verhandlung wird üblicherweise beim
Kunden geführt. In dieser Situation ist der Vertriebsmanager
vollständig auf sich gestellt. Eine exakte und umfassende Vorbereitung ist für ihn daher unumgänglich. Das Extrakt mit den
Ergebnissen dieser Vorbereitung läßt sich als eine Tabelle

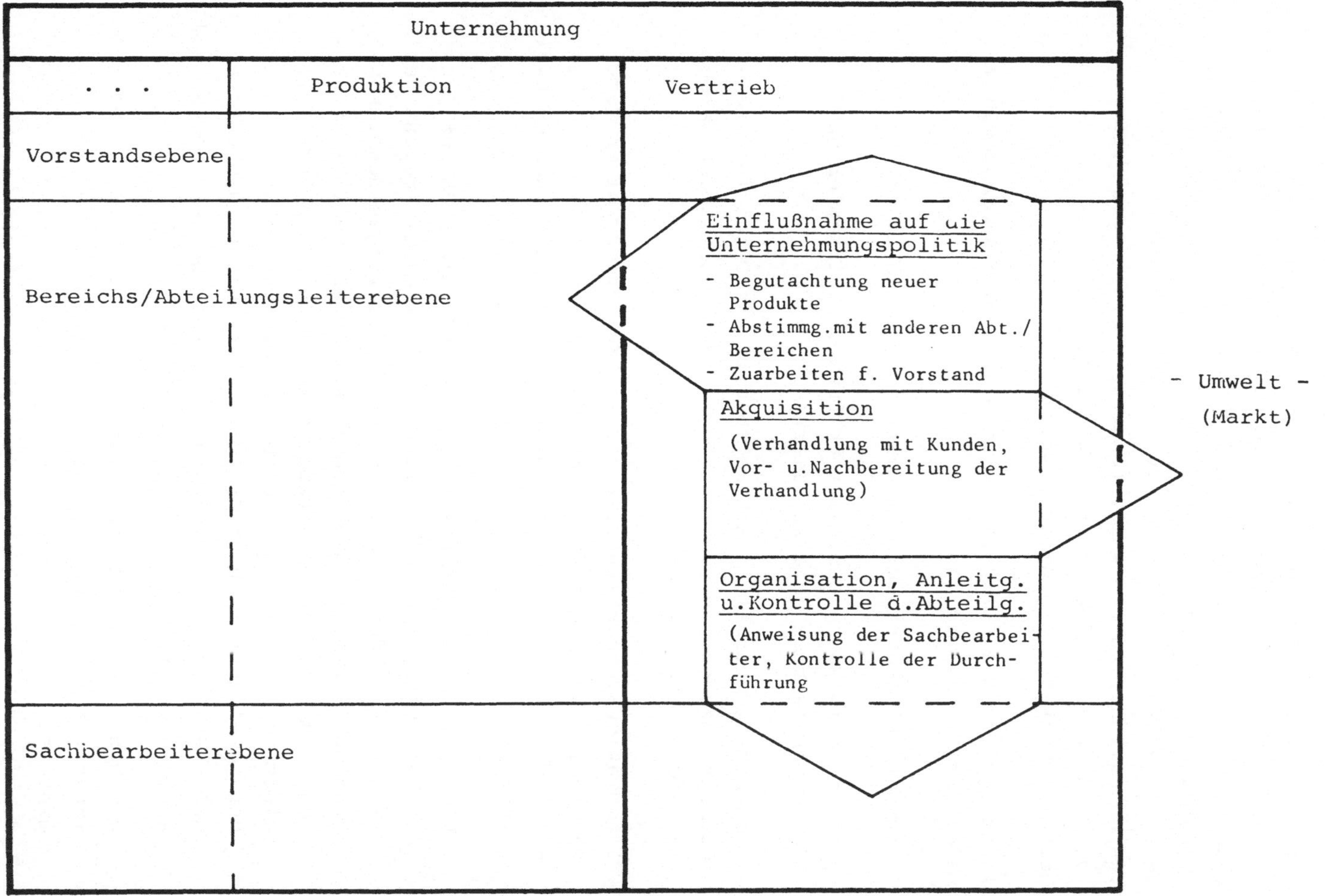

Abb. C-19: Kommunikation der Bereichs-/Abteilungsleiterebene

darstellen, die alle notwendigen Kenndaten (Artikelnummern,
bisher bezogenen Stückzahlen, Preise, Preissteigerungsraten,
Erlöse etc.) auf rund 15 DIN A 4-Seiten enthält. Trotz dieser
verfügbaren Informationen sind vom Verkäufer beachtliche Ge-
dächtnisleistungen zu erbringen, weil nur die wichtigsten Daten enthalten sind und weil ständiges Blättern den Verhandlungsfluß unterbrechen würde bzw. von einer gewissen Unsicherheit des Verkäufers zeugen könnte.

Insgesamt ist die Verhandlungssituation durch folgende Merkmale charakterisiert:

- Kommunikationspartner: Ein oder mehrere Einkäufer,

- Kommunikationsstruktur: Partnerstruktur; Einkäufer und
  Verkäufer 'sitzen an einem Tisch',

- Kommunikationsinhalte: Artikelspezifische Daten (Artikelnummern, Mengen, Preise); bei einem der Hauptkunden werden
  ca. 250 Artikel verhandelt,

- Informationsverarbeitungsprozesse: Die während einer Verhandlung ablaufenden Verarbeitungsprozesse sind nicht ohne
  weiteres klar definierbar. Unterschieden werden können zwei
  Arten:

  . Die kalkülhafen Verarbeitungsprozesse, die sich auf den
    Verhandlungsgegenstand beziehen ('um wieviel Prozent ver-
    ringert sich der Erlös, wenn nicht der vorgesehene, son-
    dern nur ein bestimmter niedrigerer Preis realisiert wer-
    den kann ?'). Soweit voraussehbar, wird der größte Teil
    dieser Kalkulationen bereits vor der Verhandlung (u.a. mit
    den jeweiligen Sachbearbeitern) durchgeführt und untere
    und obere Grenzen u.ä. festgelegt. Dazu werden kunden- und
    artikelspezifische Daten herangezogen.

  . Die mehr kreativ ausgerichteten Überlegungen bzgl. Verhand-
    lungsstrategie, Auswahl und Formulierung der Verkaufsargu-
    mente etc. können dagegen nur global antizipiert werden,
    d.h. hier ist der Manager besonders stark auf seine 'Ver-

käuferqualitäten' angewiesen. In der Vorbereitungsphase
wird u.U. mit dem Vorgesetzten die Strategie in groben Zü-
gen festgesetzt. Der Spielraum des Verkäufers ist danach
immer noch groß.

- Dateien. Als Unterlage für die Verhandlungen werden die o.a.
  (rund 15) Tabellen erstellt. Sie enthalten vorwiegend numerische Daten, wovon je Artikel nur wenige originär sind (z.
  B. Preis und Absatz der letzten Perioden) und der Rest aus
  diesen abgeleitet wird (z.B. Erlöse, Rabatte, Deckungsbeitrag,
  Veränderungsraten etc.). Diese müßten nicht gespeichert werden,
  wenn sie bei Bedarf schnell ausgerechnet werden könnten.

Die akquisitorischen Tätigkeiten sind nicht nur auf die reine
Verhandlung beschränkt. Einen hohen Stellenwert haben die Besuche der Kunden, also die Einladung der Einkäufer zu einer Besichtigung der Unternehmung und ihre gesellschaftliche Betreu-
ung während dieser Zeit. Diese mehr repräsentative Tätigkeit
des Verkäufers beinhaltet vorwiegend persönliche (face-to-face)
Kommunikation, die kaum durch Geräte und Systeme unterstützt
werden kann.

Wichtige Tätigkeitsbereiche sind darüber hinaus die Vorbereitung und Dokumentation der Verhandlungen.

Kommunikationspartner sind Vorgesetzte und Sachbearbeiter. Mit
ihnen werden Sachprobleme und Verhandlungsstrategien besprochen.
Die Sachbearbeiter erhalten dabei die Aufgabe, die für die Verhandlung wesentlichen Daten bzgl. ihres Kundenkreises zusammen-
zutragen. Die Zusammenfassung dieser Daten (d.h. die Erstellung
der Tabelle) nimmt jedoch der Vertriebsmanager selbst vor, um
sich auf diese Weise in die Materie einzuarbeiten.

Die Dokumentation der Verhandlungen und Gespräche mit den Kunden ist relativ kurz gehalten. Sie wird auf einem Formblatt erstellt und enthält häufig nur wenige Zeilen (5-10). Diktiert
werden diese Zeilen am Verhandlungsort (abends im Hotel) und
dann der Sekretärin zugeschickt, die das Schreiben und die Verteilung übernimmt.

b) <u>Problemanalyse</u>

Die Analyse der Akquisitionsfunktion zeigt folgendes Problem
des Vertriebsmanagers auf:

Die gesamte kalkülhafte Komponente sowohl der Vorbereitung einer Verhandlung als auch der Verhandlung selbst ist noch weitgehend auf die manuelle Abwicklung abgestimmt, die hinsichtlich
Schnelligkeit und Qualität insbesondere in konkreten Verhand-
lungssituationen den Anforderungen nicht gerecht wird. Explizit wurde eine Unterstützung als wünschenswert hervorgehoben,
mit der der Verkäufer in der Lage ist, während der Verhandlung
und ohne die Interaktion zu unterbrechen,

- Daten abzurufen

- Berechnungen durchzuführen

- Verhandlungsergebnisse zu dokumentieren.

Entsprechend sollte auch die Verhandlungsvorbereitung einbezogen werden. Das Übertragen der abteilungsinternen Daten auf das
transportable Speichermedium könnte ebenfalls weitgehend automatisiert werden.

c) <u>Aufgabenkonzeption</u>

Verhandlungen sind relativ stark von sozio-psychologischen Aspekten abhängig, die auch weiterhin den persönlichen Kontakt
(face-to-face-Kommunikation) als unumgänglich erscheinen lassen.
Der Erfolg beim Verkaufen basiert in vielen Fällen auf dem Ver-
handlungsgeschick des Verkäufers, d.h.

- der Auswahl einer dem Verhandlungsgegener äquivalenten Ver-
  handlungsstrategie,

- der Auswahl und Formulierung der Argumemte,

- der Einflußnahme auf die 'Atmosphäre' durch entsprechendes
  persönliches Verhalten etc.

Auch zukünftig werden die Verhandlungen am Ort der einkaufenden
Unternehmung stattfinden. In dieser Situation muß der Verkäufer
zur Stützung seiner Argumentation auf Daten und Informationen
zurückgreifen, die primär innerhalb der eigenen Unternehmung
erfaßt und gesammelt werden.

Da eine On-line-Verbindung zwischen einkaufender und verkaufen-
der Unternehmung während der Verhandlung hohe Übertragungskosten
verursacht, erscheint es sinnvoll, an ein System zu denken, das
sowohl als Terminal als auch wie ein selbständiges Gerät
arbeitet. Der Verkäufer benötigt Funktionen, die es ihm erlauben,

- Auszüge aus den Gesamtdatenbeständen auf einen transportablen Speicher zu übernehmen,

- die Daten problemlos und schnell am jeweiligen Verhandlungsort aufzurufen,

- ggf. in Rechenoperationen zu verarbeiten, d.h. bestimmte
  Kenndaten zu ermitteln,

- das Verhandlungsergebnis einzugeben und zu dokumentieren
  (→ Reisebericht).

Besondere Anforderungen werden dabei an das Geräte-Handling gestellt. Die Bedienung muß in einer Weise erfolgen, die dem Verkäufer die uneingeschränkte Kommunikation mit den Verhandlungspartnern ermöglicht.

Im Anschluß an die Verhandlung kann das Speichermedium, auf
dem Vereinbarungen und Anmerkungen festgehalten sind, entweder
per Post oder durch Fernübertragung der Daten (z.B. vom
Hotel zum eigenen Büro) übermittelt werden. Die Daten lassen
sich anschließend ohne weitere manuelle Eingriffe aufbereiten
und verteilen.

In diesem Zusammenhang kann dem System noch eine zusätzliche
Funktion zugeordnet werden: Es ermöglicht eine Einbeziehung des
Vertriebsmanagers in die laufenden Aktivitäten während seiner Ab-
wesenheit, wenn die in seinem stationären Büro-System gespeich-

erte dringliche Korrespondenz auf das tragbare Geräte 'über-
spielt' wird. Nach der Kenntnisnahme werden die Antworten 'zu-
rück' übertragen.

Organisation, Anleitung und Kontrolle der Abteilung

a) Aufgabenanalyse

Die Aufgaben, die in dieser Gruppe zusammengefaßt werden, richten sich entweder auf die direkte Durchführung der jeweiligen
betrieblichen Sachaufgabe oder auf die organisatorische Gestaltung des Bereichs:

- Sachbezogene Lenkung des Bereichs (Vertrieb). Als Folge der
  akquisitorischen Tätigkeit des Managers (Verhandlungen, Gespräche mit den Kunden etc.) ergeben sich verschiedene Ausführungsarbeiten für die zuständigen Sachbearbeiter. Die Kommunikation mit den Sachbearbeitern beinhaltet vorwiegend Anweisungen, Ratschläge für die weitere Vorgehensweise bei der
  Auftragsabwicklung sowie die Kontrolle der Mitarbeiter und
  ihrer Arbeitsergebnisse.

- Organisatorische Lenkung des Bereichs. Im Rahmen dieser Aufgabe kommuniziert die Führungskraft mit ihren Mitarbeitern
  und mit den Fachleuten anderer Abteilungen (z.B. denen der
  Organisation) mit dem Ziel, organisatorische Maßnahmen einzu-
  führen und zu kontrollieren.

Welche reale Ausprägung die jeweilige Kommunikation annimmt,
hängt nicht zuletzt vom individuellen Führungsstil ab. Eine
Kombination aus persönlichem Kontakt (face-to-face), fernmündlicher und schriftlicher Kommunikation ist nicht nur üblich,
sondern so zweckmäßig, daß sie auch für die Zukunft als notwendig erscheint.

Im Rahmen der Organisation, Anleitung und Kontrolle der Abtei-
lung durch den Manger erbringt das Sekretariat entscheidende
Unterstützungsfunktionen. Die Untersuchung erbrachte folgende
Tätigkeitsbereiche und Aktivitäten:

- Schreibarbeiten

  . Schreiben nach Vorlage/Diktat

  . Selbständiges Schreiben (von Zwischenbescheiden und Ver-
    tröstungsbriefen etc.)

- Sekretariatsarbeiten

  . Planung und Buchung von Dienstreisen

  . Vermittlung von Telefongesprächen

  . Ablage von Schriftstücken

  . Erteilen von Auskünften über abgelegte Schriftstücke, über
    Anwesenheiten und Terminkalender

  . Terminkontrollen
    (Nachhaltung der Wiedervorlagen)

  . Post- und Telexverteilung (stündlich)

  . Verwaltung von Büromaterialien und Werbegeschenken

- Sachbearbeitung (bzgl. der Abteilung)

  . Archiv-/Ablageverwaltung

  . Anwesenheitskontrolle

  . Gleitzeitkontrolle

  . Urlaubsaufschreibung.

Zusammenfassende Charakteristika der beschriebenen Management-
aufgabe sind:

- Kommunikationspartner:
  Ein oder mehrere unterstellte Mitarbeiter (je nach Anlaß)

- Kommunikationsstruktur:
  Informationsaustausch mit einer oder mehreren Personen sowie
  Informationsverbreitung sind hier als charakteristisch hervor-

zuheben. Besondere räumliche Aspekte sind gegeben, wenn Anordnungen von unterwegs getroffen und weitergeleitet werden
müssen.

- Informationsinhalte der Kommunikation:

  . Anordnungen von Maßnahmen und Verhaltensregeln

  . Arbeitsfortschrittsinformationen

  . Rückfragen, Diskussionen

  . Personen-Anwesenheits-Informationen

  . Vereinbarungen, Abreden

  . Hinweise.

Zum quantitativen Umfang der Informationen kann festgestellt
werden, daß auf Grund sachlicher und formaler Beschränkungen
zumindest der abteilungsinterne Schriftwechsel relativ kurz
gefaßt ist.

- Informationsverarbeitungsprozesse:
  Das relativ große Aufgabenspektrum des Mangers ist weitgehend durch konzeptionelle, kreative Aspekte geprägt. Stan-
  dardisierte Arbeitsabläufe sind in dieser Form nicht gegeben.

- Dateien:
  Nahezu alle notwendigen Daten bzw. Unterlagen sind in persönlichen Dateien (Aktenordner) und der vom Sekretariat geführten Ablage gespeichert. Der Umfang dieser Dateien läßt
  sich mit ca. 60 Aktenordnern beziffern.

b) <u>Problemanalyse</u>

Grundsätzlich ist herauszustellen, daß einem großen Teil der
Aktivitäten dieses Aufgabenbereichs nur ein sekundäres Interesse (nach der Akquisition) entgegengebracht wird. Die Notwendigkeit einer Koordination und Kontrolle des Bereichs wird zwar
erkannt, jedoch sollten die dafür erforderlichen Aktivitäten

möglichst mit geringem Aufwand parallel zur eigentlichen Aufgabe der Vertriebsabteilung ablaufen.

Darüber hinaus wurden explizit zum untersuchten Aufgabenbereich
keine konkreten Probleme geäußert. Eine Ausnahme stellt das
Kontrollproblem dar: Auf Grund der großen Anzahl von Anordnungen, Hinweisen, Rückfragen ist es relativ schwierig, die Durchführung der Anweisungen bzw. die Auswirkungen der jeweiligen
Maßnahmen im einzelnen zu kontrollieren. Wird ein Vorgang mit
einer Anordnung eingeleitet, teilweise mit entsprechenden Ter-
minvorgaben, so kann häufig nicht sichergestellt werden, daß
eine den Vorgang betreffende 'Vollzugsmeldung' durch den Sachbearbeiter vorgenommen wird. Dies ist jedoch oft im Interesse
des Kunden, aber auch des Managers, der die Effektivität seiner Maßnahmen überprüfen will, unerläßlich.

Als Konsequenz aus der Aufgabenanalyse ergibt sich, daß diese
in der Regel sehr kommunikationsintensive Aufgabe zunächst
sehr komfortabler Übertragungs- und Speicherungsmöglichkeiten
bedarf. Verarbeitungsprobleme treten hauptsächlich in Verbindung mit der Übertragung und Speicherung auf, indem z.B. Folgen
von Anordnungen gespeichert, aufgelöst und sukzessive bearbeitet bzw. zur Bearbeitung bereitgestellt werden. Daneben existieren natürlich gerade im unterstützenden Sekretariatsbereich
eine Vielzahl von Tätigkeiten, die auf die Möglichkeit einer
(Teil-) Automatisierung zu überprüfen sind.

c) <u>Aufgabenkonzeption</u>

Diese Aufgabe ist primär auf den internen Abteilungsbereich gerichtet. Deswegen sind vor allem die Kommunikationsbeziehungen
zu den Sachbearbeitern und Sekretärinnen der eigenen Abteilung
intensiv. Ein abteilungsinterner 'Kommunikationsverbund' sollte
Verarbeitung, Bearbeitung, Speicherung und Übertragung der Informationen betreffen. Die Kommunikation erfolgt persönlich
(face-to-face), fernmündlich und schriftlich. Dabei sind folgende Besonderheiten hervorzuheben:

- Bei fernmündlicher Kommunikation entsteht häufig der Wunsch
  nach einer gleichzeitigen Unterredung mit mehreren Teilnehmern (in einer Konferenzschaltung). Auf diese Weise können
  schneller und mit geringerem Zeitaufwand die jeweiligen Fachleute zu einer Sachfrage Stellung nehmen.

- Der Austausch schriftlicher, vorwiegend abteilungsbezogener
  Informationen kann ebenfalls zwischen zwei oder auch mehreren
  Teilnehmern erfolgen. Organisatorische Anordnungen beispielsweise müssen häufig an mehrere bzw. alle Mitarbeiter verteilt
  werden. Das Speichern ('Ablegen') der Informationen in den
  einzelnen Büros läßt sich wesentlich reduzieren, wenn organisatorische Informationen nur einmal in einem 'abteilungszentralen' Speicher aufbewahrt werden und jederzeit von allen Büroarbeitsplätzen zugänglich sind.

Kommunikationssysteme, die das 'Führen' einer Abteilung bzw.
eines Bereichs unterstützen sollen, müssen neben den verschiedenen Übertragungsmöglichkeiten (akustisch oder optisch) insbesondere auch bestimmte Servicefunktionen für das Management erbringen. Zu unterstützende Aufgaben sind:

- Terminplanung und -kontrolle
  (mit der Möglichkeit, auf die Terminpläne der Mitarbeiter
  zuzugreifen, Nachhalten terminierter Anordnungen etc.)

- Anfertigen von Mitteilungen, Aktennotizen etc.

- Aufbau von Kommunikationsverbindungen

- Lesen, Auswerten und u.U. Bearbeiten/Abzeichnen zu kontrollie-
  render ein/ausgehender Schriftstücke

- Führen persönlicher Dateien des Managers

- Erarbeiten von Konzepten
  (mit der Möglichkeit, auf Bibliotheken, Datenbanken u.ä.
  innerbetrieblich und extern zuzugreifen).

Diese Tätigkeiten müssen teilweise auch auf Reisen wahrgenommen werden. Die Funktionen des stationären Systems sollten daher auch auf den Einsatz eines mobilen (Teil-) Systems abgestimmt sein, d.h. die Aufbereitung und Übertragung bzw. der Empfang von Informationen und die Ausführung weiterer Operationen (z.B. Verteilung) sollte selbständig erfolgen. Viele dieser Operationen könnten bereits vorprogrammiert sein und dem ständigen Befehlsrepertoire des Managers angehören. Dieser muß die Möglichkeit erhalten, immer wiederkehrende Befehlsfolgen (z.B. 'Hrn X zur Kenntnis' / Eintragung im Terminplan / Ablage) zu programmieren und kurz abzurufen. Hinsichtlich dieser Systemkomponente sind relativ hohe Anforderungen zu stellen, weil

- auf Grund der komplexen und vielfältigen Tätigkeiten
  ein flexibles System notwendig ist,

- das mit einer einfachen 'Bürosprache' beherrscht
  werden kann.

In Verbindung mit dieser Aufgabe des Managements sind auch die allgemeinen Sekretariatsaufgaben zu lösen. Weitgehende Unterstützung ist denkbar bei:

- Der Arbeitszeiterfassung
  (Urlaub, Anwesenheit etc.),

- der 'abteilungszentralen Ablage', die, als Datenbank aufgebaut, von der Sekretärin gewartet wird,

- der Durchführung von Schreibarbeiten.

Unterstützungsfunktionen wie die Vorbereitung von Dienstreisen oder das Einholen und Erteilen von Auskünften können durch inner- und außerbetriebliche Dienste, wie z.B. Reiseauskunftsdienste, Adress- und Telefonauskunft etc., verbessert werden.

a) Aufgabenanalyse

Diese Aufgabe des Vertriebsbereichs soll die Koordination
mit den übrigen Unternehmungsbereichen und die Berücksichtigung absatzpolitischer Gesichtspunkte in der Unternehmungs-
strategie gewährleisten. Dies erfolgt durch:

- Die Begutachtung neuer Produkte; Markt- und Kundenkenntnis-
  se bilden die Basis für die Beurteilung neuer Produkte,
  die einerseits von Kunden über den Vertrieb an die Ent-
  wicklungsabteilung herangetragen werden, andererseits neu-
  en technologischen Erkenntnissen dieser Abteilung entsprin-
  gen. Auf Grund der technischen Produktbeschreibung werden
  vom Vertrieb der mögliche Kundenkreis, Mengen, Preise und
  Erlöse geschätzt. Fällt die Beurteilung positiv aus, wird
  das neue Produkt den potentiellen Kunden vorgeschlagen.

- Abstimmung mit anderen Abteilungen und Bereichen; zur Wahrnehmung von Kundeninteressen (Einhaltung von Terminen) wird
  häufig die Abstimmung mit anderen Vertriebsabteilungen oder
  auch dem Produktionsbereich notwendig, um Prioritätenlisten
  bzw. die weitere Vorgehensweise festzulegen. Wird auf der
  'Bereichsleiter'-Ebene keine Einigung erzielt, schaltet
  sich die Vorstandsebene vermittelnd in die Verhandlungen ein, um mit Hilfe übergreifender unternehmungspolitischer Aspekte die Entscheidungen herbeizuführen. Die Gespräche finden bei kurzfristig zu lösenden Problemen (plötzlich
  auftretende Kapazitätsengpässe) ad-hoc statt, mittelfristig
  zu lösende Probleme bzw. Abstimmungen in der gemeinsamen
  Vorgehensweise werden in der Regel in längerfristig geplan-
  ten Sitzungen besprochen.

- <u>Zuarbeiten für den Vorstand</u>; die Erfahrungen der Führungskräfte im Vertrieb bzgl. Markt, Kunden und Konkurrenz müssen direkt in unternehmungsstrategische Überlegungen ein-
fließen. Die von den Sachbearbeitern zusammengestellten Pla-
nungs- und Statistikdaten werden vom Manager ausgewertet,
erläutert und für den Vorstand aufbereitet. Dem Vorstand werden die Ergebnisse schriftlich und mündlich präsentiert. Auf
Grund der Jahresabschlußverhandlungen und der intensiven Beobachtung von Markt, Kunden und Konkurrenz werden vom Vertriebs-
management zeitweise Umweltsituationen registriert, die ein
schnelles Handeln der Unternehmung zur Wahrung bzw. Gewinnung
von Marktpotentialen erfordert. Der Vorstand erhält vom Vertrieb eine Art 'Aufgabenkatalog', in der notwendige unterneh-
mungspolitische Maßnahmen beschrieben und begründet werden.

Zusammenfassend läßt sich der beschriebene Aufgabenbereich des
Vertriebsmanagements charakterisieren mit:

- Kommunikationspartner:

  . Unterstellte Mitarbeiter

  . Manager der gleichen Ebene, aber anderer Abteilung/Bereiche

  . Vorstand

- Kommunikationsstruktur:

  . Informationen werden gesammelt, weitergegeben oder im Dialog ausgetauscht. Dies geschieht paarweise oder in Gruppen.

  Die Kommunikation bleibt dabei vorwiegend auf die Unternehmung beschränkt.

- Informationsinhalte:

  . Allgemeine Produktinformationen

  . Arbeitspläne

. Vereinbarungen, Abreden

. Hinweise

. Auskünfte, Gutachten

. Planungs- und Kontrolldaten

Die Informationen sind, soweit sie schriftlich kommuniziert
werden, relativ kurz gehalten. Sie enthalten Tabellen und
Graphiken. Dies gilt insbesondere für Präsentationen vor dem
Vorstand.

In der Regel fallen die Tätigkeiten aperiodisch, ad-hoc an.

- Informationsverarbeitungsprozesse
  Merkmale dieser Prozesse sind:

  . Heuristisch

  . Kreativ

  . Nicht standardisierbar

- Dateien:

  . Dateien des Vertriebs, aus denen die jeweilig notwendigen
    sachlichen Daten entnommen werden (Tabellen, Berichte),

  . persönliche Dateien des Managers.

b) <u>Problemanalyse</u>

Das beschriebene Aufgabengebiet nimmt zeitlich gesehen den
geringsten Aufwand in Anspruch. Das starke Engagement am Tagesgeschäft, aber auch die häufig umständlichen Vorbereitun-
gen können die Teilnahme an Sitzungen als lästig empfinden
lassen. Dies wird besonders in dem untersuchten Bereich deutlich, in welchem die Führungskräfte nicht nur Managementfunktionen wahrnehmen, sondern auch mit akquisitorischen Tätigkeiten eine wesentliche Fachfunktion ausüben. Dies gilt in glei-
chem Maße für die vollständig ins Tagesgeschäft involvierten
Gesprächspartner der gleichen Ebene. Abstimmungsgespräche werden infolgedessen nur in wirklich dringenden Fällen geführt.
Damit kann u.U. eine Einschränkung der Unternehmungsflexibili-
tät verbunden sein.

Als grundlegende Mängel der beschriebenen Funktion lassen
sich hervorheben:

- Bisherige Formen von Sitzungen, Gesprächen, Abstimmungspro-
  zessen erfordern in der Regel die ständige Anwesenheit aller möglicherweise in Frage kommenden Gesprächspartner. Dies
  kann sich sowohl nachteilig für das Tagesgeschäft als auch
  für den Gang der Gespräche auswirken (falls notwendige Unterlagen fehlen).

- Die Vorbereitung der Gespräche und der zu erstellenden Unterlagen (für den Vorstand) erfordern viel Arbeitszeit der
  Manager und Sachbearbeiter.

- Es fehlen z.Z. Techniken, die die schnelle Einführung des
  Gesprächspartners in eine Problematik und ihre gemeinsame
  Bearbeitung unterstützen.

- Die Dokumentation der Konferenzergebnisse in Protokollen,
  Aktennotizen etc. und ihre Verbreitung ist relativ aufwendig.

c) <u>Konzeption</u>

Die Einflußnahme auf die Unternehmungspolitik, insbesondere
die Abstimmung mit den übrigen Unternehmungsbereichen kann
durch Kommunikationstechniken intensiviert und teilweise im
Ablauf wesentlich verändert werden.

Für eine große Anzahl von Gesprächen auf der oberen Ebene
ist die bisherige Form (physische Anwesenheit aller Gesprächspartner in einem Raum) zu aufwendig. Mit Hilfe von 'Telekonfe-
renz-Techniken' könnte auch kurzfristig eine Diskussionsrunde
einberufen werden. Als weitere Vorteile können aufgeführt werden, daß

- alle Teilnehmer in ihren Büros anwesend bleiben können und
  somit weiterhin für ihre Mitarbeiter ansprechbar sind;

- damit auch alle notwendigen Informationen aus der Abteilung
  und den eigenen Dateien leichter verfügbar sind, was sich
  wiederum positiv auf die eigene Vorbereitsungszeit aus-
  wirkt;

- nach Bedarf andere Teilnehmer (Mitarbeiter, Manager) zu bestimmten Problemen in die Diskussionen eingeschaltet werden
  können.

Mit den Möglichkeiten, problemlos Konferenzen auch informaler
Art abzuhalten, ist eine größere Flexibilität der Unternehmung
denkbar. Auf veränderte Umweltsituationen kann in untereinander
abgestimmten Aktionen im Rahmen strategischer Operationen eine
schnelle Reaktion der Unternehmung erfolgen.

Innerhalb einer Konferenz sollten den Teilnehmern Darstellungs-
techniken zur Verfügung stehen,

- mit deren Hilfe die Einarbeitung in Probleme, Konzepte o.ä.
  durch Texte, Schriftbilder oder Graphiken unterstützt wird,

- die die gemeinsame Bearbeitung einer Fragestellung, eines
  Themenkreises o.ä. durch alle Beteiligten erlaubt. Die Kon-
  ferenzteilnehmer sollten nach eigenem Entschluß Texte und
  Graphiken auswählen und mitgestalten können,

- mit denen das Besprechungsergebnis festgehalten und dokumentiert wird.

Im übrigen werden bei der Bewältigung dieser Managementaufga-
ben nahezu alle Komponenten des bereits beschriebenen Kommunikationssystems benötigt, die mit der Informationsübertragung,
-verarbeitung und -speicherung zusammenhängen.

3.2 <u>Konzeption der Systeme und Geräte</u>

3.2.1 <u>Systemkonzept</u>

Der derzeitige Stand der Informationsverarbeitung und -übertragung in der untersuchten Unternehmung ist gekennzeichnet durch:

a) Die zentrale Datenverarbeitung;

b) Textverarbeitung (unformatierte Texte), die hinsichtlich des Zentralisierungsgrades eine Mischform aufweist (dezentrale Sekretariate, zentrale Schreibbüros mit Textautomaten und zentrale Textverarbeitung auf der Großrechenanlage);

c) einem der Informationsverarbeitung angepaßten Übertragungsmodus, d.h. für die ADV entsprechende moderne Datenübertragungseinrichtungen, für die Textverarbeitung konventionelle Übertragungsmedien, wie Telex, Briefpost und Telefon.

Für die Zukunft stellt sich die Frage, in welcher Form (zentral, dezentral) werden welche Funktionen durch entsprechende Geräte und Systeme unterstützt. Bestimmungsfaktoren für das zu wählende Konzept sind Art und Menge der zu unterstützenden Funktionen und der Zentralisierungsgrad.

Grundsätzlich kann zunächst die Forderung erhoben werden, zwischen Funktionen, die derzeit von unterschiedlichen Systemen und Geräten wahrgenommen werden (wie DV, TV, DÜ und Textübertragung), Verknüpfungen zu ermöglichen.

Eine weitere Forderung gilt der gerätetechnischen Ausstattung des einzelnen Arbeitsplatzes zur Unterstützung individueller Aufgabenstellungen und Arbeitsabläufe. Alle Mitarbeiter sollten die Möglichkeit erhalten, bei der Bewältigung ihrer Aufgaben die Unterstützung eines 'Arbeitsplatz-Computers' zu erfahren. Dieser Arbeitsplatz-Computer sollte, entsprechend genannter Forderung, im Rahmen aller Kommunikationsaufgaben (also DV, TV,

DÜ und Textübertragung) einsetzbar sind. Ausstattungsmerkmale
sind zumindest Eingabe/Ausgabe-Einheiten und ein Prozessor für
Standardfunktionen. Darüber hinaus bietet sich der ständige
On-line-Zugriff auf zentrale Prozessoren und Datenbanken und
die Dezentralisierung von zusätzlichen Rechen- und Speicherka-
pazitäten an dem Arbeitsplatz an. Dabei wird der Grad der Zentra-
lisierung vom jeweiligen Aufgabenspektrum bestimmt.

Insbesondere unter dem Aspekt der Implementierung eines derartigen Systems wird im folgenden ein Konzept gewählt, das bestehende organisatorische Strukturen in starkem Maße berücksichtigt. Die derart entstehende 'Systemhierarchie' ist in
Abb. C-20 verdeutlich:

Zentrale Systemkomponenten erfüllen Verarbeitungs-, Speicher-
und Übertragungsfunktionen und sollen zum einen die Koordination zwischen den Sachbearbeitern, den Abteilungen, der Unternehmung und ihren externen Kommunikationspartnern sicherstellen
und zum anderen Kapazitäten für umfangreichere Speicher- und
Verarbeitungsaufgaben anbieten.

Unternehmungszentral (Systemebene A in Abb. C-20) werden

- umfangreiche oder aus anderen Gründen auf dieser Systemebene
  zu lösende DV- und TV-Aufgaben (zentrales Schreibbüro ?)
  bewältigt;

- große oder vielseitig benötigte Daten- und Textbestände
  (Organisationshandbuch, allgemeine Auftragsdaten) gespeichert:

- unternehmungsübergreifende und auch nach extern verlaufende
  Kommunikationen vermittelt (einschl. aller derzeit und zukünftig möglichen Kommunikationsmittel.

Dezentral, aber 'abteilungszentral' (Systemebene B in Abb. C-20)
ist eine zweite Systemebene denkbar, die abteilungsübergrei-
fende Funktionen wahrnimmt, wie z.B.

Abb. C-20:

Systemkonzept - industrielle Unternehmung

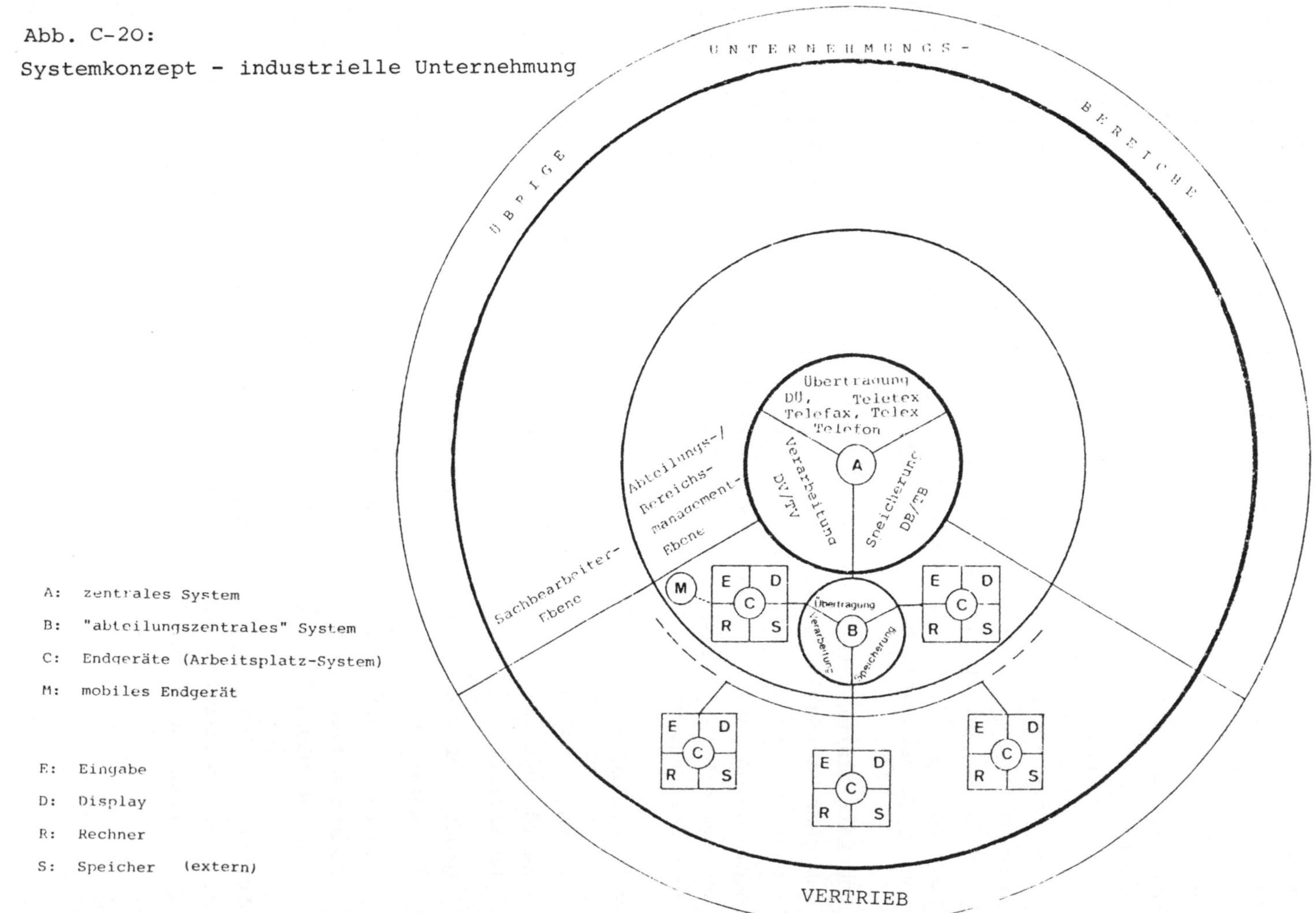

A: zentrales System

B: "abteilungszentrales" System

C: Endgeräte (Arbeitsplatz-System)

M: mobiles Endgerät

E: Eingabe

D: Display

R: Rechner

S: Speicher (extern)

- Organisation und Speicherung der Ablage

- Arbeitszeitüberwachung

- abteilungszentrale Terminplanung

- Verbindung zum zentralen System.

Die letzte Systemebene bilden schließlich die _Endgeräte_
(Systemebene C in Abb. C-20) an den Arbeitsplätzen. Diese
Endgeräte bestehen aus

- Bedienungsteil mit
  . Eingabe
  . Display

- Arbeitsteil mit
  . Rechner
  . Speicher

Diese dezentralen Einheiten führen Aufgaben mit geringem Bedarf an Verarbeitungs- und Speicherkapazität durch. Für alle
anderen Aufgaben wird eine höhere Systemebene angesprochen.

Zusätzlich erhält der Manager für seine Verhandlungsreisen
ein _mobiles System_, das sowohl zur Kommunikation mit dem stationären System eingesetzt werden kann, als auch unabhängig
arbeitet.

Für die Vertriebsleitung sind ferner Systemkomponenten zur
Durchführung von 'Hilfs'-Funktionen von Interesse. Als derartige 'Hilfs'-Funktionen können bezeichnet werden, die

- Digitalisierung
  . schriftlicher Informationen und
  . der menschlichen Sprache

- Übertragung digitaler Daten
  . auf Hard-Copy
  . auf andere tansportable Datenträger.

3.2.2 Anforderungen an Geräte und Systeme

Aufgabenbezogene Anforderungen der Sachbearbeiter

Auf der Sachbearbeiterebene entstehen Anforderungen an Systeme und Geräte aus den kommunikativen Beziehungen zu(m)

- externen Kundenkreis
- internen Unternehmungsbereichen
- anderen Arbeitsplätzen in der Abteilung.

Vor diesem Hintergrund scheinen folgende Aspekte unterstützenswert:

- Die Informationsübertragung:
  Neben den bereits aus der Systemkonzeption ersichtlichen Komponenten der Übertragung formatierter Daten und unformatierter, alphanumerischer Texte (sowohl schriftlich als auch
  akustisch/optisch) sind vor allem Hilfsfunktionen zur Vereinfachung der Übertragung von Interesse, wie z.B.:

  . Herstellen von Verbindungen zu:

    + entsprechenden maschinellen, selbständigen Systemkom-
      ponenten (zentrale Kommunikations- bzw. Rechnersysteme
      der Abteilung/Unternehmung) und

    + menschlichen Kommunikationspartnern und ihren Kommuni-
      kationsgeräten,

    durch Aufbau von Verteilern, Adressierung von Briefen
    u.ä. mit Hilfe von Adressdateien;

  . automatische Verteilung von adressierten Informationen;

  . das Zugreifen auf entsprechende Dateien während des Kom-
    munizierens mit Kunden, Vorgesetzten etc.;

  . die Speicherung eingehender Informationen auch bei nicht
    besetztem Endgerät.

- Die Informationsspeicherung:

  . Informationserfassung
    (z.B. telefonischer Absprachen, Briefpost etc.);

  . Informationsabspeicherung

    + Ablage von
      Aktennotizen, Korrespondenz etc.

    + Führen von
      Karteien, Listen, Adressen, Terminkalender;

- Die Informationsbe- und -verarbeitung:

  . <u>Programmierung</u> individueller Aufgaben bzw. standardisier-
    barer, individueller Aufgabenerfüllungsprozesse, einschl.
    der Möglichkeit, <u>Befehlspakete</u> zu erstellen;

  . das <u>Arbeiten mit Zeichnungen und Bildern</u> (Beurteilung
    der Kundenvorstellungen bei speziellen Produktanforderun-
    gen; Einsichtnahme in bestehende Kataloge etc.);

  . <u>spezielle Anforderungen</u> sind ferner:

    + Arbeiten mit Daten-Masken
    + Output-Prüfung
    + Daten-Neuformatierung;

  . das sukzessive Abarbeiten eingegangener, gespeicherter
    Informationen auf einem Interface (Auswertung von Akten-
    notizen, Bearbeitung von Anfragen).

<u>Aufgabenbezogene Anforderungen der Führungskräfte</u>

In der beschriebenen Systemkonzeption wurde auf Grund der
Fach- und Managementfunktionen den Führungskräften ein System
mit einem stationären und einem mobilen Teil zugeordnet.

Bezüglich des <u>stationären Teilsystems</u> sind folgende Anforderungen hervorzuheben:

- Informationsübertragung:
  Auf Grund des breiten Aufgabenspektrums sind vielseitige Übertragungsmöglichkeiten wünschenswert:

  . Datenübertragung
  . Textübertragung in Schriftform
  . akustisch bzw. akustisch-visuelle Übertragungstechniken
    (Telefon, ev. mit Bildschirm).

  Die grundlegenden Standardfunktionen entsprechen weitgehend den oben beschriebenen. Sie können u.U. durch 'Telefonkonferenz'-Techniken ergänzt werden.

- Die Informationsspeicherung:
  Die Anforderungen an die Informationsspeicherung entsprechen denen der Sachbearbeiterebene. Der Anteil persönlicher Dateien ist jedoch größer.

- Die Informationsverarbeitung:
  Der Anteil an formatisierbaren Arbeitsabläufen ist relativ gering. Unterstützungsmöglichkeiten sind demnach gegeben bei

  . Strukturierbaren Teilaktivitäten (Rechenvorgänge etc.),
    die zusammen mit komplexen, nicht-strukturierbaren Teilaktivitäten ('Denkprozessen') den gesamten Aufgabenerfüllungsprozeß bilden;
  . Regelmäßigkeiten bei der Durchführung von Aufgaben.

  Die resultierenden Anforderungen bzgl. der Informationsverarbeitungsprozesse sind:

  . Textverarbeitungsfunktionen
    (incl. Textbausteine);

. Kombinierte Text- und Datenverarbeitung
  (z.B. bei der Auswertung und Beurteilung von Plänen);

. Unterstützung bei der Erstellung von Konzepten durch

  + Informationssammlung zu eingegebenen Suchbegriffen
    (u.U. auch in externen Datenbanken);

  + Aufbau von Tabellen, graphischen Darstellungen u.ä..

  Derartige Techniken sind in der Regel auch für kommunika-
  tionsorientierte Problemlösungsprozesse (Telekonferenzen,
  Besprechung von Vorgehensweisen u.ä.) vorzusehen, wobei
  zwei oder mehrere Personen in der Lage sein sollten, auf
  Texte, Darstellungen etc. Einfluß zu nehmen.

. Protokollführung von Besprechungen, Telekonferenzen etc..

. Automatische Erledigung einfacher Kontroll- und Steuerungs-
  aufgaben (z.B. Terminplanung, -abstimmung und Kontrolle,
  Benachrichtigung bei Terminverzögerung, Registratur von
  Schriftsachen, Nachhalten von Wiedervorlagen).

. Einfache 'Programmierung'

  + oft benutzter strukturierbarer Teilaktivitäten
    (Rechenvorgänge i.S. von Tischrechner-Operationen etc.);

  + von Befehlspaketen
    (u.U. in Form einer Bürosprache, mit der häufig wieder-
    kehrende Anordnungen oder Sequenzen von Anforderungen
    unter Eingabe eines Befehls oder Codes automatisch abge-
    wickelt werden).

. Interaktion mit mobilem System.
  Übertragung bzw. Empfangen von Informationen, Ausführen
  von Anordnungen, die in Form von Befehlspaketen (Bürosprache) über das mobile System erteilt werden.

Die Anforderungen an das <u>mobile</u> Teilsystem der Führungskraft
orientieren sich vorwiegend an den akquisitorischen Aufgaben
bei den Verhandlungspartnern und dem Bedürfnis, die Kommunikation mit der eigenen Unternehmung bzw. Abteilung aufrechtzu-
erhalten:

- Informationsübertragung

  . Übertragung von Anordnungen, Verhandlungsergebnissen
    (also Texte und Daten) vom mobilen zum stationären System;

  . Übertragung benötigter Daten, von 'Lage-Berichten' und
    wichtiger Korrespondenz vom stationären zum mobilen System.

- Informationsspeicherung

  . Art der Informationen:

    + Daten in Tabellen für die Verhandlung

    + Texte (Anordnungen, Korrespondenz).

  . Im On-line-Verfahren Zugriff auf Dateien in der Unternehmung.

- Informationsverarbeitung

  . bzgl. der Verhandlungen:

    + Auskünfte

    + Berechnungen

    + Dokumentation der Verhandlung
      (Text und Daten)

  . bzgl. Kommunikation mit der Unternehmung:

    + Sichten der vom stationären System überspielten Unterlagen;

    + einfache Textbearbeitung, z.B. zur Beantwortung der einge-
      gangenen Korrespondenz, zur Anfertigung von Aktennotizen
      oder Anordnungen;

    + Erteilen von Anordnungen (Bürosprache) für das stationäre
      System.

Aufgabenbezogene Anforderungen der Unterstützungskräfte (Sekretärinnen)

Die Analyse zeigt ein relativ vielschichtiges Aufgabengebiet, das vom Sekretariat des untersuchten Bereichs zu bearbeiten ist. Die Auswirkungen des konzipierten Systems auf diese Aufgabenerfüllungsprozesse sind äußert unterschiedlich: Teilweise können die Aufgaben vollständig automatisiert werden, teilweise werden sie kaum oder gar nicht vom System in ihrem Ablauf berührt.

Funktionale Anforderungen

Hinsichtlich der funktionalen Anforderungen, die insbesondere die Handhabung des Systems betreffen, können relativ allgemeine Aussagen getroffen werden, die für die Mangement- bzw. Fachkräfte- und die Sachbearbeiterebene als gleichartig vorausgesetzt werden können.

Auch mit neuen Speichermedien sollten die bislang gewohnten sachlogischen Ablageformen beibehalten werden können (kundenspezifisch etc.), d.h. eine Veränderung ist primär hinsichtlich der Handhabung der Dateien wünschenswert. In diesem Sinne sollte besonderen Wert gelegt werden auf:

- die möglichst einfache Strukturierung
  dezentraler, individueller Dateien,

- den unkomplizierten Zugriff auf zentrale aber auch dezentrale Dateien, unabhängig von der Art des jeweiligen Speichermediums,

- die Verknüpfung von Dateien;

- hohe Betriebssicherheit.

Bezüglich der <u>Be- und Verarbeitung</u> von Informationen ist das
Anforderungsprofil bei den Sachbearbeitern mehr auf datenspe-
zifische, beim Management dagegen auf daten- <u>und</u> textspezifi-
sche Komponenten ausgerichtet. Die Vielzahl von Funktionen
dürfte indessen gerade für Führungskräfte kritisch werden, die
nicht permanent mit dem Gerät arbeiten und auch aus Zeitgründen
nur ein einfaches 'Funktionenabrufsystem' ('Knopfdruck') und
keine Code- oder Befehlseingabe akzeptieren werden. Ferner sollte die Möglichkeit in Erwägung gezogen werden, daß die 'Programmierung' und teilweise auch die Bedienung des stationären Mana-
gement-Systems durch die Sekretärin erfolgt, die von verschiedenen Aufgaben befreit, Zeit hat, den Manager in stärkerem
Maße zu unterstützen.

Relativ große Aufmerksamkeit sind den funktionalen Anforderungen des mobilen Systems zu widmen. In der Aufgabenkonzeption
wurde die notwendige einfache Bedienung des Systems hervorgehoben, die dem Benutzer die Bedienung des Gerätes erlaubt, ohne
den Verhandlungsfluß zu stören. Damit ist sowohl die Gerätetech-
nik (Tastatur, Display) als auch die Software des Systems angesprochen.

3.3 Beurteilung der Konzeption

3.3.1 Ökonomische Aspekte

Wirtschaftlichkeit

Im Verlauf der Untersuchungen in der industriellen Unternehmung
entstand der Eindruck, daß quantitativ meßbare, monetäre Faktoren bei der Beurteilung neuer Kommunikations- und Informations-
techniken durchaus eine wichtige Rolle spielen, die Investitionsentscheidung letztlich aber gerade von nicht quantifizierba-
ren Faktoren, insbesondere Nutzenvorstellungen, getragen wird.
Die Notwendigkeit, nicht-monetäre Faktoren zu berücksichtigen,
stellt sich in besonderem Maße bei der Beurteilung der gerätetechnischen Unterstützung des Managements. Da sich die Effizienz
der Aktivitäten dieser Benutzergruppe am stärksten einer Bewer-
tung entzieht, sind auch Unterstützungseffekte von Geräten und
Systemen (wie beispielsweise erhöhte Aktualität der Informationen) nicht quantifizierbar.

Andererseits muß gerade im Managementbereich in Betracht gezogen
werden, daß Gerätekosten im Verhältnis

- zu den Personalkosten und
- zu den aus Fehlentscheidungen der Führungskräfte
  entstehenden Kosten

relativ gering sein können. Ein Manager im Verkauf war daher
auch bereit, für ein tragbares Gerät, das seine extern geführten Verkaufsverhandlungen unterstützen könnte, bis zu DM 20.000,-
zu zahlen.

Eine andere Situation ist teilweise bei Sachbearbeitern gegeben.
Bei der operativen Bearbeitung von Sachaufgaben spielen insbesondere Kostengrößen eine stärkere, u.U. auch dominierende Rolle. Detaillierte Wirtschaftlichkeitsbetrachtungen auf monetärer
Basis sind hier die Regel. In Zukunft wird indessen auch auf der

Sachbearbeiterebene der nicht-quantifizierbare Nutzen zu berücksichtigen sein, der sich aus veränderten Kommunikations-
Möglichkeiten ergibt. Die Integration der Bereiche (in diesem
Scenario: Manager-Sachbearbeiter) durch die Kommunikationstechniken erfordert bei der Effektivitätsanalyse eine konsolidierte
Betrachtung und Beurteilung beider Bereiche unter Einbeziehung
auch qualitativer Faktoren.

<u>Marktpotential</u>

Die Untersuchung lieferte keine Anhaltspunkte dafür, daß der Un-
terstützungsbedarf des Managements durch zukünftige Kommunikationstechnologien in besonderem Maße von unternehmungsspezifischen
Faktoren abhängig ist. Die Analysen sprechen eher für arbeits-
platzspezifische Systeme, die hinsichtlich der zu unterstützenden Managementfunktionen als relativ gleichartig anzusehen sind.
Unterschiede sind vor allem bedingt durch die Art und das Ausmaß
der zugrunde liegenden Fachfunktionen

Insgesamt sind zunächst ca. 600.000 Personen angesprochen, die
Führungsaufgaben wahrnehmen. Die Zahl kann sich noch erhöhen,
berücksichtigt man den oftmals gegebenen engen Zusammenhang zum
Fachbereich und damit der mit Führungsaufgaben betrauten Fach-
kräfte.

3.3.2 <u>Organisatorische Aspekte</u>

Im Verlaufe dieses Scenarios wurde deutlich, daß eine umfassende gerätetechnische Unterstützung speziell für den Gesamtbe-
reich (Vertrieb) Auswirkungen auf die Ablauforganisation hervorruft.

Zur Förderung der Akzeptanz wurde zunächst darauf Wert gelegt,
daß Grundstrukturen der Informationsverarbeitungs- und Speicherungsprozesse erhalten bleiben. Neue Kommunikationstechniken
werden jedoch

- Abstimmungsprozesse durch erhöhte Integration und Standardisierung im Rahmen der Aufgabenerfüllung erleichtern;

- Steuerungs- und Kontrollprozesse verbessern (beispielsweise durch Automatisierung bestimmter Kontrollaktivitäten; mehr Transparenz im Aufgabengefüge).

Die Qualifikationsanforderungen aller Ebenen bleiben bestehen, es kommen lediglich neue Anforderungen des Systemhandlings hinzu, die jedoch als nicht-signifikant bezeichnet werden können.

Ferner gibt es keine Anzeichen dafür, daß quantitative Veränderungen im Stellengefüge der Führungskräfte und ihrer Unterstützungskräfte zu erwarten sind. Dies hängt vor allem mit dem Umstand zusammen, daß den Unterstützungskräften teilweise neue Aufgabenbereiche zugewiesen werden (z.B. Wartung der Datenbestände, Informationsbeschaffung).

Folgende konkrete Änderungen im Rahmen einzelner Tätigkeiten der verschiedenen Aufgabenebenen sind jedoch zu erwarten:

- Die Managementebene wird von lästigen Routine- und 'Klein'-arbeiten (Erteilen von Vermerken, Durchführung von Routine-kontrollen) befreit. Konzeptionelle Überlegungen können dagegen intensiviert und in ihrer Durchführung wiederum mannigfaltig unterstützt werden. Für die einzelnen Aufgabenbereiche bedeutet dies:

  . Weniger Aufwand für Kontroll- und Anordnungsfunktionen in der Abteilung;

  . intensivere konzeptionelle Steuerung der Abteilung, d.h. Umsetzen von globalen Unternehmungszielen in Abteilungsziele;

  . mehr Abstimmung mit anderen Unternehmungsbereichen und der Unternehmungsführung (damit mehr Flexibilität in der Unternehmungspolitik);

. schnellere und u.U. auch umfassendere Vorbereitung von Fachfunktionen (Verhandlungsvorbereitungen).

- Die Sachbearbeiter werden ebenfalls von 'lästigen Handgriffen'
  (beispielsweise Suchen in Adressdateien, Wählen etc.) entlastet
  und können folglich ihren Kontroll-, Abstimmungs- und Akqui-
  sitionsaktivitäten mehr Aufmerksamkeit zuwenden.

- In stärkerem Maße ändert sich das Aufgabenspektrum der Sekretärin. Mit weniger abteilungsbezogenen, administrativen Kontrollfunktionen (Gleitzeit-, Urlaubskontrolle etc.) belastet,
  ist sie, nach einer entsprechenden Schulung, der Ansprechpartner für den 'abteilungsinternen Kommunikationsknoten', d.h.
  sie wartet abteilungsbezogene Dateien, vermittelt Auskünfte,
  beschafft schwer zugängliche Informationen, bedient Systemkomponenten mit Unterstützungsfunktionen (z.B. Schreiben umfangreicher Texte) und entlastet teilweise ihren Chef bei der
  Bedienung des arbeitsplatzspezifischen Systems. Dadurch steigt
  insgesamt u.U. der Anteil der fachbezogenen Arbeit, gegenüber
  den 'Verwaltungsarbeiten'. In welchem Maße sie letztlich auch
  konkrete,gut strukturierte Aufgaben des Chefs übernimmt (Vorbereitung von Unterlagen, Auswertung von Informationssammlungen etc.), ist eine Frage ihrer Leistungsfähigkeit und -bereit-
  schaft.

3.3.3 Sozio-psychologische Aspekte

Zunächst kann davon ausgegangen werden, daß die Akzeptanz von
Ebene zu Ebene (Manager-Sachbearbeiter-Sekretärin) aber auch
innerhalb der Ebenen unterschiedlich sein dürfte.

Hinsichtlich der Unterstützung des Managements ist hervorzuheben, daß die Kommunikation insbesondere durch ihre große Viel-

falt möglicher Ausprägungen gekennzeichnet ist. Ein zukünfti-
ges System sollte es daher dem Manager erlauben, jeweils eine
dem Anlaß und dem Führungsverhalten entsprechende Kommunikations-
art zu wählen. Wichtig ist dabei auch, daß nicht alle kommunikativen Prozesse über das System laufen müssen und damit zu einer unpersönlichen Arbeitsatmosphäre führen.

Die in die Untersuchung involvierten Manager zeigten sich gegenüber den Perspektiven neuer Systeme sehr aufgeschlossen. Es ist
daher zu erwarten, daß Funktionen, die zu einer konkreten Arbeits-
erleichterung und -verbesserung im Rahmen ihrer Aufgabenerfüllung führen, sicherlich ohne Schwierigkeiten akzeptiert werden.
Problematischer, wenn auch von Fall zu Fall unterschiedlicher,
dürfte die Anwendung komplexer Funktionen sein, die u.U. zunächst
selbst programmiert oder mit Hilfe komplizierter Befehle aufgerufen werden müssen. In vielen Fällen wird dabei die Unterstützung durch die Sekretärin unumgänglich.

Für die bereits mit Terminals arbeitenden Sachbearbeiter ist die
Umstellung sicherlich nicht allzu groß. Kritisch kann sich aber
das Gefühl einer vollständigen Überwachung durch das System auswirken. Daher sollte bei der Systemgestaltung allen Beteiligten
die Chance gegeben werden, individuelle Freiräume aufzubauen,
indem sie die Möglichkeit erhalten, selbständig persönliche Dateien zu führen und individuelle Programme (beispielsweise für
bestimmte Kontrollfunktionen) in simplen Programmiersprachen
zu erstellen, daher auch den Automatisierungsgrad ihrer Arbeit
teilweise selbst zu stimmen.

Der Großhandel nimmt vermittelnde Funktionen am Markt hinsichtlich der Distribution und Disposition von Produkten wahr. Sein
Aufgabenbereich erstreckt sich auf Verkauf, Lagerhaltung, Einkauf und Transport von Waren und Gütern.

4.1 Kommunikationssystem

4.1.1 Marktstruktur

Die vorliegende Erörterung stellt auf die Verhältnisse im Stahlgroßhandel ab. Bezüglich einer Verallgemeinerung der getroffenen
Aussagen wird auf den Schlußteil des Scenarios verwiesen.

Der Markt für Stahlerzeugnisse setzt sich aus vier Ebenen zusammen: Auf der Produktionsstufe stehen die Herstellerwerke, die die
Großhandelsebene (Produktionsverteilungshandel) versorgen; der
Großhandel seinerseits beliefert die Regionalhändler, die wiederum
den Endverbraucher bedienen (s. Abb. C-21). Sofern ein dem Groß-
oder Regionalhändler erteilter Auftrag durch direkte Auslieferung
des Herstellers an den Besteller ausgeführt wird, handelt es sich
um ein sogenanntes 'Streckengeschäft', ansonsten liegen 'Lager-
geschäfte' vor. Im internationalen Handel tritt darüber hinaus
der Typ des 'Spekulationsgeschäftes' auf.

Die Herstellerebene weist oligopolistische Merkmale auf; für die
nachgelagerten Großhandelsbetriebe hat dies relativ gleiche Ein-
standspreise zur Folge. In dem recht intensiv ausgetragenen Wettbewerb auf der Großhandelsstufe - nicht zuletzt auch hervorgerufen durch die Verkaufsniederlassungen der Werke - erfolgt die Be-
hauptung der Marktstellung durch Sortimentsspezialisierung und
Diversifikation. Durch die Übernahme von Anarbeitungsaufträgen
sowie durch Anlehnung an Werke per Liefervertrag wird zudem eine

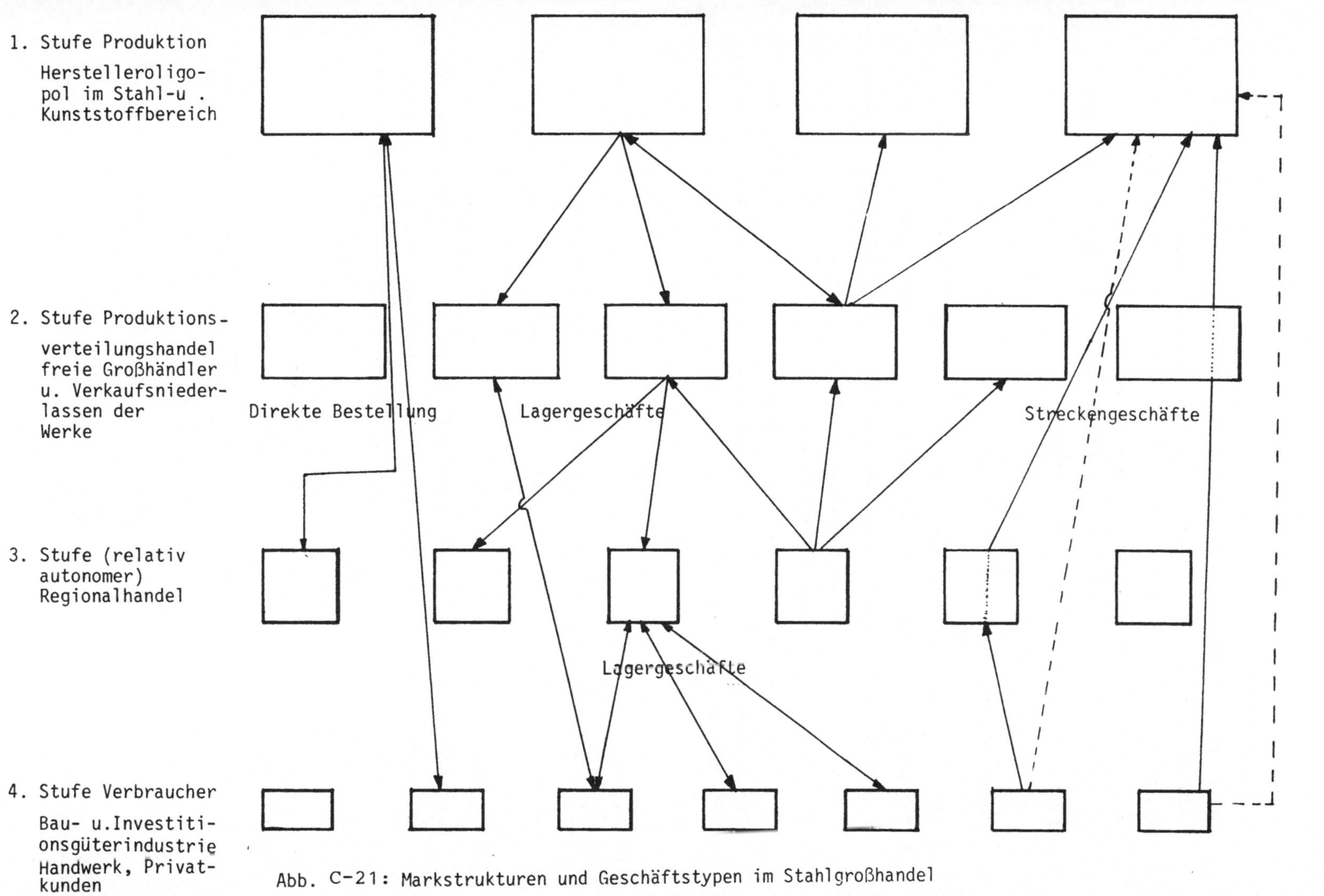

Abb. C-21: Markstrukturen und Geschäftstypen im Stahlgroßhandel

Marktprofilierung versucht. Nicht zuletzt ist die Leistungs-
und Lieferbereitschaft ausschlaggebend für das Ansehen des Groß-
händlers. Um den Kunden schnell und vollständig versorgen zu
können, ist der Großhandel in der Regel _dezentral_ organisiert:
Einer Zentrale sind verschiedene Niederlassungen mit eigenen Lägern und u.U. noch zusätzlichen Verkaufsagenturen zugeordnet,
die meist in der Nähe industrieller Ballungsgebiete und Wirt-
schaftszentren angesiedelt sind.

Untersuchungsbereiche und -schwerpunkte

Die untersuchten Betriebe - zwei Handelsunternehmungen im Sektor
der Stahl- und Kunststofferzeugnisse - weisen eine solche dezentrale Verteilungsstruktur auf. Das weitgehend übereinstimmende
Handelsspektrum dieser auch im internationalen Geschäft enga-
gierten Handelsunternehmungen reicht von Röhren über Profil-,
Flach- und Edelstähle hin zu Kunststoff- und Holzerzeugnissen
sowie Dämmstoffen. Für diese Nichtstahl-Angebotsgruppen existieren Abnehmerkreise vorwiegend im Bausektor.

4.1.2 Beschreibung des Betriebes und seines Umsystems

Die untersuchten Unternehmungen handeln mit Stahl- und Kunst-
stoffprodukten für den Bau- und Investitionssektor. In jüngster
Vergangenheit wurde die Handelspalette um Dämmstoffe sowie Holz-
produkte erweitert. Die Ergebnisse der Untersuchungen werden im
folgenden so zu einem Scenario zusammengefaßt, als handelte es
sich um eine einzige Unternehmung mit den jeweils typischen Merkmalen der Branche.

Es werden ca. 750 Mitarbeiter bei einem Umsatz von rund 1 Mrd. DM
beschäftigt. 60 % des Umsatzes werden im Inland getätigt. Im
Walzstahlbereich umfaßt die Produktpalette 1500 Artikel, im Kunst-
stoffbereich 7500.

Es werden die Geschäftstypen Lager- und Streckengeschäft (Herstellerauslieferung an den Kunden) sowie im Auslandshandel das Spekulationsgeschäft unterschieden.

Die insgesamt 13 im Inland gelegenen Zweigniederlassungen (ZN) befinden sich in industriellen Ballungsgebieten; sie haben einen Einzugsbereich bis zu 150 km, wobei 80 % des Umsatzes einer ZN in der Nahzone (bis 50 km) abgewickelt werden. Die Kunden aus Bau- und Investitionsgüterindustrie sowie Handwerk werden von den Lagerstandorten beliefert (Fuhrparkkapazität rund 70 Fahrzeuge; Kunden treten auch als Selbstabholer auf). Das Lager einer ZN betreibt neben der Kommissionierung, Disponierung und Verfrachtung auch Anarbeitung zur Erfüllung besonderer Auftragsspezifikationen. Im Auslandshandel bedient man sich ausländischer Niederlassungen, Agenturen oder ausländischer Beteiligungsunternehmungen. Im Einkauf wird weltweit operiert, wobei Bezugsquellen in Übersee und Osteuropa wegen der Transportzeiträume bzw. der Terminunsicherheiten nicht zum breiten Bedarfsdeckungsgeschäft herangezogen werden können.

4.1.3 Die Organisationsstruktur

Die Leitungsebene unterhalb der Geschäftsführung gliedert sich in die Bereiche Eigenaktivitäten (i.S.v. höchsteigener Verkaufstätigkeit) In- und Ausland, Beteiligungen In- und Ausland sowie Zentralbüro (ZB) mit folgender personeller Verteilung (Abb. C-22):

Für inländische Eigenaktivitäten sind in der Zentrale 25 Personen, dezentral in den ZN 650 Mitarbeiter tätig. Für Auslandsaktivitäten sind 50 Personen eingesetzt, während die Aufgaben im Beteiligungswesen von 10 Personen wahrgenommen werden. Zum Zentralbüro zählen 15 Mitarbeiter. Die weitere Strukturierung erfolgt in der Zentrale nach Produkten, dezentral nach Regionen und innerhalb der regionalen ZN nach Produktgruppen.

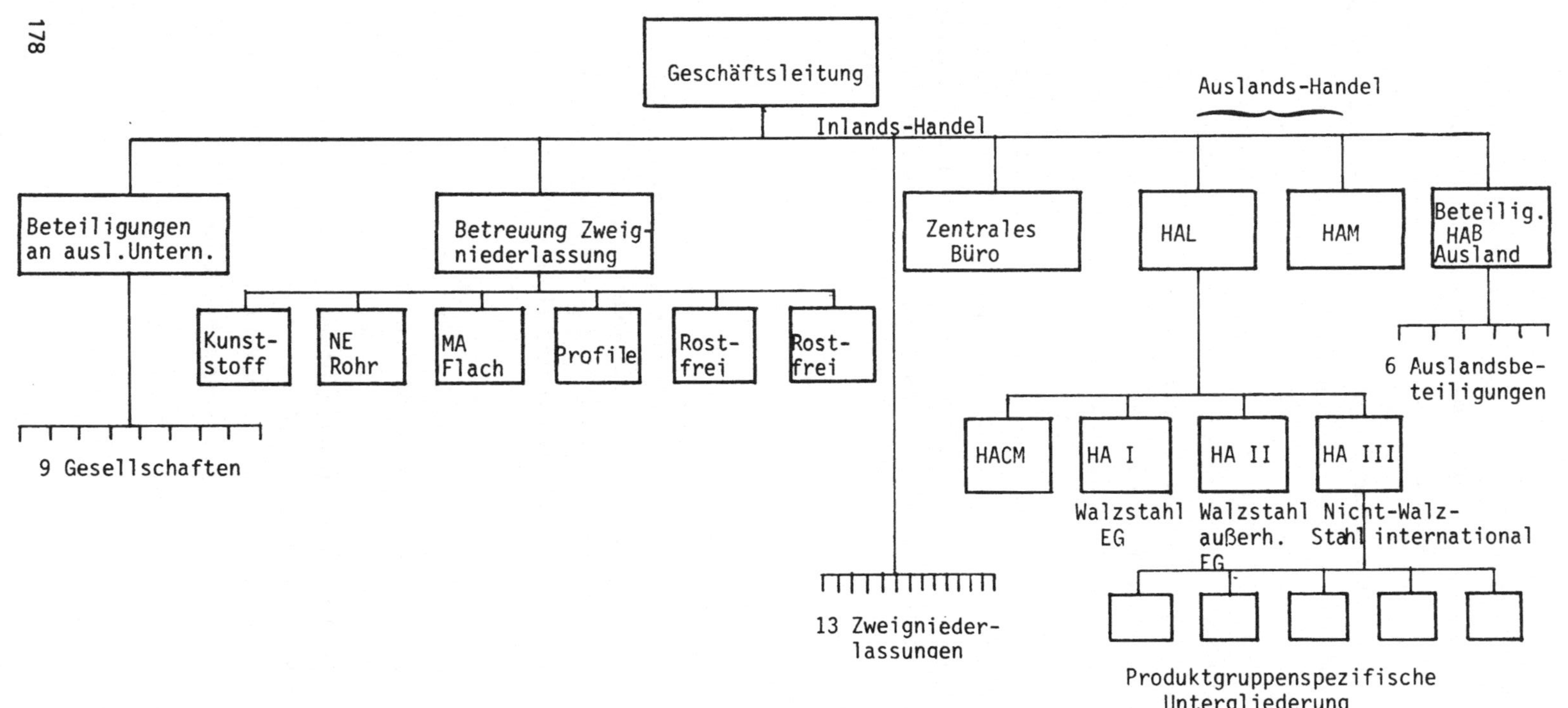

Abb. C-22: Organigramm der untersuchten Unternehmung

Die Analyseschwerpunkte lagen bei den Arbeitsplätzen der <u>Ver-</u>
<u>kaufssachbearbeiter</u> und der <u>Abteilungsleiter</u>, aufgeschlüsselt
nach verschiedenen Produktgruppen und Regionen. Im Vordergrund
des Interesse standen das gegenwärtige Kommunikationsverhalten
der Arbeitsplatzinhaber und die dort auftretenden Probleme. Sie
bildeten den Anknüpfungspunkt zur <u>Konzipierung neuer, funktiona-</u>
<u>ler Geräteanforderungen</u>, die arbeits- und kommunikationsunter-
stützend wirken.

Hinsichtlich der Analyse betriebsinterner Kommunikationsbeziehungen an den typischen Arbeitsplätzen wurden dann auch weitere
Stellen (Niederlassungsleitung, Versand, Abrechnung, zentrale
Dateipflege) in die Untersuchung miteinbezogen. Damit wird auch
dem (kommunikativen) <u>Systemaspekt</u> Rechnung getragen.

4.1.4 Die Kommunikationsstruktur eines Großhandels-betriebes

Zu den Standardkommunikationspartnern des Großhandels zählen
Lieferanten und Kunden (ca. 95 % aller Kommunikation). Die
Kommunikation erstreckt sich in diesen Fällen auf Produkte,
Preise, Konditionen und Termine. Als wohl wichtigstes Kommunikationsmittel ist das Telefon zu nennen ('Telefonhändler'), daneben treten als Informationsträger Briefe, Formulare und Fernschreiben auf (vgl. die Übersicht in Abb. C-23).

Eine grobe Klassifizierung der Gesprächstypen im Hinblick auf
Telefonkontakte nach außen läßt sich wie folgt vornehmen:

a) Kurzgespräche (Standardbestellung, Preisauskunft, Termin-
   prüfung, Reklamation, Abstimmung)

b) längere Akquisitions- und Beratungsgespräche.

Um eine kontinuierliche Kundenbetreuung und Präsenz jederzeit
zu gewährleisten, setzt der Großhandel Außendienstmitarbeiter
ein, die die Akquisition übernehmen oder auch Aufträge akzeptieren und disponieren.

Typische Fälle schriftlicher Kommunikation stellen Standardbrie-
fe wie Anschreiben, Mitteilungen und Angebote sowie formalisier-
te Schriftstücke wie Mahnungen, Bestellungen, Auftragsbestätigungen und Rechnungen dar.

Als zwar im Einzelfall bedeutungsvoll, in der Kontakthäufigkeit
jedoch nicht so hoch einzuordnende Kommunikationspartner können genannt werden: Freie Spediteure (bei Transportengpässen),
Konkurrenz (bei Zu- und Komplettierungskäufen), Versicherungen,
Banken und Wirtschaftsauskunfteien (bei Teilzahlungsvereinbarun-
gen, besonderen Zahlungsformen, Geschäftsauskünften, Kreditwür-
digkeitsprüfungen, Export- und Kreditversicherungen), Verbände,
Gerichte, Rechtsanwälte, Inkassobeauftragte, Wirtschaftsprüfer

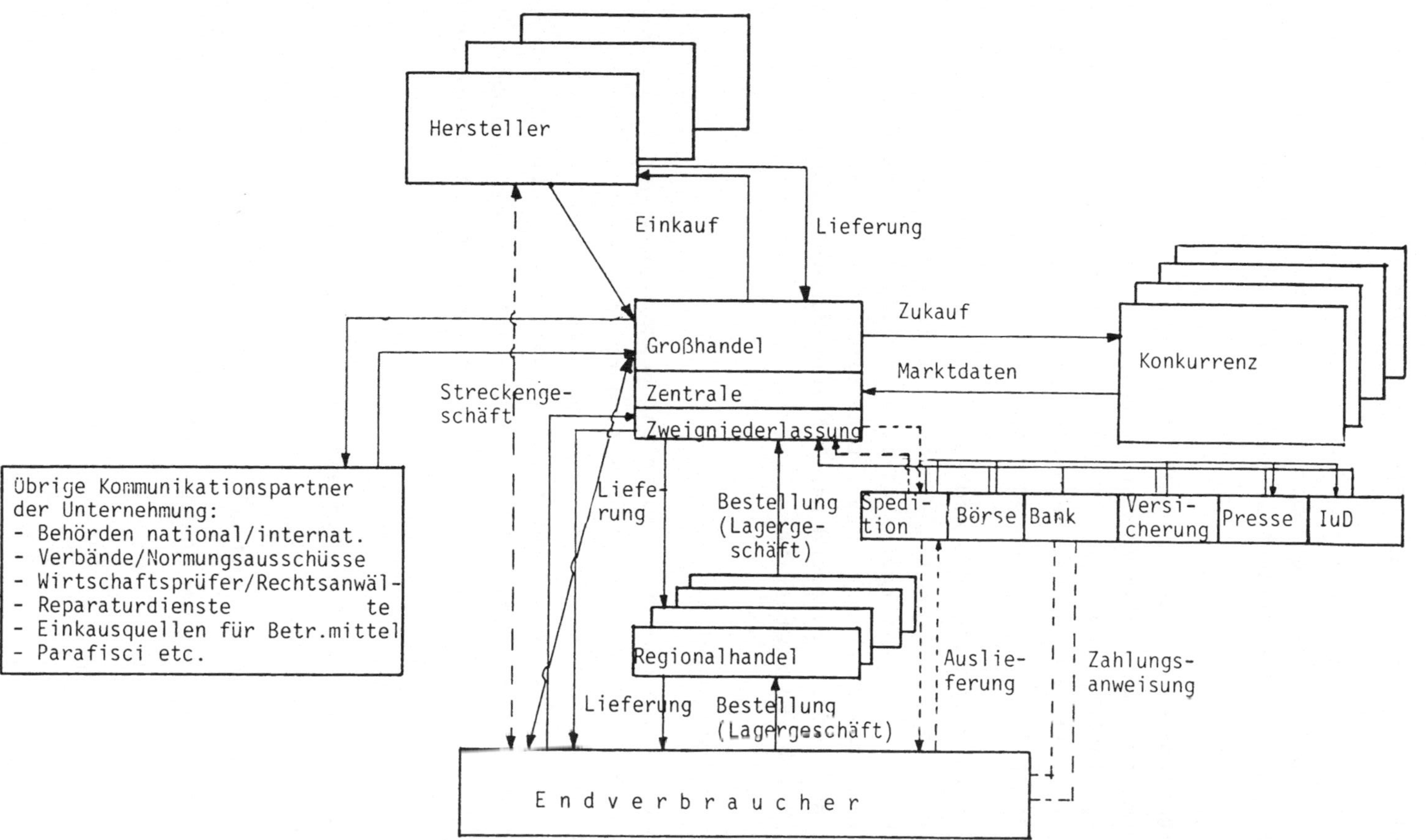

Abb. C-23: Verkauforientiertes Kommunikationsstrukturbild des Großhandels: Makro-Betrachtung

und schließlich Behörden der öffentlichen Verwaltung.

Bei der Beschreibung des intraorganisationalen Kommunikationssystems sind besonders die Beziehungen der Niederlassungen zur
Zentrale und die der Niederlassungen untereinander hervorzuheben.

Kommunikationsanlässe und -inhalte erstrecken sich auf der Managementebene auf Sortiments- und Preispolitik, zentrale Richt-
linien für Einkauf und Investition sowie auf die Abstimmung der
Umsatz- und Erfolgsziele. Eine geeignete Organisationsform zur
Koordination im größeren Rahmen wird in Konferenzen gesehen.

Auf der Verkaufsabwicklungs- und -kontrollebene ist die Kommunikation auf Umsatz-, Umschlags- und Terminauswertungen und -sta-
tistiken, auf Fakturavorgänge sowie alle übrigen Kunden- und
Verkaufsinformationen gerichtet. Die Informationsweitergabe geschieht auch hier vorwiegend per Telefon, daneben finden sich
Akten, Listen und Statistiken.

4.2 Kommunikation des Verkäufers

Ein höherer Detaillierungsgrad in der Beschreibung der betriebs-
internen Kommunikationsstruktur wird durch die Analyse der Kommunikationsbeziehungen in der lokalen, organisatorisch weitgehend selbständigen Verkaufseinheit 'Niederlassung' erreicht.
Ansprechpartner für Kunden sind in der Regel die Verkaufssach-
bearbeiter oder Abteilungsleiter der einzelnen Verkaufsabteilungen
(Vgl. Abb. C-24).

4.2.1 Aufgabenspektrum

Die Handelstätigkeit eines Verkäufers läßt sich in folgende
Teilaufgaben zergliedern:

- Akquisition im Innen- und Außendienst

- Bearbeiten von Anfragen und Bestellungen

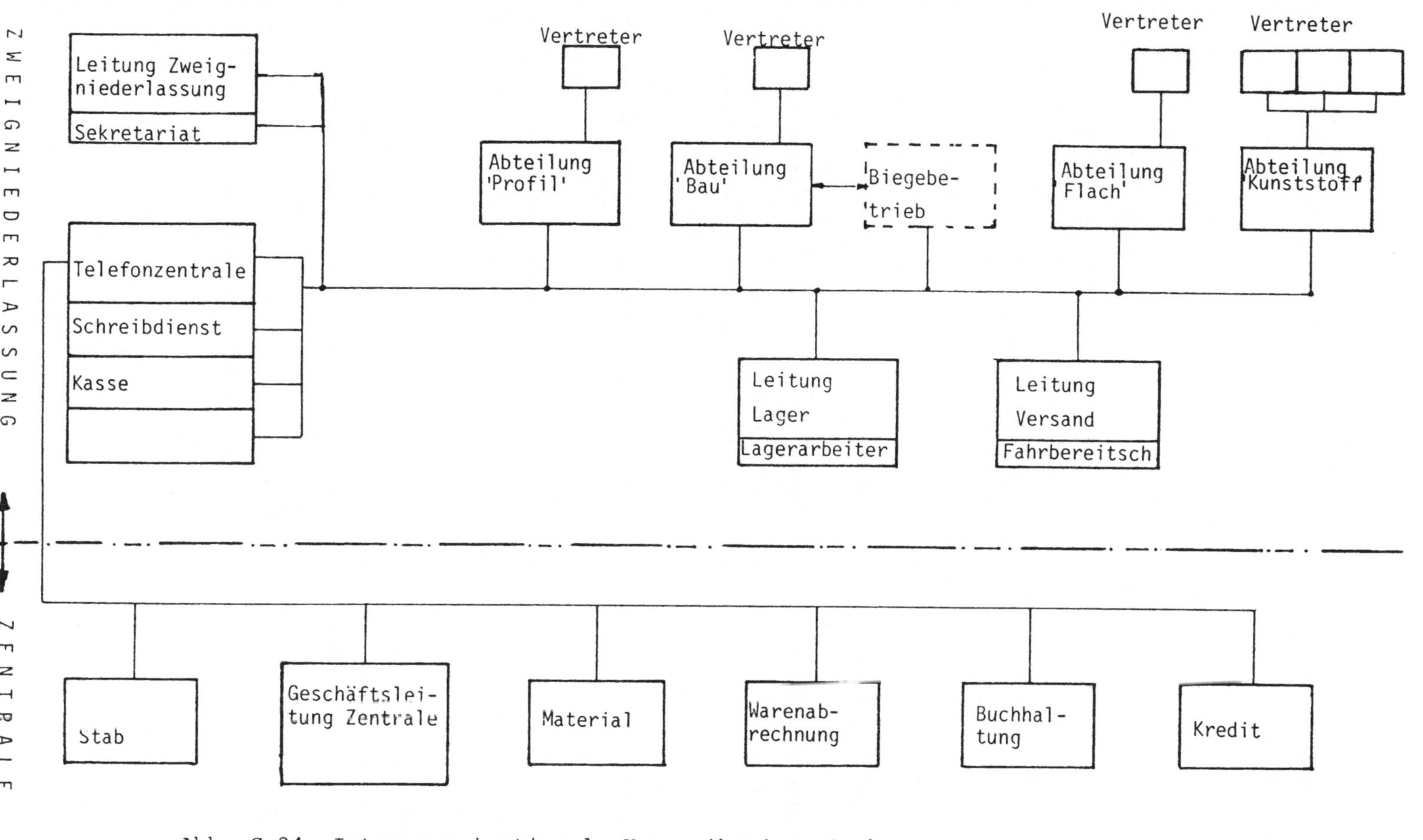

Abb. C-24: Intraorganisationale Kommunikationsstruktur einer Zweigniederlassung

183

- Auftragsabwicklung und -verfolgung

- Abrechnungskontrolle und Revision

- Marktanalyse, Statistik und Planung

- Herstellerverhandlungen und Einkauf

Erläuterungen:

Bei der Akquisition spricht der Verkäufer Kunden an, er be-
sucht sie persönlich oder beauftragt Außendienstmitarbeiter.
Er erstellt Angebote und weist auf neue Produkte hin. Er
pflegt Kundenkontakte durch Bekunden von Anteilnahme (Ge-
schenke oder Glückwünsche) bei geschäftlichen bzw. privaten
Ereignissen.

Bei Anfragen und Bestellungen müssen zunächst im Vorfeld Entscheidungen getroffen werden bezüglich Bonität, eigener Lie-
ferfähigkeit und Preisverhandlungsspannen. Vor Abgabe eines
Angebotes bzw. Bestätigung eines Auftrages beurteilt der Verkäufer die Entwicklung der Geschäftsbeziehungen in der Vergangenheit, hat aus dem Lager eine Auskunft über Bestand und Auslieferung eingeholt und legt eine Preisgrenze anhand der Ein-
standspreisliste und der dem Kunden zugebilligten Konditionen
fest.

Ein hereinkommender Auftrag wird vom Verkäufer entgegengenommen,
fixiert, zur Abwicklung an das Lager bzw. zwecks Rechnungsschrei-
bung zur Faktura weitergegeben.

Der Auftrag ist erst dann abgeschlossen, wenn der Kunde die
Rechnung planmäßig und vollständig begleicht. Während dieses
Zeitraums ist der Verkäufer für weitere Anfragen - intern und
extern - über den Abwicklungsstand informiert. Bei allen sich
ergebenden Schwierigkeiten (Lieferunmöglichkeit, Lieferverzug,
Reklamation, Zahlungsverzug) ist der Verkäufer der Hauptkommu-

nikationspartner des Kunden. Solche Besonderheiten bei einzelnen Geschäftsabwicklungen werden festgehalten, um sie bei dem
nächsten Verkaufsgespräch berücksichtigen zu können.

In Einzelfällen werden Kompetenzgrenzen des Verkäufers erreicht,
so daß die Entscheidung des Abteilungsleiters bzw. des Nieder-
lassungsleiters erforderlich wird.

<u>Kundenbesuche</u> liefern wertvolle Information über das Konkurrenz-
verhalten, darüber hinaus können auf diesem Wege neue Kunden
(über Empfehlungen) angesprochen werden. Beabsichtigte Diver-
sifikationen der Kunden, die neue Umsatzmöglichkeiten eröffnen,
werden 'vor Ort' erfahren. Der Verkäufer nimmt Vorschläge für
Produktverbesserungen bei Kunden auf und gibt sie weiter. Markt-
trends werden anhand von produktspezifischen Umsatztrends erkannt
und Absatzschätzungen für die eigene Einkaufspolitik abgegeben.

In folgenden Fällen nimmt der Verkäufer Kontakt mit <u>Herstellern</u>
auf:

a) Im sogenannten Streckengeschäft, bei dem die Bestellung
   vom Großhandel entgegengenommen und unmittelbar an den Hersteller weitergereicht wird, der für die Abwicklung verantwortlich ist.

b) Im Lagerdispositionsgeschäft: Innerhalb festgelegter Ein-
   kaufsrahmen kann der Verkäufer das Lager disponieren (d.h.
   zum Teil Einkaufskontingente abrufen).

Diese Einzelaufgaben werden auch zukünftig die Tätigkeiten eines Großhandels-Verkäufers bestimmen.

4.2.2 Aufgabenerfüllung unter Berücksichtigung zukünftiger
Entwicklungstendenzen (typische Fälle der Verkaufstätigkeit

4.2.2.1 <u>Akquisition im Innen- und Außendienst</u> (Abb. C-25)

Die Verkäufer führen gegenwärtig Klage darüber, daß die Akqui-
sitionszeit inkl. der Kundenbesuche ständig abnimmt. Diese Tatsache wird auf die zunehmende Verwaltungs- und Routinearbeit,
wie beispielsweise Erstellen von Statistiken, manuelles Aus-
füllen der Auftragsformulare und Pflege der Arbeitsplatzdateien
zurückgeführt. Durch Planungs- und Personalführungsaufgaben wird
bei den Leitern der Verkaufsabteilungen diese Zeit noch weiter
verringert.

Gerade in einer zunehmend technisierten Geschäftswelt wird der
persönliche face-to-face-Kontakt zwischen Verkäufer und Kunden
ein starkes Gewicht erlangen. Verkaufserfolge werden insbesondere
durch intensive Außendiensttätigkeit zu erzielen sein. In bezug
auf die betriebsinterne und externe Kommunikation ist dieser
Trend mit zwei Folgen verbunden:

a) Verkäufer sind öfter und länger von ihren stationären Arbeitsplätzen und den dort vorhandenen Dateien entfernt,

b) die Erreichbarkeit am Arbeitsplatz für andere Kommunikationspartner verringert sich.

Die Vorbereitung einer Außendienstreise kann nur in den wenigsten Fällen gezielt und vollständig erfolgen. Während eines Be-
suchsgespräches können Fragen aufgeworfen werden, zu deren Beantwortung der Verkäufer auf seine am Arbeitsplatz befindlichen
Dateien zurückgreifen muß. U.a. könnte er abrufen wollen: Lei-
stungsbeschreibungen aus Produktionskatalogen, Abbildungen und
technische Zeichnungen, um dem Kunden evtl. auch Design-Ein-
drücke vermitteln zu können. Es kann sogar erforderlich werden,
daß beispielsweise zu Demonstrationszwecken bei neuen Produkten

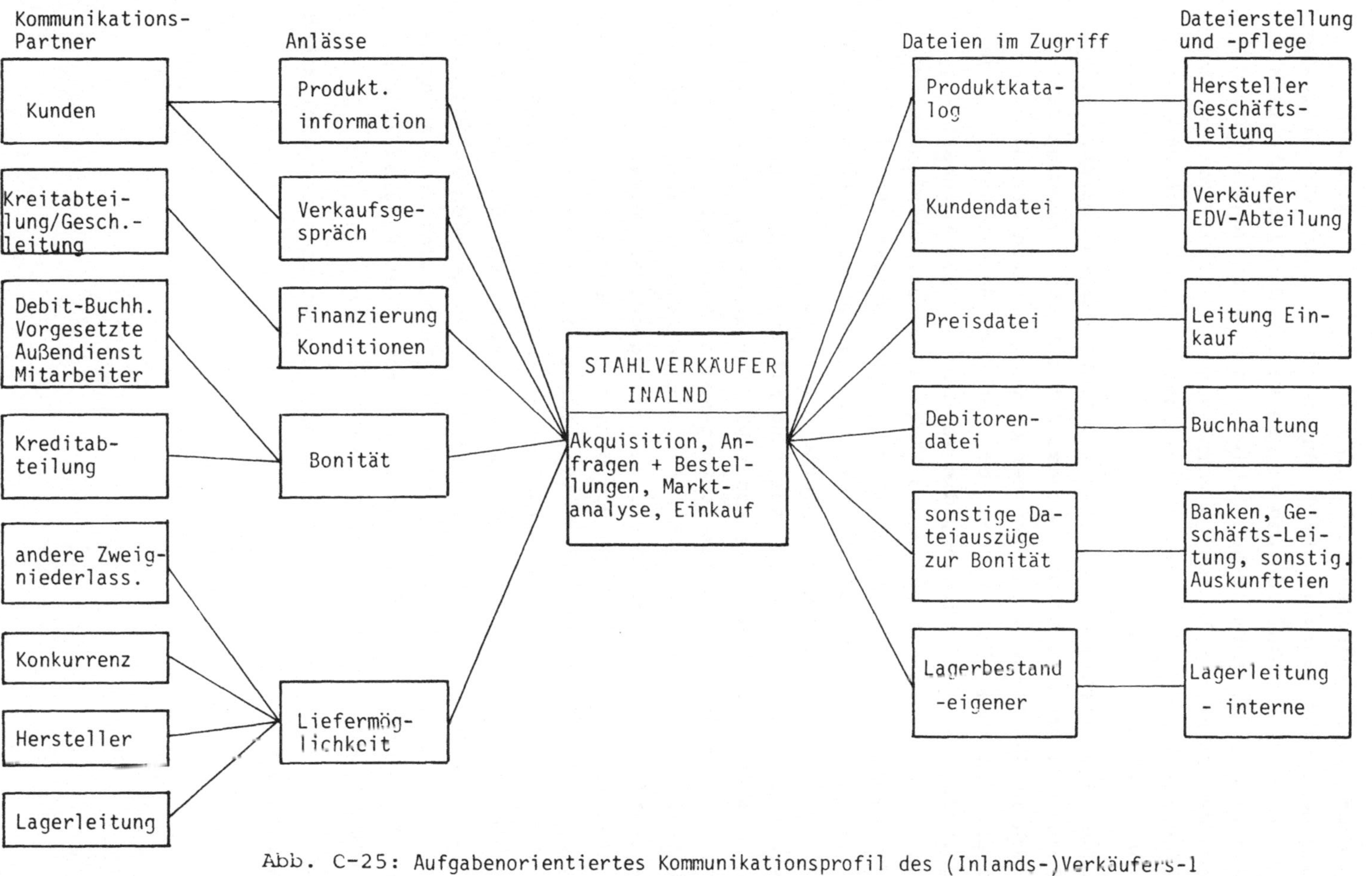

Abb. C-25: Aufgabenorientiertes Kommunikationsprofil des (Inlands-)Verkäufers-1

Bewegtbilder abzurufen sind. (Letzteres stellt natürlich an
die Gerätekonfiguration beim Kunden sowie an die Übertragungsnetze bestimmte Anforderungen). Es sollte deshalb mit Blick
auf eine stufenförmige Entwicklung davon ausgegangen werden,
daß dem Verkäufer lediglich vorhandene (Telefon) bzw. in ab-
sehbarer Zeit realisierbare (Telefax, Teletex) Systemdienste
zur Verfügung stehen.

Unter dem Aspekt, daß die fachmännische Verkaufsberatung (im
Sinne von Problemlösung) voraussichtlich noch zunehmen wird und
sich in der Folge verstärkt personenorientierte Geschäftsbeziehungen entwickeln werden, ergeben sich Schwierigkeiten für
ratsuchende Telefonkunden, die während der Außendiensttätigkeit bzw. schon während eines längerdauernden Telefonates mit
dem betreffenden Verkäufer kommunizieren wollen. Es wird zudem
fortschreitend spezialisiertere Verkaufsfachbereiche geben, in
denen Stellvertretung entsprechend schwieriger sein wird. Die
stationäre Arbeitsplatzausstattung mit Kommunikationsanschlüssen
wird zukünftig erweiterte Möglichkeiten anbieten. Einmal kann
eine Weiterschaltmöglichkeit vorgesehen sein. Dabei könnte der
Arbeitsplatzinhaber zwischen den Alternativen wählen: Generelle
Weiterschaltung aller Anrufe an den angegebenen Aufenthaltsort,
selektive Weiterschaltung von bestimmten Gesprächen. Hierzu bedarf es jedoch einer aufwendigen Identifizierungstechnik, die
ankommende Gespräche auf Grund mitgelieferter Absenderinforma-
tionen oder Codewörter identifizieren kann. Für die übrigen Anrufe kann eine speichernde Aufzeichnung vorgesehen werden bzw.
in einer intelligenteren Stufe können Terminfreiräume angegeben
werden, sodaß der Kommunikationspartner einen Eintrag in den
Terminkalender des Verkäufers vornehmen kann.

Während eines Telefongespräches oder bei Abwesenheit auflaufende
Anrufe sollten

a) dem Verkäufer am Arbeitsplatz optisch (Absender-
   adresse auf Display) und möglicherweise auch akustisch
   (Summton) angezeigt werden,

b) abgewiesen oder auf Wartestellung gelegt werden können
   (jeweils durch den Verkäufer bestimmbar),

c) als Ansprechadresse mit Rückrufaufforderung gespeichert
   werden. Nach Rückkehr an den Arbeitsplatz sichtet der Verkäufer die Gesprächswünsche und stellt die Verbindung durch
   einfachen Befehl her.

Auf Grund des starken Konkurrenzdrucks wird man bemüht sein,
jeden Akquisitionskontakt in einen Verkaufsabschluß einmünden
zu lassen. Zukünftig sollte deshalb grundsätzlich sichergestellt
sein, daß auch eine Vor-Ort-Verhandlung beim Kunden bis zu einem
verbindlichen Vertrag führen kann. Dazu sollte der verhandelnde
Verkäufer die für eine Verkaufsentscheidung relevanten Daten abrufen können: Verschlüsselte Preislistenauszüge sowie Kundenkon-
ditionen und augenblicklicher Geschäftsstatus, dazu Lager- und
Lieferinformationen. Mit Vertragsabschluß könnte eine beide Ver-
handlungspartner bindende Auftragsbestätigung erstellt
und - der allgemeinen Rechts- und Verkehrssicherheit wegen -
vorläufig noch auf Papier ausgegeben werden. Gleichzeitig oder
kurz darauf können die in einem mobilen Erfassungsgerät fixier-
ten Auftragsdaten an eine zentrale Datei übermittelt werden,
damit Kundendatei und Dispostionsbestand sofort aktualisiert
werden.

4.2.2.2 Bearbeitung von Anfragen und Bestellungen

Gerade in rezessiven Wirtschaftszeiten ist ein Anschwellen
der unverbindlichen Preisanfragen per Telefon oder Telex zu
konstatieren. Die Bemühungen um den Kunden führen in über
90 % der Fälle zu keinem Vertragsabschluß. Trotzdem muß auch
dieses Angebot dokumentiert werden, weil es durchaus vorkommt,
daß der Kunde nach abgeschlossener Preisumfrage auf das Angebot zurückkommt. Rationalisierungsreserven für andere Akquisi-
tionsarbeit lassen sich dann erschließen, wenn der Verkäufer
weniger Zeit für die Einzelanfrage aufwendet.

Telefonische und telegrafische Anfragen lassen sich umgehend
- bei einer telefonischen Anfrage sollte ein Rückruf ganz
entfallen - beantworten, wenn der Verkäufer auf die verkaufs-
entscheidungsrelevanten Daten an seinem Arbeitsplatz zugreifen
kann. Dafür bietet sich ein Direktzugriff auf Daten aus Kunden-
und Lagerbestands-Informationssystemen an. Während des laufenden Telefongesprächs muß er in der Lage sein, kurzfristig hin-
tereinander bzw. gleichzeitig Kunde (Kundennummer) und nachge-
fragte Produkte (Artikelnummer) zu identifizieren und abzurufen.

Schwierigkeiten ergeben sich aus dem Umfang und bisweilen auch
aus der räumlichen Anordnung der Arbeitsplatz-Dateien. Das
Handling umfangreicher Produkt- und Artikelkataloge, Preis-,
Bestands-, Termin- und Transportlisten erfordert einen hohen
manuellen Suchaufwand. Unter Umständen muß der Verkäufer dafür
seinen Arbeitsplatz verlassen oder andere Mitarbeiter mit der
Suche beauftragen. Ein weiteres, gegenwärtig noch nicht allgemein erkanntes Problem resultiert aus der mangelhaften Dokumentation wichtiger Hintergrundinformationen aus Gesprächen. Viele
bedeutungsvolle Informationen aus der Kundendatei hat der Verkäufer im Kopf gespeichert. Die Bildung von Verkaufsteams, die
in einem Raum zusammenarbeiten, hat bis dato eine Problematik

durch Stellvertretung bei Abwesenheit einzelner Mitarbeiter
nicht auftreten lassen. Darüber hinaus ist der Erfahrungsaus-
tausch zwischen Innen- und Außendienst oftmals nur unzureichend
organisiert. Wichtige Informationen werden zufällig und spora-
disch bekannt, und dann erfolgt auch nicht immer eine unmittel-
bare Dokumentation.

Es wird als plausibel unterstellt, daß die Verkaufstätigkeit
im Großhandel immer zeitkritischer wird. Das liegt zum einen
darin begründet, daß der technologische Wandel Produktverbesserungen und Produktinnovationen in immer rascherer Folge her-
vorbringt. Damit wird die Sortimentsgestaltung risikoreicher,
Lagerhaltung und Lagerumschlag müssen forciert werden, um die
Zahl der Ladenhüter in Grenzen zu halten. Andererseits vergrös-
sert die fortschreitende Konzentration in der Wirtschaft die
gegenseitige Abhängigkeit. Es werden darum erhöhte Anforderungen an die Qualität des Kundeninformationssystems (Zugriffs-
schnelligkeit, Aktualität, Verknüpfungsfähigkeit) gestellt werden, um bei Verkaufsabschlüssen das Verlustrisiko durch Forde-
rungsausfälle gering zu halten. Wo es sich anbietet, wird sich
der Übergang vom Einzelprodukte-Verkauf zum Produktsystem-
Verkauf (im Sinne von Problemlösung) fortsetzen. Dann bleibt
jedoch zumindest fraglich, ob sich die gegenwärtige Verkaufsor-
ganisation nach Regionen und/oder Produktgruppen als flexibel
genug erweisen wird, den informationslogistischen Anforderungen
aus diesem Trend gerecht zu werden. Die gegenwärtigen, starren
Kundenstrukturen (fortwährend Verkäufe aus einem Produktbereich
durch einen Verkäufer an einen Kundenkreis mit nur geringen
Überschneidungen zu anderen Bereichen) werden nur zum Teil konstant
bleiben. Verschärfend kommt hinzu, daß Produktsubstitutionen in
benachbarte Produktmaterialien (Stahl/Kunststoff) eher zunehmen
werden. Es muß jedoch weiterhin gewährleistet sein, daß auch
für solche übergreifende Aufträge der Kunde nur einen Ansprechpartner vorfindet. Neben den an dieser Stelle nicht weiter ver-
folgten Auswirkungen auf die Aus- und Weiterbildung der Mitar-

beiter im Verkauf wird, um Verkaufstransparenz sicherzustellen,
ein Zentralisierungstrend für die Zuordnung der Verkaufsdateien
einsetzen. Es ist auch absehbar, daß sich der Verbindlichkeits-
grad telefonischer Bestellungen zukünftig erhöhen wird und
nicht erst mit der Zusendung einer Auftragsbestätigung juristisch
wirksam wird. Für diesen Standardfall lassen sich Protokollie-
rungshilfen denken, die zur schnellen Umsetzung des gesprochenen
Wortes beitragen (Beispiel: Unterstreichungen von Bestellpositionen mittels Lichtgriffel auf einem Display).

Auf diese Weise wird während des Gesprächs eine endgültige Unterlage erstellt, die dem Anspruch auf Nachweisfähigkeit für
ihre Rechtsverbindlichkeit ad-hoc genügen kann und bei Betrachtung der anschließenden, arbeitsteiligen Verkaufsabwicklung
durch andere Mitarbeiter lesbare Informationen bereitstellt.

Die Automatisierung der Büroarbeitsplätze wird einen allgemein
hohen Ausprägungsgrad erreichen; d.h. computergestützte Arbeitsplätze werden nicht allein als organisationsinterne Insellösun-
gen, sondern als gängige Elemente eines Kommunikationsnetzes
auftreten. Bei dieser Systemvoraussetzung könnten Verhandlungs-
und Bestellvorgänge interaktiv bis hin zur einverständigen
Übermittlung einer Auftragsbestätigung in einem abgeschlossenen
Kontaktraum - ohne Unterbrechung und erneuten Verbindungsaufbau -
erfolgen.

Für diesen Fall könnte das File-Handling über Tastatur noch
komfortabler gestaltet werden, wenn gleichzeitig mit dem auf-
laufenden Anruf die für die Verkaufsentscheidungen wichtigen
Dateiauszüge auf einem Display sichtbar gemacht werden können.
Der Verkäufer bräuchte dann nicht mehr per Einzeleingabe Kun-
den-/Artikel-/ und Preisinformationen nacheinander auf einem
Einzelbildschirm aufzurufen, sondern sie ständen unmittelbar
auf einer (sehr viel breiteren) Display-Zone nebeneinander zur
Verfügung. Die Gesprächsdauer verkürzt sich, die Zeitspanne

für die Verkaufsbeurteilung weitet sich aus.

Diese Entwicklung scheint jedoch nur dann sinnvoll, wenn die
Produkte einen hohen Normierungsgrad und Standardisierungsgrad vorweisen (handelsübliche Maße und Qualitäten) und einheitliche Produktbezeichnungen sich allgemein durchgesetzt haben.

Eine formatierte Eingabe der Bestellpositionen per Tastatur
während des Gespächs erscheint schwer handhabbar und stößt möglicherweise auch auf den psychologischen Widerstand der Verkäufer. Einfacher wäre dagegen eine direkte Spracheingabe. Diese
Erfassungsmethode würde sich z.B. besonders für den Stahlhandel
anbieten, weil - hervorgerufen durch den hohen Standardisierungs-
und Normierungsgrad - sich zwischen Kunde und Verkäufer eine
quasi rein numerisch ausgerichtete 'Bestellterminologie' entwickelt hat (Maße, Qualitäten, Gewichte, Formen). Durch direkte
Spracheingabe der Artikelnummer auf Bildschirm - aus Sicherungs-
überlegungen gleichzeitig festgehalten auf Band - wird die offi-
ziell vergebene Artikelbezeichnung und Artikelnummer laut Be-
standskatalog generiert. Gegenwärtig werden die Artikelbezeichnungen aus dem Artikel-Kennungssystem verkäuferindividuell ver-
geben und benutzt, so daß die Datenerfassung bei erklärungsbe-
dürftigen oder unbestimmbaren Tatbeständen falsche Interpreta-
tionen vornimmt oder Nachforschungen anstellen muß.

Mit zunehmender Produktdifferenzierung werden den Produktbezeichnungen immer weitere Beschreibungsbestandteile hinzuge-
fügt werden. Weder dem Verkäufer noch dem Kunden sind dann diese Artikelbezeichnungen bekannt. Die gleiche Problemsituation
tritt auf, wenn der Kunde eine problemorientierte Anfrage an
den Verkäufer stellt. Auch hierfür wird ein expansiver Trend
in Zukunft erwartet. In diesen Fällen können Suchsystematiken
und Selektionstechniken (Ansteuern der in Frage kommenden Pro-

duktgruppen, Blättern in Beschreibungskatalogen) die Beratung
unterstützen. Die Kommunikationstechnik muß in diesem Zusammenhang ein weiteres Leistungsmerkmal aufweisen: Wenn die Kundenwünsche eine Produktspezifizierung erforderlich machen, kann
eine Übermittlung von Zeichnungen und Maßen vorgesehen werden.

4.2.2.3 <u>Auftragsabwicklung und -verfolgung</u> (Abb. C-26)

Die Informations- und Kommunikationsproblematik der Auftragsabwicklung und -verfolgung läßt sich wie folgt darstellen:

Der Verkäufer bleibt bis zur vollständigen physischen und
rechnungstechnischen Abwicklung allgemeiner Kommunikationspartner der Bestellkunden, wohingegen er selbst nur Impulsgeber für
die betriebsinterne Abwicklung ist.

Bestimmte Besonderheiten bei Aufträgen sind dafür verantwortlich, daß die Aufträge nicht ad-hoc und in kurzer, überschau-
barer Frist zum Abschluß gebracht werden können. Solche Besonderheiten mögen sein:

Anarbeitungswünsche, Herstellerbeschaffung, Transportengpässe,
Teilauslieferungen, Teilfinanzierungsvereinbarungen. Der Verkäufer muß aber jederzeit einen reklamierenden Kunden bzw. auch
internen, mit der Abwicklung befaßten Stellen Auskunft über
den (Abwicklungs-) Stand geben können. Externe Zwischenanfragen
laufen meist per Telefon auf. Der Verkäufer muß während des
Gesprächs Informationen einholen können. Die Informationsver-
sorgung des Verkäufers ist nur dann sichergestellt, wenn die
abwickelnden Stellen

a) entweder durch Kurzanfrage über den Abwicklungsstand des
   betreffenden Auftrages Auskunft geben können;

b) zu bestimmten Fixpunkten das vorläufige Ergebnis ihrer Ab-
   wicklungsbeiträge in ein Informationssystem eingeben, worauf
   dann der Verkäufer zugreifen kann. So kann er auch von Rou-

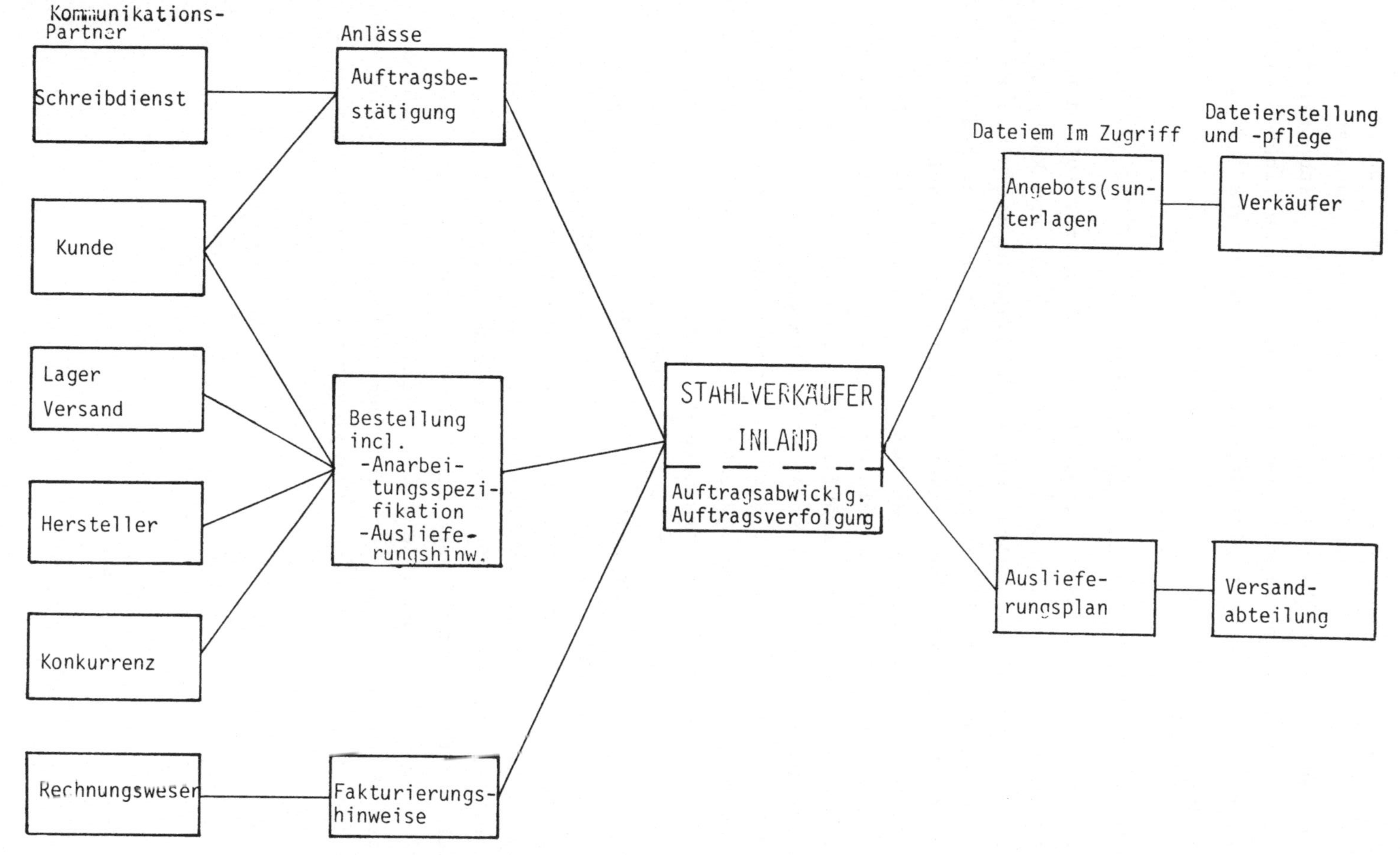

Abb. C-26: Aufgabenorientiertes Kommunikationsprofil des (Inlands-)Verkäufers

tine- und Verwaltungsarbeiten, wie Pflege der Lagerbe-
stands-, Auftrags-, Kunden- und Preisdateien, entlastet
werden, wenn die abwickelnden Stellen bei der Tatbestands-
erfasung an ihren Arbeitsplätzen diese Informationen gleichzeitig in die Arbeitsplatzdateien des Verkäufers 'hinein-
schreiben'.

4.2.2.4 Abrechnungskontrolle und Revision (Abb. C-27)

Kundenreklamationen laufen ebenfalls beim Verkäufer auf, der,
sofern er die Reklamation sofort bearbeiten will und kann, zunächst die Möglichkeit haben muß, Kundenaussagen mit den dokumentierten Vorgängen im eigenen Hause zu vergleichen. Dazu benötigt er Auszüge aus den Dateien für aufgenommene Aufträge,
Bestätigungen, Auslieferungsaufzeichnungen, Rechnungsstellung
und Zahlungsverkehr. Vermittels der Eingabe der betreffenden
Auftragsnummer kann der Verkäufer alle damit zusammenhängenden
gespeicherten Daten an seinem Arbeitsplatz abrufen. Da anhand
der oft nur in aggregierter Form und ohne detaillierten Kontext
vorliegenden Daten eindeutige Schlußfolgerungen noch nicht möglich sind, wird eine interpretierende Kommunikation mit einem
anderen Arbeitsplatzinhaber, der für die vermutete Unstimmig-
keit verantwortlich erscheint, erforderlich. Dieser Kommunikationspartner muß zunächst in die Materie eingearbeitet werden;
dazu werden ihm die am Arbeitsplatz des Verkäufers zusammengestellten Historien mit dem Reklamationsanlaß übermittelt; er
kann eine Stellungnahme hinzufügen und sie zurücksenden. Das
gleiche Verfahren kommt dann zur Anwendung, wenn vorgesetzte
Stellen über die Reaktion auf die Reklamation zu befinden haben
(Kulanz, Gewährleistung, Rückvergütung, Schadensersatz). Parallel
zu dieser Übermittlung eines 'Vorgangs' findet mündliche Kommunikation statt.

196

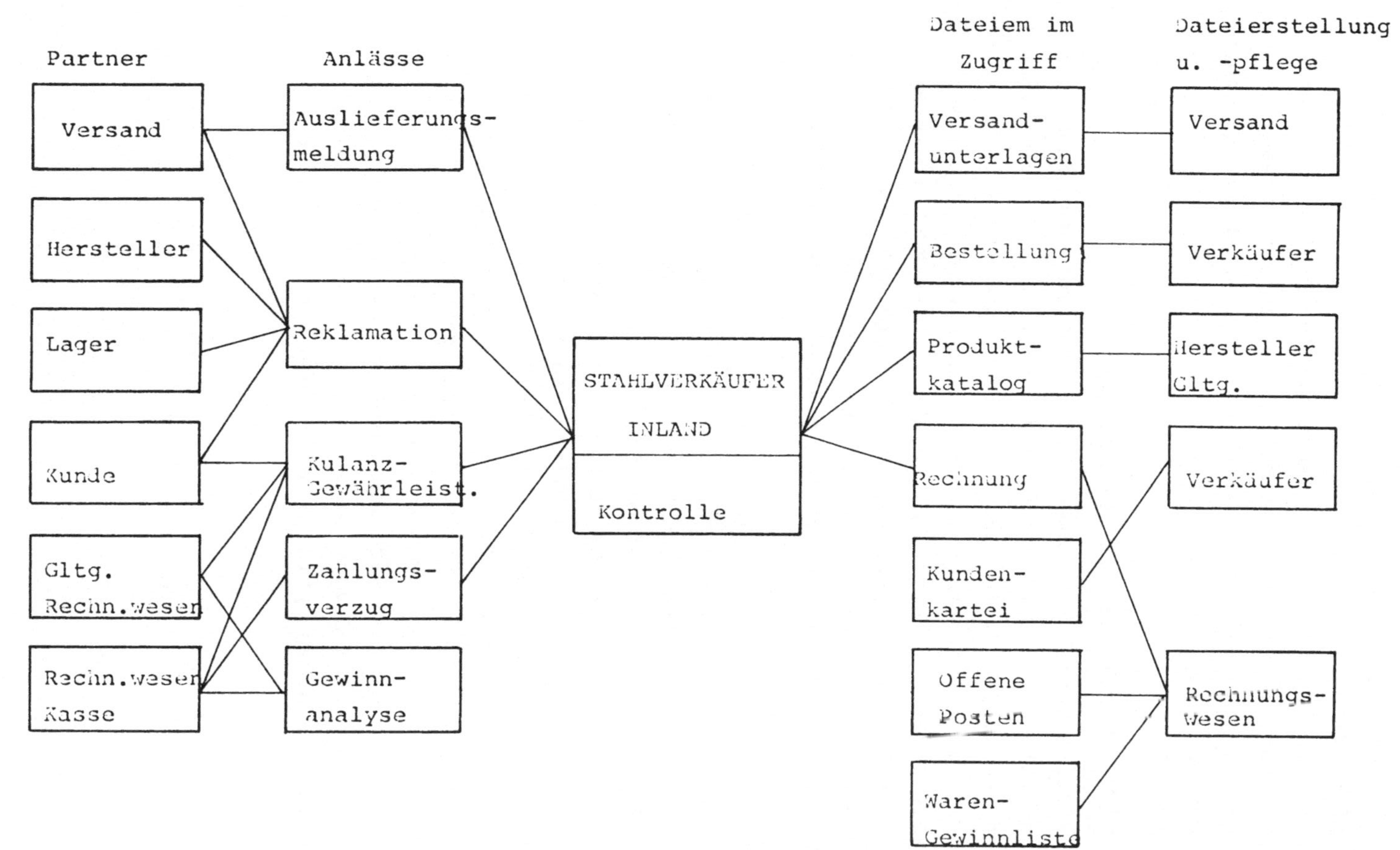

Abb. C-27: Aufgabenorientiertes Kommunikationsprofil des (Inland-) Verkäufers

Unter dem Aspekt der Kundenpflege ist es wichtig, daß in das
Kundeninformationssystem eine entsprechende Protokollnotiz
über Anlaß und Ergebnis der Reklamation eingebracht wird. Darüber hinaus sollten diese Protokollnotizen zentral gesammelt
und ausgewertet werden, um Schwachstellen zu erkennen und organisatorische Änderungen herbeizuführen.

4.2.2.5 Marktanalyse, Statistik und Planung

Der Schwerpunkt verkäuferischen Handels ist auf Gespräche mit
Kunden gelegt. Diese Leitvorstellung bleibt auch für die Zukunft
erhalten. Deswegen sollte versucht werden, den Zeitaufwand, den
andere Aktivitäten in Anspruch nehmen, zu minimieren. Minimie-
rung heißt jedoch nicht, daß diese Aktivitäten auch in ihrem
Bedeutungsumfang minimierbar wären; im Gegenteil, sie bilden
die Grundlage für erfolggerichtetes Verkaufen und stellen demnach Verhaltens- und Entscheidungsgrundlagen für den Verkäufer
dar. Es ist also zu fordern, daß dem Verkäufer für diese (oftmals als 'bürokratische Arbeit' apostrophierte und nur unwillig
geleistete) Arbeit Dienstleistungskapazität zur Verfügung steht,
denn er ist der kompetenteste Beurteiler und aktuellste Informa-
tionslieferant operativer Planzahlen. Eine vermehrte Reisetä-
tigkeit verschafft höhere Markttransparenz. Wichtige Besuchs-
eindrücke müssen sofort festgehalten und ausgewertet werden.
So kann nach dem Kundenbesuch ein schriftliches Protokoll ange-
fertigt werden, das nach der Rückkehr in ein Marktinformations-
system eingegeben wird. Größere Transparenz und ein höheres
Informationsniveau bedingen ein Mehr an Zeitaufwand. Um bei dem
nächsten Kundengespräch wichtige Informationen aus zwischenzeit-
lichen Ereignissen und Vorgängen nicht zu übersehen, sollten
diese besonders durch optische Hervorhebung gekennzeichnet werden können.

4.2.2.6 Herstellerverhandlungen und Einkauf

Im Fall des Streckengeschäftes erfolgt die Abwicklung des
Auftrages nicht über das Großhandelslager, sondern über den
Hersteller direkt. Hinsichtlich der Kommunikationstechnik sind
ähnliche Anforderungen wie bei der Kommunikation des Verkäufers
mit dem eigenen Lager zu stellen. Bei dem Abruf von Lagerbe-
stands- und Lieferinformationen greift der Verkäufer auf Her-
stellerdateien zu. Im Normalfall wird eine Kurzanfrage direkt
an die Datei des Herstellerzwischenlagers ausreichen. Ein einfacher Abruf in Form einer Bestellung der beim Hersteller vorhandenen Produkte ist immer dann möglich und unproblematisch,
wenn vorher Einkaufskontingente festgelegt worden sind. Andern-
falls muß der Verkäufer Einkaufsverhandlungen mit der Verkaufs-
abteilung des Herstellers führen, woran sich Bestellung und
Auftragsbestätigung anschließen.

4.2.3 Aufgabenerfüllung unter Berücksichtigung zukünftiger Entwicklungstendenzen: Spezielle Verkaufssituationen

Grundsätzliche Anforderungen an die Systemleistungsfähigkeit

Die Implementierung von Informations- und Kommunikationssystemen verlangt Formatierungs- und Standardisierungsarbeiten wie
beispielsweise numerische Verschlüsselung, Adressierungskenn-
zeichen, Ordnungssystematiken. Tendenziell geht damit eine
Flexibilitätsreserve verloren bzw. Änderungen bei an sich abgeschlossenen, dokumentierten und im System residenten Vorgängen erfordern auf Grund der Dateivernetzung ein hohes Maß an
Aufwand.

Bei der Auslegung von Büroarbeitssystemen für den Großhandel
sollte von einem Höchstmaß an Flexibilität ausgegangen werden.
Zusammen mit den zu erwartenden fließenden Vorgängen bei der

Ablösung konventioneller durch automatisierter Arbeits- und
Kommunikationstechniken wird die Flexibilität sich daran zu
orientieren haben, daß eine gehandhabte Technik nicht abrupt
ersetzt, sondern zunächst eingeschlossen wird. Die Flexibilität wird weiterhin daran zu messen sein, inwieweit Systeme und
Geräte in der Lage sein werden, auch außergewöhnliche Fälle zu
beherrschen.

Behandlung von Neukunden bzw. von ehemaligen Kunden

Bei der Gruppe der Neukunden steht dem Verkäufer noch kein abrufbarer Beurteilungskontext (bzw. ein überholter bei ehemaligen Kunden) in der Kundendatei zur Verfügung. Vor oder nach Ak-
zeptierung des Auftrages und Einleitung der Abwicklung sind zunächst noch Bonitätsinformationen einzuholen. Hierbei können
zwei Alternativen die Auslegung des Systems determinieren.
Wenn die Verhandlungen nicht unter Zeitdruck vorgenommen werden, erhält der Verkäufer ausreichend Spielraum, Bonitätsinformationen bei einer Auskunftszentrale einholen zu lassen. Wenn
die Telefonverhandlung jedoch unmittelbar in einen verbindlichen Vertrag einmünden soll, ist es vorteilhaft, wenn sich der
Verkäufer kurzfristig über die Bonität des Verhandlunspartners
informieren kann.

Negativer Lagerbestand

Bei einem Bestandsdefizit bzw. bei nicht am Lager geführten
Produkten kann der Verkäufer die Auftragskomplettierung aus
eigenen Lagern versuchen bzw. durch Zukauf bei der Konkurrenz
fehlende Positionen ergänzen. Dazu kann er über Bildschirm
eine konzerninterne Kurzanfrage starten bzw. mit den regionalen Konkurrenten auf herkömmlichem Wege (fernmündlich oder
fernschriftlich) oder im Falle eines allgemeinen, höheren

technischen Kommunikationsniveaus per Telefax oder Bürofern-
schreiber Informationen austauschen.

Finanzierung und Bonität

Bei Überschreitungen des Kompetenzbereichs des Verkäufers wird
eine Entscheidung durch den Vorgesetzten herbeigeführt. Dazu
selektiert der Verkäufer entscheidungsrelevante Tatbestände
aus der Kundendatei (History), aus Preisdateien und Lagerbe-
ständen, komponiert diese Hintergrundinformationen zusammen mit
dem Problem aus dem anstehenden Geschäftsvorgang (Limitüber-
schreitung, Zahlungsfristenverlängerung) zu einer Entscheidungs-
vorlage und übermittelt den Vorgang zum räumlich entfernten Vorgesetzten, der eine einfach ja/nein-Entscheidung treffen kann
oder auch die Möglichkeit einer Rückanfrage besitzt. Diese
Leistungskomponente erscheint angebracht insbesondere für Re-
klamationsfälle, wo Ablehnung, Kulanz, Gewährleistung und Schadensersatz zur Diskussion stehen.

Internationale Geschäfte

Hinsichtlich der Kommunikationsstruktur und der für die Aufgabenerfüllung erforderlichen Arbeitsplatzdateien unterscheidet
sich der Auslandsverkäufer vom inländischen nicht grundsätzlich. Durch politische Unwägbarkeiten, Spekulationstendenzen
und Wechselkursrisiken ist das Verlustrisiko erheblich größer
als bei Inlandsgeschäften. Neben der laufenden Versorgung mit
Informationen aus dem weltpolitischen und wirtschaftlichen Geschehen sollten dem Verkäufer auch Zugriffe zu Börsen- und
Marktinformationsdiensten möglich sein. Bei Kursschwankungen
bedeutsamer Handelswährungen sollten Hinweise den Verkäufer
auf Veränderungen aufmerksam machen; auf der Displayzone sollte eine Einblendmöglichkeit für Kurzinformationen vorgesehen
werden.

4.3 Konzeption der Geräte und Systeme

4.3.1 Systemkonzept zukünftiger Geräte und Systeme

In einem groben Konzept zukünftiger Geräte und Systeme sollen
diejenigen Funktionen genannt werden, die zur gegenwärtigen und
zukünftigen Unterstützung der untersuchten Arbeitsplätze eingesetzt werden können (s. auch Abb. C-28).

Neben der persönlichen (face-to-face) Kommunikation muß es jedem Verkäufer möglich sein, mit jedem entfernten Kommunikationspartner akustisch und optisch Informationen auszutauschen. Zu
diesem Zweck genügt eine wechselseitige Übertragungsmöglichkeit,
über die sowohl Gespräche als auch Schriften und in besonderen
Fällen Zeichnungen übertragen werden können. Diese Kommunikationsarten werden zum großen Teil alternativ benötigt, doch ist
nicht auszuschließen, daß mit wachsender Vertrautheit und mit
wachsenden Ansprüchen an die Kommunikation der Wunsch wächst,
neben einer fernmündlichen Kommunikation 'zwischendurch' Texte
zu übertragen, die Materialien oder Akten darstellen, über die
verhandelt wird.

Damit die optischen (schriftlichen und bildlichen) Informationen
eingegeben, gespeichert und dargestellt werden können, ist eine
Konfiguration nötig, die zumindest aus einem Eingabe-Interface,
einem Prozessor mit Speicher und einem Display besteht. Für die
Kommunikation, die sich mittels des Informationsträgers Papier
vollzieht, wird es mehrere Anlässe geben, die auf dem Papier
befindlichen Signale in elektrische zu wandeln und umgekehrt.
Zum einen sind Informationen, die elektronisch vorliegen, aus-
zudrucken, damit sie auf dem Papier übermittelt werden können.
Zum anderen kann es von Interesse sein, die auf Papier angekom-
menen Informationen in den elektronischen Speicher des Arbeitsplatzes aufzunehmen oder sie mittels der elektrischen Übertra-

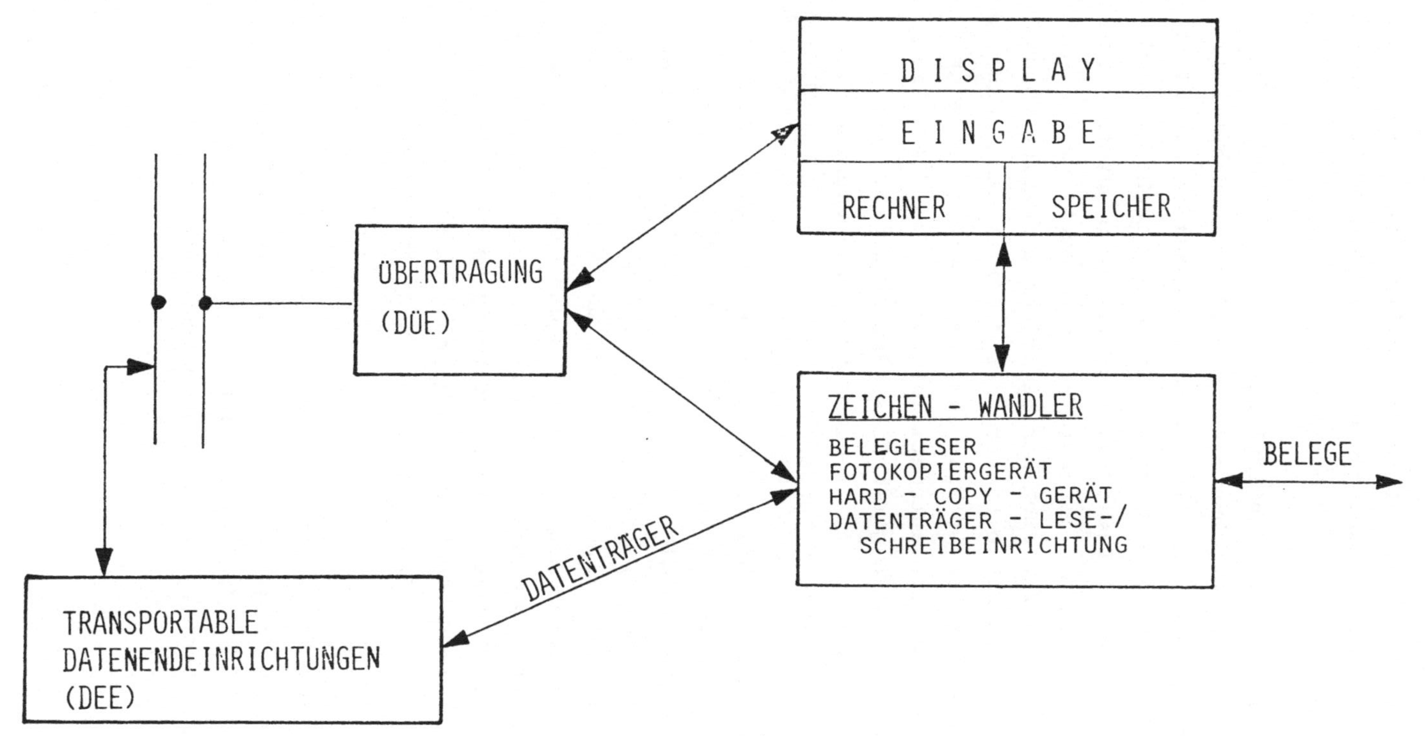

Abb. C-28: Systemkonzept zukünftiger Geräte und Systeme
- Systemkonzept Großhandel -

gungswege weiterzuleiten. In den letzten Fällen ist es also erforderlich, die Zeichen auf dem Papier zu erkennen und in elektronischen Code umzuwandeln (Belegleser-Funktion).

Der Bedarf an Übertragungen schriftlicher Informationen (inkl. auch der Übertragung von Zeichnungen und Bilder) kann als relativ groß angesehen werden. Mit zunehmender automatisierter Textbearbeitung durch den Verkäufer sinkt der Bedarf nach der Wandlung von Informationen auf Papier in elektronische Zeichen, weil die Informationen gar nicht erst auf Papier erzeugt werden. Aus den gleichen Gründen dürfte auch der Bedarf an der Zeichenwandlung für die Zwecke der Abspeicherung der Informationen abnehmen. Diese Entwicklung setzt jedoch erst ein, wenn bereits eine große Zahl von Büroarbeitsplätzen automatisiert sind. Bis diese Situation eingetreten ist, wird gerade das Wandeln der Zeichen von erheblicher Bedeutung sein, damit die einzelnen Kommunikationsarten zusammengeführt werden können.

Zur Unterstützung der Außendiensttätigkeit sind mobile Systeme denkbar, die die wichtigsten Funktionen des Verkaufs-Arbeitsplatzes erfüllen. Sie benötigen ebenfalls ein Eingabe-Interface, einen Speicher und ein Display zur Ausgabe. Das Speichermedium muß leicht austauschbar sein, damit es bei der Rückkehr des Verkäufers an seinen eigenen Arbeitsplatz ausgetauscht und in das stationäre System übernommen werden kann. Das mobile System muß grundsätzlich für sich alleine funktionsfähig sein. Darüber hinaus soll es an einen Übertragungsweg angeschlossen werden können, damit es mit den Arbeitsplätzen 'zu Hause' kommunizieren kann.

Die Speicherung im mobilen Gerät dient sowohl der Erfassung der während der Außendiensttätigkeit anfallenden Information als auch zur Bereitstellung von Informationen, die während der externen Verhandlung benötigt werden. Zu diesem Zweck kann es er-

forderlich sein, daß relativ schnell in Dateien gesucht wird,
die die Größe von Produkt- und Lagerlisten haben. Das mobile
System muß darüber hinaus in der Lage sein, die in diesen Dateien gefundenen Informationen weiter zu verarbeiten, also
zum Beispiel zu Summen, Teilsummen, Kennzahlen etc. aufzuberei-
ten. Dabei ist besonders zu beachten, daß die Informationen vor
dem Zugriff unbefugter Personen geschützt werden müssen.

4.3.2 Anforderungen an Geräte und Systeme

Während unter Punkt 4.3.1 Lösungsansätze für die aufgabenorientierte Kommunikation im Großhandel diskutiert wurden, ist nun-
mehr ein funktionsorientiertes Anforderungsprofil im Hinblick
auf geräte- und systemtechnische Arbeitsplatzkonfigurationen
zu entwerfen. Abb. C-29 veranschaulicht eine mögliche Konfiguration, die den zukünftigen Kommunikationsprozessen und Arbeitsabläufen gerecht wird. Hierbei ist jedoch zu berücksichtigen, daß
die gewählten Hardware-Symbole zwar eine gegenwartsbezogene Realisierungsform darstellen, im Hinblick auf das zukünftige Anforderungsprofil jedoch funktionsorientierten Charakter zugewiesen bekommen.

Um eine Produktivitätssteigerung hinsichtlich der Verkaufstätigkeit zu erzielen, sind Anforderungen zu formulieren, die gleicher-
maßen Geräte und die Qualität der Informationssysteme einbeziehen.
Des weiteren ist noch zwischen den Entwicklungsstufen: Betriebliche Insellösung und allgemeiner Verbreitungsgrad von Geräten
und leistungsfähigeren Übertragungsnetzen zu differenzieren.
Wie schon im Systemkonzept beschrieben wurde, kann hierbei erwartet werden, daß insbesondere auf der Ebene großbetrieblicher
Kommunikation mündliche Verkaufsverhandlungen am Telefon durch
Bürofernschreiben teilweise ersetzt werden.

Aber auch die fernmündliche Vertragsverhandlung wird unter-

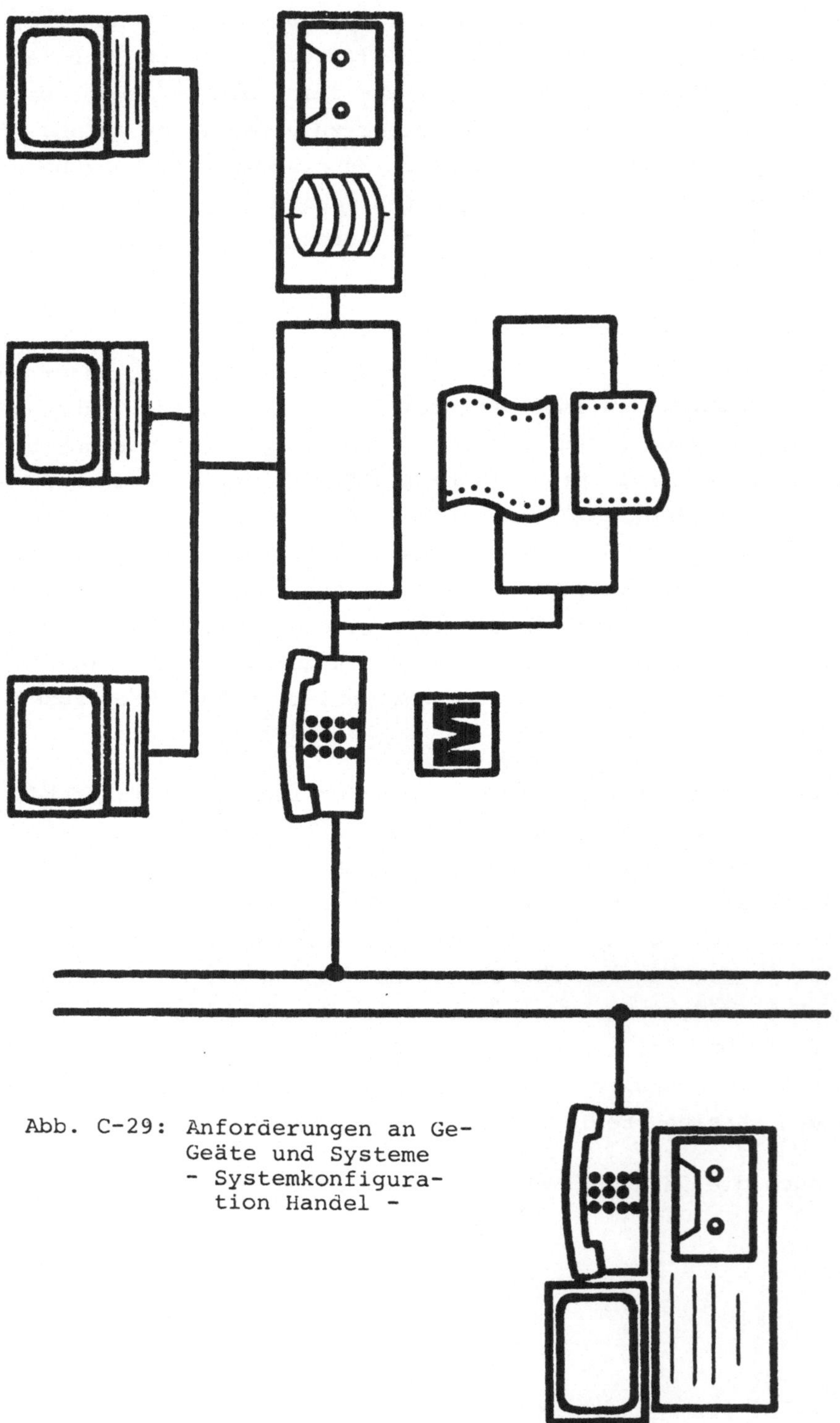

Abb. C-29: Anforderungen an Ge-
Geäte und Systeme
- Systemkonfigura-
tion Handel -

stützt durch die Bereitstellung unterschiedlicher Dateiauszüge
auf einer Displayzone. Im Schaubild wird dies durch die Darstellung mehrerer Displays (in der gegenwärtigen gerätetechnischen Realisierungsform) verdeutlicht. Wichtige Informationen
fallen durch ihre besondere Kennzeichung sofort ins Auge.

Die intrapersonale, synoptische Erfassung und Verarbeitung dieser
verhandlungsbezogenen Informationen nehmen einen geringeren Zeitaufwand in Anspruch, als wenn der Verkäufer die relevanten Dateiauszüge nacheinander aufruft.

Bei den im Stahlhandelsgeschäft relativ häufig anzutreffenden
Ersatzbestellungen innerhalb gewisser Zeitabstände könnte das
schon beschriebene Bestellaufnahmeverfahren auf folgende Weise
realisiert werden. Aus der vorangegangenen Bestellung des Kunden sowie aus dem Katalog der häufig verkauften Produkte wird
mittels Lichtgriffelkennzeichnung auf der Displayzone eine Bestellung mit verschiedenen Positionen komponiert, wobei die
(abweichenden) Mengenangaben handschriftlich ergänzt werden.
Das Verfahren hat den Vorzug, daß der Verkäufer nicht gezwungen ist, die Bestellung zu großen Teilen über die zeitaufwendige Tastatureingabe vorzunehmen. Auf die Spracheingabe im
standardisierten Stahlgeschäft sei an dieser Stelle als der
wohl komfortabelsten, aber eben noch futuristischen Eingabemöglichkeit verwiesen.

Neben den Routineverkäufen werden die Problemlösungsverkäufe
zukünftig an Bedeutung gewinnen. Die Systemleistungsfähigkeit
ist dann nicht allein auf Fixierung von numerischen Daten gerichtet, der Lichtgriffeltechnik bzw. Sprachumwandlung noch
ehesten entsprechen würden, sondern es müssen auch Kurzinformationen, wie mehrere Lieferadressen, Ladevorschriften, Pro-
duktspezifikation durch vermehrte Anarbeitung, besondere Zah-
lungsvereinbarungen festgehalten werden. Es erscheint nicht
sinnvoll, für alle Vertragsbesonderheiten eine Verschlüsselung

vorzusehen, um so eine numerische Eingabe zu ermöglichen. Für
die Fixierung solcher Kommentare während eines Telefonates
bieten sich Gesprächsaufzeichnung oder handschriftliche Notizen
an. Da jedoch die Bestellaufnahme direkt in das System erfolgt,
würden Notizen auf Papier (wie bisher) den erzielten Rationali-
sierungsvorteil aufheben und die Gefahr des Zuordnungsverlustes
vergrößern. Auch in diesem Fall werden die handschriftlichen Notizen auf dem Bestell-Display angebracht. Da die Handschriften-
erkennung als Anforderungsmerkmal schlecht realisierbar erscheint, wird die Eingabe des lediglich optisch festgehaltenen
Kommentars im Anschluß an das Gespräch vorgenommen. Da mit relativ langfristigen Übergängen zwischen gegenwärtigen ('papier-
orientierten') Kommunikationssystemen und zukünftigen, elektronischen Systemen zu rechnen sein wird, sind bezüglich der Papier-
bearbeitung Anforderungen zu formulieren, die eine 'Quasi-Inter-
face-Funktion' in dem Übergangszeitraum wahrnehmen. So wird sich
an den Verkaufsarbeitsplätzen bzw. an einem zentralen Ort für
mehrere Verkaufsplätze ein Gerät befinden, das sowohl Becegle-
se-Funktionen erfüllt, als auch zu Duplizier- und Fernübertra-
gungszwecken eingesetzt werden kann. Wegen der besonderen Bedeutung der Mischung von (fern-) mündlicher und schriftlicher
Kommunikation in Verbindung mit der Arbeitsplatzmobilität sollen die auf Integration dieser beiden Kommunikationsarten ausgerichteten Anforderungen gesondert erörtert werden.

Diese Mischkommunikation ist einmal in dem oben beschriebenen
Falle der telefonischen Auftragserteilung sowie in den Fällen
der Abwesenheit vom Arbeitsplatz bedeutsam. So kann beispielsweise der im Außendienst tätige Verkäufer festlegen, daß alle
Gespräche an ihn weitervermittelt werden; dazu muß er gegenwärtig noch vorab angeben, zu welchen Zeitpunkten er sich an

welchen Orten befinden wird. Zukünftige Kundenbesuche werden
sich nicht streng terminieren lassen (Problemlösungsaspekt),
d.h. erst bei Ankunft wird der Verkäufer seinen Aufenthaltsort an den Arbeitsplatz übermitteln können (Beispiel: Ein-
stecken eines ID-Chips in Telefonschacht). Es wird zu überlegen
sein, ob die Anrufverfolgung auch während der Reisezeiten sichergestellt werden sollte (in privaten Automobilen wie in öffentlichen Verkehrsmitteln, wenn es sich um besonders eilbedürftige
Kommunikationsinhalte handelt).

- Der Verkäufer kann festlegen, daß gewünschte oder terminierte
  Gespräche ihn erreichen. Dazu muß am Arbeitsplatz eine Pro-
  grammiermöglichkeit bzw. eine Filterung vorhanden sein, die
  die Kommunikationsersuchen erkennt und über ihre Handhabung
  entscheidet.

- Der Verkäufer kann feststellen, daß ihn kein Gespräch erreicht,
  und daß eine Rückrufaufforderung abgegeben wird.

Nach Rückkehr an den Arbeitsplatz läßt sich der Verkäufer die
Liste der auffordernden Partner inkl. der Tele-Kommunikations-
nummer ausgeben und stellt durch sensorischen Druck oder durch
Wirksamwerden einer ausgelösten Reihenfolgeautomatik die Verbindungen nacheinander her.

Das Kriterium der Nichterreichbarkeit läßt sich nicht allein
auf die Abwesenheit vom Arbeitsplatz anwenden, sondern auch auf
die Fälle, in denen der Kommunikationsweg bereits ausgelastet
ist.

Für die während eines laufenden Gesprächs ankommenden Anrufe
muß eine Steuerungsmöglichkeit existieren. Durch bestimmte Sig-
nalzeichen kann der Verkäufer dem Anrufenden zu verstehen geben,

a) daß er sich noch wegen eines laufenden Gesprächs gedulden
   möchte; diese Wartefunktion sollte mit einem Zeit-/Warnge-
   ber gekoppelt sein,

b) daß er noch längere Zeit in Anspruch genommen ist und um
   späteren Anruf bittet,

c) daß er eine Nachricht auf das Aufzeichnungsgerät abgeben
   möchte,

d) daß er eine Rückrufaufforderung/Termineintrag einspeichern
   läßt.

Der Signalton könnte dann entfallen, wenn diese Alternativent-
scheidungen auch dem Anrufenden sofort nach Herstellung der Verbindung optisch zur Verfügung gestellt werden.

Unter der Voraussetzung, daß eine derartige gemischte Kommunikation allgemein Anwendung findet, könnte automatisch eine Ver-
bindungsaufbau-Optimierung betrieben werden.

Auf der Rückrufliste prüft der 'Vermittlungsrechner' den (vom
Rückrufpartner definierten) Status der Kommunikation an dessen
Arbeitsplatz. Wenn dort eine Nichtempfangsbereitschaft bzw. lediglich ein Verweis auf Speicheraufzeichnung vorliegt, wird
keine Verbindung hergestellt, sondern es wird die nächste Verbindung geprüft. Gleichzeitig wird ein optischer Vermerk an
der betreffenden Position der Rückrufliste angebracht. Damit
werden nur realisierbare Kommunikationsverbindungen hergestellt,
und ein erfolgloser Verbindungsaufbau unterbleibt.

Eine andere Anforderungskategorie befaßt sich mit der Unterstützung der Verkaufsarbeit während der Verkäuferabwesenheit
im Außendienst. Mit zunehmender Außendiensttätigkeit ist parallel
eine Mobilität des Arbeitsplatzes erforderlich.

Der Abruf von Angebots- und Entscheidungsunterlagen wird durch
die Vorbereitung reduziert, so daß aus der Kundendatei nur
noch Status und zwischenzeitliche Veränderung der Bonität ab-
gefragt zu werden brauchen; die übrigen Verkaufinformationen
können nacheinander auf einem (handelsüblichen) Displayformat
angefordert werden. Unter Systemaspekten wäre die optische Wie-
dergabe auch auf einem Kundendisplay denkbar, so daß das mobile Geräte des Verkäufers lediglich Eingabemöglichkeit, Speicher
und Übertragungsanschluß als Leistungsmerkmale aufzuweisen
hätte. Ein Übertragungsanschluß in der Ausprägung als unmittel-
bare Eingabe und Weiterleitung über Übertragungsnetze auf Datei-
en erscheint nur dann sinnvoll, wenn zusätzliche Entscheidungs-
kriterien in einer laufenden Verkaufsverhandlung erforderlich
werden oder wenn über zentrale Bestandsdateien, die auch anderen zugänglich sind, disponiert wird.

4.4 Beurteilung der Konzeption

4.4.1 Ökonomische Aspekte

Die Beurteilung der Konzeption unter ökonomischen Aspekten um-
schließt zwei Fragestellungen:

Unter welchen Bedingungen ist ein Anwender bereit, sich für eine
aus den Abb. C-26 und C-27 resultierende Arbeitsplatzkonfigura-
tion zu entscheiden ? Und aus der Sicht des Bürosystem-Herstel-
lers: Wie groß ist die Marktnachfrage angesichts der Tatsache,
daß es im Großhandel branchenmäßige Unterschiede an den verschiedenen Verkaufsarbeitsplätzen geben kann ?

Anwenderbeurteilung

Gegenwärtig ist ein Trend zu interaktiven On-line-Systemen zwischen Niederlassungen und Zentrale feststellbar:

An sich sprechen die sehr hohen Übertragungskosten unter Wirtschaftlichkeitsaspekten gegen eine Einführung solcher Systeme.
Die Anschaffungskosten einer Datenendeinrichtung sind weiterhin
ein Hindernis, jeden Arbeitsplatz mit einem Terminal auszustatten. Dennoch existieren auf Seiten der Anwender investitions-
entscheidende Rechtfertigungsgründe, die für interaktive On-line-
Systeme sprechen. Mit zunehmender Produktdifferenzierung und
Diversifikation bei steigender Wettbewerbsintensität im Großhandel müssen mehr Informationen in kürzeren Zeitabständen an
verschiedenen Orten zur Verfügung gestellt, ausgewertet und verändert werden.

Damit stellt die Anwenderargumentation mehr auf Kapazitäten,
Mengen, Zeiten, auf Risiken und Qualitätsansprüche ab, als auf

Kostengesichtspunkte. Im Zusammenhang mit diesen Lösungsansätzen verbindet sich eine Diskussion über Zentralisation/Dezentralisation von Dateien und deren Pflege.

Für eine zentralistische Datenbanklösung zur Verkaufs- und Lagerdisposition über den überlicherweise zentral abgewickelten Rechnungsverkehr hinaus wird folgendes angeführt:

Der zunehmende industrielle Verflechtungsgrad sowie die offensichtlichen Konzentrations- und Fusionsprozesse vergrößern den Komplexitätsgrad und damit auch den Risikoanteil der Entscheidungen. So wird beispielsweise eine Zentralauskunft 'Gesamtobligo eines Kunden', dem mehrere Tochterfirmen zugeordnet sind, die bei verschiedenen Niederlassungen einkaufen, als sinnvoll erachtet. Die standortgebundene Sortimentsspezialisierung führt dazu, daß Niederlassungen bei aus dem Rahmen fallenden Bestellungen auf Zentrallager-Dienste zurückgreifen müssen. Der Dateiänderungs- und -pflegedienst im zentralistischen Konzept erfordert ein geringeres Maß an Aufwand, als bei dezentralen Systemen.

Demgegenüber werden von Befürwortern dezentraler Lösungen Bedenken erhoben im Hinblick auf Flexibilität und Sicherheit. Oftmals sind dezentrale Systeme eher in der Lage, auf lokale Marktveränderungen mit größerer Anpassungsgeschwindigkeit zu reagieren. Bei Systemausfällen sind weniger Niederlassungen betroffen.

Die quantitative Auslotung des Marktvolumens steht zunächst vor
der Schwierigkeit, die Übertragbarkeit der für den Arbeitsplatz
eines Stahlhändlers konzipierten Anforderungen auf Verkaufsarbeitsplätze in anderen Großhandelsbereichen zu prüfen. Es erscheint deshalb sinnvoll, den Großhandel insgesamt in die Markt-
ergiebigkeitsbetrachtung einzubeziehen, weil die Formalstruktur
der Aufgaben des Verkaufens und Einkaufens über alle Branchen
hinweg annähernd deckungsgleich sind.

Um eine Vorstellung über die Größenordnung des Marktminimum-Vo-
lumens zu erhalten, lassen sich folgende Überlegungen anstellen.
Aus den untersuchten Betrieben ist ein Verkaufsmitarbeiter-An-
teil von 20-40 % der Belegschaft bekannt; das entspricht in ab-
soluten Zahlen zusammen etwa 750 Arbeitsplätzen. Wenn daraus
als plausibler Wert ein durchschnittlicher Anteil von etwa einem
Drittel der Mitarbeiter als 'Verkäufer' ermittelt werden kann,
so würden in rund 90.000 Großhandelsbetrieben schätzungsweise
200.000 Arbeitsplätze existieren, die für eine derartige Aus-
rüstung mit Geräten in Frage kommen würden. Diese Schätzung des
Vomumens wurde aufgrund folgender statistischen Daten
und Überlegungen vorgenommen: Bei Großhandelsbetrieben,
die lediglich bis zu 2 Mitarbeiter beschäftigen, kann unterstellt werden, daß Verkaufs- und Abwicklungsarbeitsplätze zu-
sammenfallen. Als plausibles Minimum für das Marktvolumen werden 50.000 Arbeitsplätze in dieser Klasse angenommen. Unter der
Vorstellung einer Gleichverteilung der Mitarbeiteranzahl in der
folgenden Beschäftigungsklasse leitet sich ein durchschnittlicher Mitarbeiterbestand zwischen 6 und 7 ab. Die Anwendung des
durchschnittlichen Verkäuferanteils von einem Drittel erhöht
das Marktvolumen um mindestens 60.000 Arbeitsplätze. In derselben Berechnungsweise ermitteln sich in der Folgeklasse 62.000
Arbeitsplätze. Allerdings wurde eine durchschnittliche Mitarbei-
terzahl von 90 angenommen und nicht vom einfachen ungewogenen
arithmetischen Mittel 260 ausgegangen, da anzunehmen ist, daß

mehr Betriebe in den zahlenmäßig geringeren Beschäftigungsklassen angesiedelt sein werden, als in dem Mittel- und Großbetriebsbereich. In der letzten Beschäftigungsklasse wird von einer durchschnittlichen Beschäftigungszahl von 500 ausgegangen. Damit werden dem Marktvolumen nochmals 30.000 Arbeitsplätze zugeführt. Die Gesamtsumme beläuft sich auf ungefähr 200.000 Arbeitsplätze.

Diese Hochrechnung berücksichtigt indes weder den Umstand, daß bei vielen Herstellerwerken, bei denen der Großhandel einkauft, gleichartige Verkaufsarbeitsplätze exisitieren, noch die Tatsache, daß es zur innerbetrieblichen Produktivitätsverbesserung nicht ausreicht, alleine die Großhandels-Verkäufer mit leistungsfähigeren Geräten und Systemen zu versorgen und die abwickelnden und abrechnenden Stellen davon auszuschließen.

Implementierungsstrategien

Um den Einführungserfolg neuer Kommunikationstechnologien sicherzustellen, bedarf es auf der Anwenderseite einer Strategie, latent vorhandene Widerstände der Arbeitsplatzinhaber, die einfach aus den menschlichen Beharrungsbestrebungen resultieren, abzubauen. Insbesondere stellt sich die Aufgabe, das teilweise negative Image eines tastaturorientierten Interfaces abzubauen, zum anderen einen Umgewöhungseffekt vom 'Papierakten-Denken' und entsprechendem Arbeitsplatzverhalten auf papierarme Arbeitsabläufe zu erzielen. Aus unternehmungspolitischer Sicht ist es wünschenswert, die Außendiensttätigkeit aller Verkäufer nachhaltig zu intensivieren und für Vertragsabschluß vor Ort zu plädieren. Mobile Erfassungs- und Abrufgeräte sind mit einer Tastatur ausgestattet und bieten durch den Gebrauch einen wirkungsvollen Gewöhnungseffekt. Hierdurch kann auch die Handhabung von Tastaturen am stationären Arbeitsplatz zum Alltäglichen werden. Die Reduzierung des Informationsträgers 'Papier' sollte dort einsetzen, wo dessen Vorhandensein und Umfang vom Verkäufer als

lästig bezeichnet wird; also bei Verwaltungs- und Rountinear-
beiten (Statistikerstellung, eingabegerechte Aufbereitung von
Formularen etc.).

Auf Seiten der Hersteller stellt sich die Frage nach einem
Marketingkonzept, um die Nachhaltigkeit des Erfolges bei der
Einführung neuer Büro-Kommunikationssysteme zu gewährleisten.

Zum einen scheint es sinnvoll, den oder die 'opinion leader(s)'
im Großhandel zu gewinnen. Auf diese Weise könnten Nachahmungs-
effekte bei anderen Wettbewerbern hervorgerufen werden. Verstärkt
wird diese Tendenz, wenn der Hersteller ein bestimmtes 'Image'
für seine Geräte schaffen kann. Da die Wettbewerbsintensität
auf der den Herstellerwerken nachgeordneten Ebene des Produk-
tionsverteilungshandels weitaus größer ist, als auf den Folge-
stufen, bietet sich hier eher ein Ansatzpunkt für die Vertriebs-
förderung.

Besondere Bedeutung für die Langzeitwirkung des Markterfolges
ist der Unterstützung der Anwender bei der Systemimplementierung
durch Schulung und Beratung beizumessen.

4.4.2 <u>Organisatorische Auswirkungen</u>

Bedingt durch die strukturelle Erhaltung der Aufgaben im Großhandel können fundamentale Änderungen in Leitungsstruktur und
Führungsstil nicht erwartet werden.

Die Einführung neuer Kommunikationssysteme wird jedoch die Ablauforganisation verändern.

An die organisatorische Gestaltung der Arbeitsprozesse und
Kommunikationsbeziehungen werden erhöhte Anforderungen gerichtet. Neue Büro-Systeme verlangen neue Proceduren und neue Hand-
bücher. Durch die Erhöhung des Automatisierungsgrades wird auch

die DV-Organisation besonders betroffen. Probleme bezüglich
der Zugriffsberechtigung zu Dateien, der Pflege und Vernetzung
der Dateien, der Ausfallsicherheit des Systems werden zu lösen
sein.

Plausibel erscheint fernerhin, daß sich auch die Art der Infor-
mationsübermittlung zwischen Vorgesetzten und Verkäufer ändern
wird.

Der Verkäufer wird gehalten sein, die Ergebnisse seiner Tätigkeit in einfach nachvollziehbarer Form zu dokumentieren und sie
dem Vorgesetzten so bereitzustellen, daß face-to-face-Rückspra-
chen auf Grund Unkenntnis oder Mißverständnis weitgehend entfallen. Das hat nicht zur Folge, daß das persönliche Mitarbeiter-
gespräch dadurch ersetzt wird.

Auch für den Vorgesetzten eröffnet sich die Möglichkeit, Hinweise,
Anweisungen und Entscheidungen in eine Anweisungsdatei einzuge-
ben, wobei dem Verkäufer eine Abrufmöglichkeit auch während der
Außendiensttätigkeit eröffnet wird.

4.4.3 Sozialpsychologische Auswirkungen

Spezielle sozialpsychologische Auswirkungen für den Großhandels-
Verkäufer sind nicht absehbar. Hinsichtlich der prognostizier-
ten Außendienstintensivierung bleibt anzumerken, daß die neuen
Geräte und Systeme der Bürokommunikation denjenigen Verkäufern
die Arbeit erleichtern werden, die auf Grund der gegebenen Un-
zulänglichkeiten gegenwärtiger Systeme bisher gehindert waren,
Kundenakquisition vor Ort zu betreiben. Die Vielfalt der Kommu-
nikationsmöglichkeiten und der universelle Dateizugriff tragen
dazu bei, Suchaufwand und Wartezeiten zu minimieren. Tendenziell
vergrößert sich damit der Arbeitsdurchsatz bei Verkürzung der
Informationsdurchlaufzeiten. Als Folge können Engpässe abgebaut
und zukünftige Mehranforderungen aufgefangen werden (Job Enlarge-

ment). Eine 'Intelligenz' der Geräte und Systeme für die
Bürokommunikation erhält die Funktionsfähigkeit des Arbeitsplatzes innerhalb des Kommunikationssystems bei Abwesenheit
des Verkäufers. Die starre Bindung des Verkäufers an seinen
Arbeitsplatz, um permanente Erreichbarkeit sicherzustellen,
wird gelockert. Es bleibt abzuwarten, ob die strenge Arbeits-
platzteilung zwischen Verkauf im Innen- und Außendienst auch
weiterhin bestehen bleibt.

5 Scenario der Kommunikation einer Spedition

5.1 Beschreibung des Betriebes und seines Umsystems

5.1.1 Die Spedition und ihre Aufgaben

Die Spedition ist ein äußerst kommunikationsorientiertes Gewerbe. Die Aufgabe des Spediteurs besteht darin, zwischen einem kunden und einem Frachtführer zu vermitteln und zusätzliche Dienstleistungen (z.B. Verzollung, Versicherung, Vorfinanzierung) zu erbringen. In vielen Fällen ist eine klare Trennung zwischen Spediteur und Frachtführer nicht gegeben, d.h. Speditionen setzen auch eigene Transportmittel ein, und Frachtführer bieten ihre Dienste in großem Umfang direkt den Kunden an.

Die Untersuchungen für dieses Scenario wurden in einer Spedition in Hamburg vorgenommen.

Sie bietet hauptsächlich folgende Dienstleistungen an:

- Auswahl und Optimierung des Versandweges,

- Vermittlung eines Frachtführers,

- Versicherung,

- Verzollung,

- Beratung und Kontrolle hinsichtlich vorgeschriebener Auflagen für gefährliche Güter,

- Lagerei,

- vollständige Distribution für größere Kunden,

- Beschaffung von Beglaubigungen, Legalisierungen.

Neben dem Speditionsgeschäft führt die Spedition selbst Transporte durch. Überwiegend sind dies Universaltransporte (mit eigenen LKWs und Bahn-Waggons), daneben aber auch Spezialtransporte (Kleiderspedition, Flüssigtransport, Schwergut).

Die Spedition wickelt sowohl Import- als auch Exportgeschäfte auf dem Luft-, See- und Landweg ab.

Weltweit ist die Spedition in 55 Ländern mit ca. 300 Büros und nahezu 9000 Mitarbeitern vertreten. Der Gesamtumsatz (= Gesamtsumme aller Rechnungen) beträgt DM 3,5 Mrd., die jedoch einen hohen Anteil durchlaufender Posten (Zölle, Frachtkosten u.ä.) enthalten.

5.1.2 Das Umsystem

Grundlage für die Ausübung der beschriebenen Aufgabenbereiche eines Spediteurs ist ein gut organisiertes, weitverzweigtes Kommunikationsnetz. Zur Durchführung eines Auftrages müssen vom Spediteur eine Vielzahl externer Kommunikationspartner angesprochen werden (s. Abb. C-30). Besonders deutlich wird dies im Export-See-Bereich. Dabei stehen

- Kunde
- Spediteur
- Schiffsmakler
- Reederei (einschl. Tallymann)
- Zollamt
- Hafenamt (Lagerverwaltung, Feuerwehr etc.)
- Umschlagsbetrieb/Hafen (insbesondere Stauer)

in einem Informationsaustausch, der vom Spediteur gesteuert wird. Bei einem Transport auf dem Land- oder Luftweg wird mit entsprechenden anderen Kommunikationspartnern Kontakt aufgenommen (z.B. Luftfahrtgesellschaft, Deutsche Bundesbahn,LKW-Frachtführer etc.).

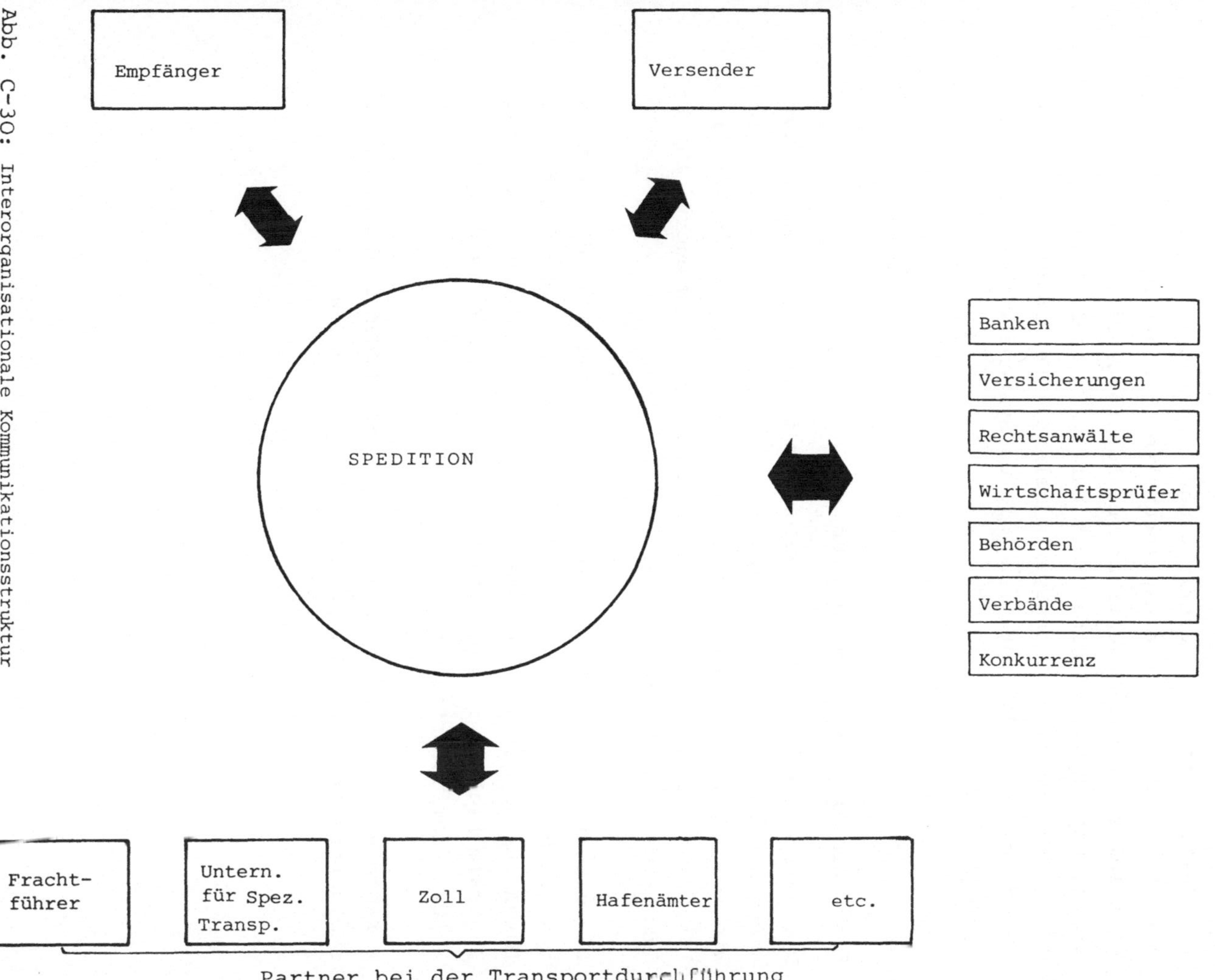

Abb. C-30: Interorganisationale Kommunikationsstruktur
           - Spedition -

Ein weites Netz von Niederlassungen und Betriebsstellen bietet
die Voraussetzung für einen intensiven Kontakt mit den Kunden
einerseits und mit Frachtführern, Behörden, Banken etc. andererseits. Bei K& N wird daher Wert auf ein schnelles und gut funktio-
nierendes Kommunikationssystem gelegt. Die Ausweitung der gerätetechnischen Unterstützung dieses Systems wird in Erwägung
gezogen.

5.1.3 Die Organisationsstruktur

Die verschiedenen Speditionsgeschäfte bilden den obersten Glie-
derungsgesichtspunkt der Organisationsstruktur. Die Auftragsabwicklung vollzieht sich in den Fachabteilungen. Einem Abteilungsleiter unterstehen mehrere Verkehrsleiter, die wiederum für 2-4
Sachbearbeiter verantwortlich sind.

Die eigentlichen Sachaufgaben eines Spediteurs werden demnach
von den Sachbearbeitern und Verkehrsleitern durchgeführt. Zur
Durchführung der Aufträge nehmen die Sachbearbeiter teilweise
zentrale Dienste in Anspruch (z.B. Kalkulation von Bahnfrachtkosten, Zollabfertigung etc.)

Für die Analyse typischer Arbeitsplätze wurden Sachbearbeiter
für unterschiedliche Speditionsgeschäfte ausgewählt.

5.2 Analyse der Sachbearbeiter-Kommunikation

5.2.1 Aufgabenanalyse

Zunächst soll mit der kurzen Darstellung der verschiedenen möglichen Geschäftsvorfälle ein Überblick über die Aufgaben der
Sachbearbeiter, die Informationsflüsse und die zugrunde liegenden betrieblichen Aktivitäten einer Spedition gegeben werden.

Ein Geschäftsvorgang beginnt mit der unverbindlichen Anfrage
oder mit der Order eines Kunden (Versenders). Je nach Art des
Speditionsgeschäftes (Export-See, Export-Land, Import, Inland-
Spedition, Luftfracht, Spezialtransporte etc.) und Kunde wird
der Geschäftsvorfall einem Sachbearbeiter zugewiesen.

Die Aufgabe eines Sachbearbeiters läßt sich in zwei Hauptab-
schnitte einteilen:

1. Akquisition:

   - Beratung des Kunden,
   - Angebotserstellung,
   - Auftragsannahme.

2. Durchführung und Kontrolle eines Auftrages:

   - Konzeption der Auftragsdurchführung,
   - Erstellung der Anweisungen,
   - Kontrolle,
   - Bearbeitung von unvorhergesehenen Ereignissen, Pannen etc.,
   - Abrechnung.

Ausgelöst wird die akquisitorische Tätigkeit des Sachbearbeiters
durch neue Kunden bzw. neue Transportprobleme, die zunächst eine
Beratung oder die Erstellung eines Angebots verlangen. Ohne
konkreten Anlaß wird der Sachbearbeiter in der Regel nicht selbst
akquisitorisch tätig; die reine Verkaufsfunktion wird von Verkäufern wahrgenommen.

Die <u>Beratung</u> durch den Sachbearbeiter erstreckt sich in der Regel auf folgende Fragenkomplexe:

- Welche Transportwege kommen in Betracht ?
- Welche zeitlichen Unterschiede resultieren daraus ?
- Welcher Transportweg ist am preisgünstigsten ?
- Welche Zusatzleistungen können empfohlen werden (Versicherungen, Benutzung von Lägern etc.) ?

Zur Beantwortung dieser Fragen sind umfangreiche Informationssammlungen und -verarbeitungsprozesse erforderlich.

Akzeptiert der Kunde das Angebot, das häufig zunächst auf Grund grober Informationen ausgearbeitet wurde, beginnt der Sachbearbeiter mit der Sammlung detaillierter, auftragsspezifischer Daten.

Zu unterscheiden sind für die weitere Bearbeitung jene Aufträge, die völlig <u>schematisch</u> abgewickelt werden (nur wenige Kommunikationspartner, keine Abstimmung, sondern nur Information der Beteiligten, u.U. auch regelmäßige Durchführung) von jenen, die auf Grund ihrer Komplexität und/oder ihres neuartigen Charakters zunächst geplant werden müssen.

Die Planung erstreckt sich auf folgende Aspekte:

- Wie erfolgt der Transport ?
  . Welche Frachtführer ?
  . Welche Route ?
  . Welche Termine ?

- Wie ist der Transport zu steuern ?
  . Welche Stellen müssen informiert werden ?
  . Welche Stellen benötigen welche Informationen
    (Zoll, Versicherung etc.) ?

- Welche Zusatzleistungen können dem Kunden angeboten werden
  (Benutzung von Lägern etc.) ?

- Welche Schwierigkeiten können oder werden auftreten (Verzollung u.ä.) und wie sind sie zu lösen ?

Zur Klärung dieser Fragen müssen häufig externe Partner und interne Abteilungen befragt werden (welcher Frachtführer hat freie Kapazitäten ? Wie wird die Verzollung abgewickelt ?).

Ergebnis der Überlegungen und Abstimmungsprozesse des Sachbearbeiters ist letztlich ein <u>Konzept</u>, das in vielen Fällen nur gedanklich besteht. An Hand des Konzeptes ersteilt der Sachbearbeiter <u>Anweisungen</u>, welche die Maßnahmen zur Durchführung des Transportes festlegen. Das Anweisen erfolgt mit Hilfe des Formulars 'Auftragsmeldung'. Dieses Formular enthält

- die für alle Kommunikationspartner notwendigen Informationen,

- eine Auflistung aller Kommunikationspartner, die diese Informationen erhalten sollen,

- welche zusätzlichen Papiere mit welchen Informationen versehen werden müssen.

Damit ist praktisch der Ablauf des Transportes festgelegt.

Die weiteren Aufgaben des Sachbearbeiters beschränken sich vor allem auf reine Kontrollfunktionen, indem er

- Termine kontrolliert,

- andere, interne und externe Stellen an Termine erinnert,

- u.ä.

Bei auftretenden Schwierigkeiten (Terminverzögerungen, Beschädigungen der Ware etc.) muß er wiederum koordinierend und klärend eingreifen. Dies sind in der Regel kosten- und zeitaufwendige Aktivitäten.

Nachdem der Auftrag erledigt ist, erhält der Kunde eine vom Sachbearbeiter ausgestellte Rechnung.

5.2.2 Kommunikationspartner und -strukturen

Der Sachbearbeiter kommuniziert mit einer großen Zahl von Partnern. Als wichtigste sind zu nennen: (Abb. C-31)

. Kunde

. interne Abteilungen (Zollabfertigung, Kalkulation u.a.)

. Filialen

. Empfänger des Transportgutes

. Versender des Transportgutes (Versandabteilung)

. Deutsche Bundesbahn

. Luftfahrt-Unternehmungen

. Reedereien

. LKW-Frachtführer

. Hafen-Personal

. Umschlagbetrieb

. Stauer

. Reederei

. Tallymann (beauftragt von Reederei)

. Freihafenamt

. Zollamt

. Feuerwehr (bei gefährlichen Gütern)

. u.a.

Die Struktur der Kommunikation ist entweder als Austauschbeziehung oder als Verteilsituation zu kennzeichnen. Im ersten Fall handelt es sich um eine direkte Beziehung zu einem Partner oder höchstens einer kleinen Gruppe. Im zweiten Fall findet die Verteilung sternförmig statt, wobei in vielen Fällen die Rückantwort in der gleichen Struktur gesammelt wird. Bei einigen Fällen bilden sich vernetzte Strukturen aus.

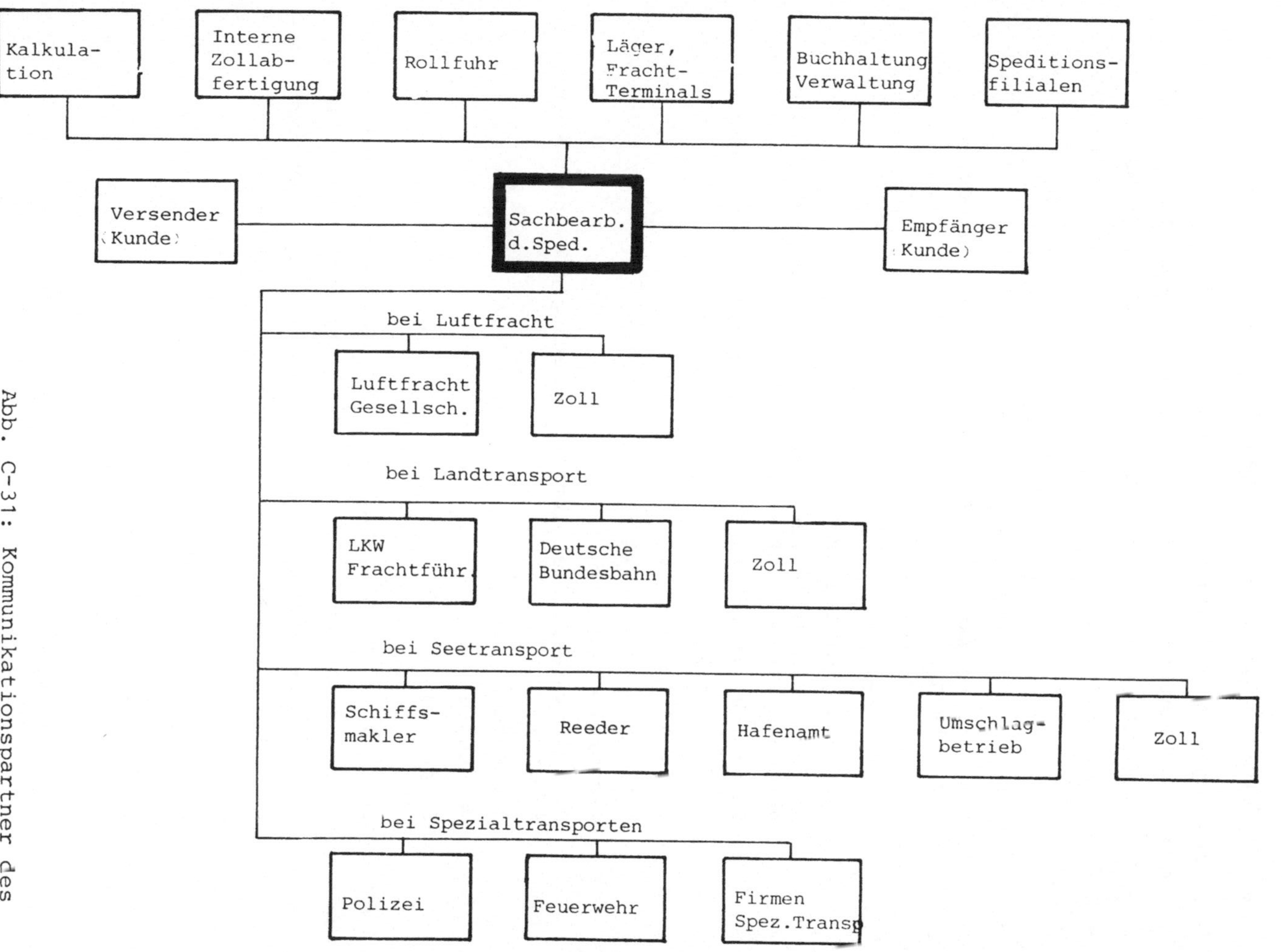

Abb. C-31: Kommunikationspartner des
Speditions-Sachbearbeiters

5.2.3 Informationsinhalte der Kommunikation

Die grundlegenden Informationen, die bei der Kommunikation zwischen dem Sachbearbeiter und seinen Partnern ausgetauscht werden, sind relativ gut strukturiert und lassen sich in vielen Fällen auf Formularen festhalten. Die wichtigsten Informationsinhalte sind:

- Adressen (Absender, Empfänger)
- Produktinformationen (Art, Menge, Gewicht, Größe, Verpackung)
- Termine, Fahrpläne
- Tarife, Preise
- Verordnungen, Gesetze
- Angebote (im Sinne von Begleittexten zur Erklärung und versehen mit Geschäftsbedingungen)
- Bestätigungen für Angebotsannahme bzw. -ablehnungen
- Frachtaufträge
- Auftragsbestätigungen
- Kurzmitteilungen über Transportablauf
- Verzollungsunterlagen
- Begleitpapiere (Frachtbrief, Warenbegleitschein, Konnossement)
- Rechnungen
- Mahnungen
- Beschwerden

Über diese relativ gut strukturierten Informationen hinaus werden Informationen ausgetauscht, die zum Teil zur Aufrechterhaltung persönlichen Kontaktes dienen und zum anderen wegen der Ausnahmesituationen, die sie behandeln, nicht strukturiert sind.

5.2.4 <u>Aufgaben-Erfüllungsprozesse</u>

Auf Grund der relativ hohen Strukturiertheit der Aufgaben und
Informationen stellt sich die Frage, welche Prozesse sich durch
maschinelle Informationsverarbeitung unterstützen lassen und welche vom Sachbearbeiter auf Grund seiner menschlichen Denkfähig-
keit vorgenommen werden müssen. Zur Abwicklung eines Auftrages
ist es zunächst erforderlich, daß der Sachbearbeiter den Inhalt
des Auftrages versteht, d.h. etwaige Probleme und Bedingungen
erkennt und einordnen kann. Sodann muß er die für die Erstellung
eines Angebotes oder für die Durchführung des Auftrages notwendigen Daten ermitteln. In diesem Zusammenhang können Berechnungen und Vergleiche notwendig sein.

Beispiel: Die <u>Auswahl des Transportweges</u>.
Bei vielen Transporten kann zwischen unterschiedlichen Land-,
See-, Luftwegen oder einer entsprechenden Kombination von diesen
gewählt werden. So kann beispielsweise eine Fracht von Deutschland in den Nahen Osten auf der Straße, auf der Schiene, per
Schiff oder per Flugzeug transportiert werden. Die Kalkulation
der dabei entstehenden Gesamtkosten (Frachtkosten, Lagerkosten,
Zinsen etc.) sind häufig sehr umfangreich. Im besonderen Maße
gilt dies für den Bahntransport. Die teilweise sehr komplizierten
und von Land zu Land unterschiedlichen Bahntarife werden seit
kurzem in einer eigens dafür erstellten Datenbank gespeichert und
mit Hilfe verschiedener Programme, die Reiserouten zusammenstel-
len, aufgerufen. (Die Realisierung dieses Systems wurde auf
MARK III von Honeywell durchgeführt.) Die organisatorische Lösung sieht vor, daß Kalkulationsanfragen der einzelnen Sachbearbeiter zentral in einer Abteilung gesammelt und dort zu bestimmten Terminen (zweimal täglich) über ein Terminal gerechnet
werden. Die ausgedruckten Kalkulationsergebnisse werden an die
Sachbearbeiter verteilt. Man ist bemüht, derartige Kalkulationen
schrittweise auch auf andere Bereiche auszudehnen.

Liegt ein Auftrag vor und ist die Konzeption der Auftragsdurchführung festgelegt, so erfolgt die Koordination der verschiedenen am Transport beteiligten Stellen. In einfachen Fällen, wie
z.B. beim innerdeutschen Transport per LWK, genügt ein telefonischer Auftrag, dem eine schriftliche Bestätigung mit den entsprechenden Begleitpapieren folgt. Umfangreichere Formalitäten sind
zu erledigen, wenn der Transport ins oder aus dem Ausland erfolgt. Am größten ist die Zahl der Kommunikationspartner mit
rund 20 beim Export über See. Da die Menge der Informationen,
die auf die Aufträge, Zollformulare, Abfertigungsgenehmigungen,
Verladelisten etc. geschrieben werden müssen, relativ klein und
gut strukturiert ist, werden sie in Formulare eingetragen, die
weitgehend einheitlich gestaltet sind. Jedes Formular erfüllt
einen anderen Zweck und ist an einen anderen Empfänger gerichtet.
Wegen der großen Zahl notwendiger Durchschläge kann nicht durch-
geschrieben werden; man ist deshalb gezwungen, ein anderes Verviel-
fältigungsverfahren anzuwenden (ORMIG).

Die Erstellung der Formulare verläuft in mehreren Schritten:
Zunächst trägt der Sachbearbeiter die wichtigsten Informationen
(Empfänger, Sender, Spezifikation der Fracht etc.) in ein Formular ein und vermerkt zusätzlich, welche Formulare erstellt werden sollen. Diese Formulare werden von Datentypistinnen an einem
Bildschirm-Datenerfassungsplatz in einen Kleinrechner eingegeben,
der die ORMIG-Matritzen ausdruckt. Sobald die Matritzen erstellt
sind, werden im Vervielfältigungsraum die notwendigen Formulare
zusammengestellt und bedruckt. Die Verteilung der Formulare erfolgt in der Regel per Briefpost (Ausnahme: Verteilung nach
Hamburger Hafen durch Boten).

Während der Durchführung des Transports überwacht der Sachbearbeiter den Ablauf, indem er Termine und Rückmeldungen kontrolliert. Sein konkretes Handeln wird in dieser Phase erst bei ein-
tretenden Schwierigkeiten erforderlich (Terminverzögerungen, Beschädigungen der Waren etc.).

Nachdem der Auftrag erledigt ist, erhält der Kunde eine vom Sachbearbeiter ausgestellte Rechnung, die alle Positionen (Frachtkosten, Zölle, Vergütung des Spediteurs, Versicherung etc.) enthält. Bei größeren Summen wird häufig schon vorher eine Abschlags-
summe vom Kunden verlangt. Die Bezahlung wird zentral von der
(computergestützten) Buchhaltung kontrolliert.

5.3 Problemanalyse

Für den Sachbearbeiter stellt sich zunächst das Problem, die
für die Angebotserstellung relevanten Informationen zu erhalten.
Nur wenige Kunden wissen exakt, welche Informationen der Spediteur benötigt. Üblicherweise decken die Anfragen nicht den Informationsbedarf des Sachbearbeiters. Die dadurch notwendigen
schriftlichen oder telefonischen Rückfragen können u.U. die Bearbeitung und damit auch die Auftragsdurchführung verzögern.

Als aufwendig erweist sich aber primär die Bearbeitung der Anfragen. Das derzeit noch manuelle Suchen in den umfangreichen
und vielfältigen Dateien (Tarife, Fahrpläne), die Rückfrage
bei anderen internen und externen Stellen ist zwar nur in sel-
tenen Fällen zeitkritisch, die Vielzahl der Transportmöglich-
keiten, -wege und -beteiligten erlaubt jedoch häufig nur eine
beschränkt zu kalkulierende Alternativenmenge. Dies kann sich
in bestimmten Fällen durchaus als nachteilig für die Wettbewerbs-
situation heraustellen.

Der beschriebene Aufgabenbereich ist auf Grund der Vielzahl
verschiedenartiger Tätigkeiten (Konzeption, Anweisung, Kontrolle, Abrechnung) als relativ komplex zu bezeichnen. Hinzu kommt,
daß ein Sachbearbeiter in der Regel 80 bis 100 Aufträge gleichzeitig bearbeitet. Mit Hilfe neuer Kommunikationstechniken könnte sowohl die quantitative Arbeitsbelastung, als auch das qualitative Arbeitsergebnis positiv beeinflußt werden.

Eine wesentliche Effektivitätssteigerung dürfte von einer Erweiterung der Informationsübertragungsmöglichkeiten ausgehen. Zu übermitteln sind unformatierte und formatierte Informationen. Formatierte Daten werden derzeit an Hand zeitlich und personell aufwendig erstellter Formulare übertragen. Dabei ist zu berücksichtigen, daß sich das gewählte ORMIG-Verfahren im Vergleich zu anderen (Fotokopieren, Textautomat) als das kostengünstigste erwiesen hat. Der Austausch unformatierter Informationen, der bei der Abstimmung der Konzepte, der Kontrolle und der Beseitigung von Schwierigkeiten erfolgt, vollzieht sich telefonisch oder schriftlich (Briefpost bzw. Fernschreiben). Neue Geräte und Systeme könnten zur Vereinheitlichung und Vereinfachung der Übertragungsprozesse beitragen und damit die Arbeitseffektivität steigern.

Wünschenswert erscheint ferner die Unterstützung der Verarbeitungsprozesse. Besonders arbeitsaufwenige, von vielen Mitarbeitern benötigte Informationen werden derzeit von Spezialisten zentral erstellt: Beispielsweise zolltechnische Auskünfte in nicht-automatisierter Weise, die Kalkulation der Bahnfrachtkosten bereits weitgehend computergestützt. Zu untersuchen ist, in welcher Form die zentralen Dienste weiter ausgebaut werden können.

Daneben ist grundsätzlich die Unterstützung dezentraler Verarbeitungsprozesse, wie beispielsweise die Erstellung von Anweisungen zur Transportdurchführung, die (Termin-) Kontrolle und die Abrechnung durch neue Geräte und Systeme in Betracht zu ziehen.

Zusammenfassend kann demnach herausgestellt werden, daß z.Z. die größten Probleme im Bereich der Informationslogistik bestehen. Aus einer größeren Menge teilweise unformatierter, im Rahmen der Akquisition, Konzeption und Kontrolle gewonnener Informationen müssen relativ wenige Informationen in formatierter Weise (Formulare) an eine Vielzahl von Kommunikationsteilnehmern versandt werden. Dabei treten Verarbeitungsprobleme auf, die in der Kompetenz zentraler und dezentraler Instanzen liegen.

5.4 Konzeption einer zukünftigen Aufgabenerfüllung

Die grundlegenden, in der Problemanalyse herausgestellten und
zukünftig zu unterstützenden Bereiche sind

- die Kommunikation mit externen und internen Kommunikationspartnern,

- die Suche in Datenbeständen,

- die Berechnung (hinsichtlich Preise, Zeiten etc.) verschiedener Alternativen.

Mit dem Einsatz der Telekommunikation und der auf den einzelnen
Sachbearbeiter-Arbeitsplatz verteilten ADV-technischen Unterstützung sind teilweise wesentliche Änderungen im Ablauf der
Akquisitionsphase denkbar. Die folgenden Ausführungen beschreiben eine Situation, die unter langfristigen Perspektiven denkbar ist.

Akquisitionsphase

Sobald sowohl beim Spediteur, als auch beim Kunden (in der Regel
Unternehmungen) die notwendigen telekommunikativen Möglichkeiten
gegeben sind, dürfte sich die Erfassung relevanter Informationen
wesentlich vereinfachen. Aufgrund der ersten an die Spedition gerichteten Anfrage wird dem Kunden ein übersichtliche aufgebautes
'Formular' übermittelt. Dieses kann er ausgefüllt auf dem selben
Weg zurücksenden. Die Formatierung der Informationen garantiert
nicht nur vollständige Erfassung der Daten, sondern erleichtert
auch die anschließenden Speicherungs- und Verarbeitungsvorgänge.
Die Übertragung per Teletex oder ähnlichen Systemen macht auch
schnelle Rückfragen unproblematisch, d.h. die Bearbeitung der
Anfragen kann ohne längerfristige Verzögerungen durchgeführt
werden. Zunächst aber wird die Anfrage in einer dezentralen
(beim Sachbearbeiter) 'Anfrage-Datei' gespeichert.

Zur weiteren Bearbeitung der Informationen, d.h. der Erstellung
eines Angebotes, benötigt der Sachbearbeiter den Zugriff auf
zentrale und dezentrale Dateien. Eine zentrale Speicherung kommt
für Tarife, Fahrpläne u.ä. auf Grund des notwendigen Updatings
und der Benutzung durch eine große Anzahl von Sachbearbeitern
in Betracht. Dezentrale Dateien sind beispielsweise kundenspe-
zifische Dateien, die der Sachbearbeiter in eigener Regie erstellt und wartet. Die ausgewählten Daten bilden die Basis für
Prüfungen und Berechnungen. Soweit diese Tätigkeiten strukturierbar sind, können fertige Programme (Kalkulationsprogramme) oder
Programmierhilfen (zur Unterstützung individueller Arbeitsprozesse) vorgegeben werden. Darüber hinaus sollten aber auch für
nicht strukturierbare Tätigkeiten Hilfen in Form von Suchprogram-
men, Checklisten u.ä. angeboten werden.

Telekommunikative Techniken erleichtern in dieser Phase das
Rückfragen bei externen (Frachtführer, Hafenbetrieben etc.) und
internen Kommunikationspartnern (interne Zollabfertigung, Roll-
fuhrabteilung etc.). Die dazu notwendigen Aktivitäten, wie

- Extraktion der für die jeweiligen Stellen notwendigen Daten,

- Formulierung der Daten in einer Anfrage,

- Adressierung und Übertragung der Anfrage,

- Erfassung der Antworten und Zuordnung auf die Anfragen

könnten mit vorgegebenen Funktionen und einem 'Arbeits'-Inter-
face gestaltet werden.

Eine wesentliche Vereinfachung ist vor allem bei der schriftlichen Erstellung des Angebotes denkbar, indem die erarbeiteten
Daten mit Textbausteinen kombiniert werden.

Akzeptiert der Kunde das Angebot, werden die Informationen von
der 'Anfrage-Datei' in die 'Auftrags-Datei' übertragen und stehen dort für die weitere Bearbeitung zur Verfügung.

Abwicklungsphase

Im Rahmen der Akquisitionsphase hat der Sachbearbeiter alle kun-
denspezifischen Informationen erhalten und, nachdem der Auftrag
für verbindlich erklärt wurde, in der Auftragsdatei gespeichert.
Anschließend werden die Daten zur Konzeption der Auftragsabwicklung herangezogen. Diese Tätigkeit, geprägt von Übertragungspro-
zessen (Befragung zuständiger interner und externer Stellen) und
Verarbeitungsprozessen (Berechnungen), dürfte durch die Unterstützung von Kommunikationstechnologien wesentlich an Effektivität gewinnen. Denkbar ist beispielsweise, daß Tarife, Fahrpläne
u.ä, zentral auf einer Datenbank gespeichert werden und damit im
Zugriff aller Sachbearbeiter stehen. Der Suchprozeß wird durch
die Computerunterstützung am Arbeitsplatz wesentlich erleichtert.
Weitere Möglichkeiten bieten sich für die Kalkulation der Frachtkosten und die Abwicklung zolltechnischer Fragen. Die Kalkulationsanfragen können, solange sie nicht intern gerechnet werden,
vom Arbeitsplatz-System an das Unternehmungs-zentrale Übertragungssystem übermittelt werden, welches automatisch die Weiterleitung
vornimmt (direkt oder zu bestimmten Zeiten). Für zolltechnische
Fragen ist u.U. der Aufbau einer 'Problembank' denkbar. Der Sachbearbeiter kann zunächst versuchen, im Dialog mit der Problembank seine Fragen zu klären. Erst wenn er auf diese Weise keine
Lösungen findet, schaltet sich der für zolltechnische Fragen zu-
ständige Sachbearbeiter ein. An Hand von Checklisten können
schließlich die Aktivitäten zur Konzeptentwicklung strukturiert
werden. Der 'mitdenkende' Arbeitsplatz-Computer ist dann auch
in der Lage, verschiedene Aktivitäten automatisch durchzuführen,
wie beispielsweise die Auswahl der notwendigen bzw. potentiellen
Kommunikationspartner, das 'Melden' ihrer Telefon- oder sonstigen
'Kommunikations'-Nummern und schließlich der Verbindungsaufbau. Ferner unterstützt das System die in dieser Phase anfallenden einfachen Verarbeitungsprozesse (wie Berechnungen der Fahrzeiten,
Entfernungen, Kosten, Zölle etc.).

Das detailliert erarbeitete und gespeicherte Konzept muß in einem weiteren Schritt in Anweisungen übertragen werden. Geht man davon aus, daß der formularartige Aufbau (elektronisch oder auf Papier) zunächst beibehalten werden sollte, bietet es sich an, das System am Arbeitsplatz mit Textbe- und -verarbeitungsfunktionen auszustatten. Der Aufbau der Formulare, in vielen Passagen bereits durch das Konzept, Adressdaten und Textbausteinen vorgegeben, wird sich auch bei einer Vielzahl von Kommunikationspartnern schnell durchführen lassen. In der Übergangsphase könnten die Formulare zusätzlich mit einem Code versehen werden, der den auf den Empfänger abgestimmten Übertragungsmodus (Brief, TELEFAX, TELEX, TELETEX) festlegt. Vom unternehmungszentralen Übertragungssystem aus wird die Umwandlung und Verteilung vorgenommen.

Konzept und Anweisungen verbleiben auch auf einem Speichermedium des Sachbearbeiters. Bestimmte Informationen daraus werden einem 'Kontrollsystem' übertragen, das den Sachbearbeiter in Kontrollfunktionen, insbesondere in der Terminkontrolle, unterstützen soll. Regelmäßig wird der Sachbearbeiter auf wichtige Termine und das zugrunde liegende Ereignis unter Nennung des jeweiligen Auftrages hingewiesen. Eintretende Probleme und Schwierigkeiten können schneller und effektiver bewältigt werden, da sich Abstimmungsprozesse unter dem Einsatz von TELETEX schneller vollziehen werden.

Alle von externen Kommunikationsteilnehmern an die Spedition gerichtete Korrespondenz wird von einer Zentrale angenommen, wenn nötig, entsprechend aufbereitet (digitalisiert) und an die Mitarbeiter weitergeleitet. Die derart gespeicherten Informationen können relativ einfach verarbeitet werden. Die Endabrechnung beispielsweise kann weitgehend automatisiert durchgeführt werden, da die Einzelrechnungen bereits in verarbeitungsfähigem Zustand vorliegen. Die Rechnung wird schließlich sowohl dem Kunden, als auch der internen Buchhaltung übertragen, die die Begleichung der Rechnungen überwacht und die notwendigen Buchungen vornimmt.

Zusammenfassend kann festgestellt werden, daß das System am
Arbeitsplatz den Sachbearbeiter in dieser Phase in größerem
Umfang von Routine- und Detailaufgaben befreit. Seiner Sachkennt-
nis bleibt es jedoch letztlich überlassen, die vom System ermittelten Alternativen und Hinweise zu überprüfen, auszuwerten und
ggf. neuartige Maßnahmen oder individuelle Abstimmungsprozesse
zu initiieren.

5.5 Konzeption der Systeme und Geräte

5.5.1 Systemkonzept

Im Rahmen der einzelnen Aufgabenkonzeptionen wurde deutlich,
daß der Wirkungsgrad des Speditions-Sachbearbeiters durch neue
Geräte und Systeme wesentlich gesteigert werden kann. Als Voraussetzung dafür wurden bereits zwei gerätetechnische Komponenten genannt (s. Abb. C-32):

a) Ein 'Arbeitsplatz-System', das dem Sachbearbeiter kommunika-
   tionsorientierte Funktionen zur Verfügung stellt;

b) ein zentrales System, das unternehmungsübergreifende Ver-
   arbeitungs-, Speicher- und Übertragungsfunktionen wahrnimmt.

Zu a):
Das Arbeitsplatz-System erlaubt dem Sachbearbeiter, gerätetechnische Unterstützungsfunktionen in nahezu alle Tätigkeiten einzubeziehen. Die Unterstützungsfunktionen können dabei sowohl
vom Arbeitsplatzgerät selbst, als auch über dieses Gerät vom
zentralen System ausgehen. Da das Aufgabenspektrum die Verarbeitung, Speicherung und schließlich auch die Übertragung von
Texten und Daten umfaßt, sollte das System grundsätzlich in der
Lage sein, diese unterschiedlichen Funktionen wahrzunehmen und
entsprechende Verknüpfungen (Daten- und Textverarbeitung, Textbearbeitung, Speicherung und -übertragung) zu ermöglichen. Das
den Arbeitsplatz direkt unterstützende System sollte aus einer

Abb. C-32: Systemkonzept - Spedition

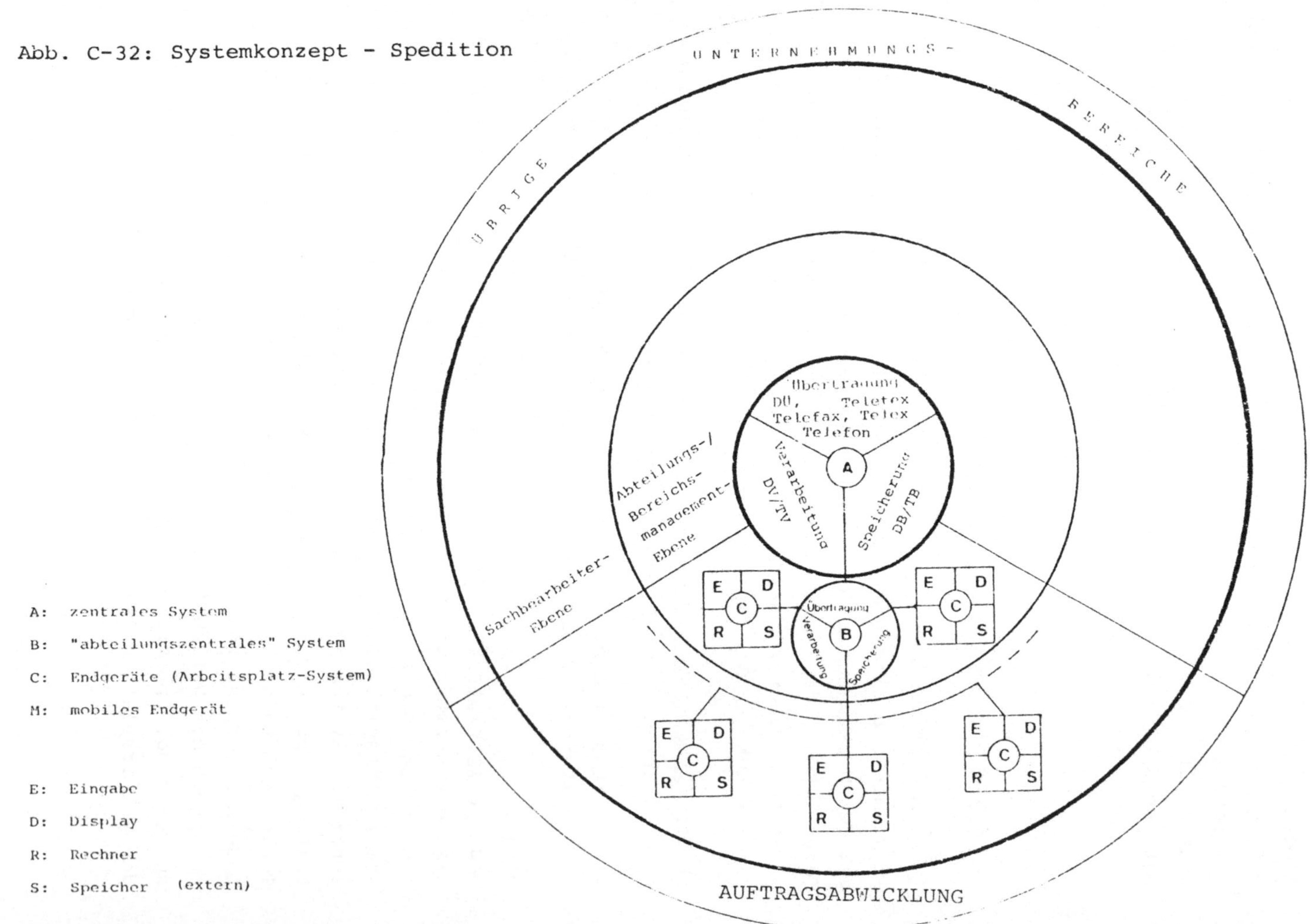

A: zentrales System

B: "abteilungszentrales" System

C: Endgeräte (Arbeitsplatz-System)

M: mobiles Endgerät

E: Eingabe

D: Display

R: Rechner

S: Speicher (extern)

Bedienungskomponente mit akustischen und optischen Ein-/Ausgabe-
Einheiten und einer Arbeitskomponente mit Standardkapazitäten
für Verarbeitung und Speicherung bestehen. Auf welche Weise die
darüber hinaus notwendigen Speicher- und Verarbeitungskapazitä-
ten angeboten werden (zentral oder dezentral), sollte in Abhängigkeit von den jeweiligen Aufgaben und der Kostenentwicklung
möglicher Alternativen entschieden werden. In jedem Fall ist
die 'nahtlose' Verknüpfung zum zentralen System sicherzustellen,
auf das im Rahmen der Kommunikation häufig zugegriffen werden
muß.

Zu b):
Das unternehmungszentrale System wird, in Abhängigkeit von der
spezifischen Ausgestaltung der arbeitsplatzunterstützenden Geräte, zur Abwicklung von Kommunikationsaufgaben herangezogen,
die

. umfangreiche Kapazitäten erfordern,

. unternehmungsübergreifender Art sind

. und/oder unter Einbeziehung externer Partner durchgeführt
  werden.

Über das zentrale System werden unterstützt:

- Die Verarbeitung von Daten (in großem Umfang, z.B. die zentrale Buchhaltung);

- die Verarbeitung von Texten (z.B. mit Hilfe spezieller Textbausteine, aber auch u.U. durch ein zentrales Schreibbüro
  für umfangreichere Texte);

- Speicherung von Daten (Fahrpläne, Tarifsysteme u.ä., die für
  viele Benutzer zur Verfügung stehen müssen und zentral effektiver gewartet werden können);

- Speicherung von Texten (spezielle Textbausteine, Problembank
  für zolltechnische Fragen);

- Übertragung von Daten (Steuerung der Kommunikation zu externen
  Rechenzentren und Datenbanken, beispielsweise bei der Kalkulation der Frachtkosten);

- Übertragung von Texten (hier wird die Abstimmung auf einem den
  Empfänger adäquaten Empfangsmodus vorgenommen, entsprechend
  müssen 'Hilfs'-Funktionen, wie die:

  . Digitalisierung schriftlicher Informationen (z.B. bei ein-
    gehenden Briefen);

  . Übertragung digitaler Daten auf Hard-Copy und andere trans-
    portable Datenträger (z.B. bei ausgehender Korrespondenz)

  möglich sein).

5.5.2 Anforderungen an Systeme und Geräte

Der Speditionssachbearbeiter kann als zentraler 'Datenverwalter'
für Daten eines Vorgangs charakterisiert werden. In seinem Aufgabenbereich liegt die Sammlung, Verarbeitung und die Steuerung
der Übertragungsprozesse sach- bzw. vorgangsbezogener Informationen. Daraus lassen sich eine Reihe konkreter Anforderungen an
den spezifischen Arbeitsplatz-Computer eines Speditionssachbearbeiters ableiten, unabhängig von der realtechnischen Ausgestaltung des Systems:

- Die Informationsübertragung:
  Grundsätzlich wurde bereits die Forderung gestellt, in möglichst unkomplizierter Form die Übertragung formatierter Informationen (im Rahmen des Zugriffs auf Datenbanken) und unformatierter Texte (z.B. TELETEX) zu ermöglichen, wobei hinsichtlich der Texte die Alternative akustische und optische
  Darstellungsweise angeboten werden sollte. Darüber hinaus erscheinen vor allem Hilfsfunktionen sehr wichtig, die lästige
  Detail- und Routinetätigkeiten bei der Durchführung einer
  Übertragung unterstützen:

. Herstellen von Verbindungen zu

+ maschinellen, selbständigen Systemkomponenten (z.B. dem
  zentralen Kommunikationsknoten, externen Rechenzentren urd
  Datenbanken);

+ menschlichen Kommunikationspartnern und ihren Kommunikations-
  geräten in der Spedition, aber auch exterr.;

+ durch Aufbau von Verteilern, Adressierung von Briefen und
  Formularen mit Hilfe von Adressdateien und Dateien mit 'Kom-
  munikationsnummern' für interne und externe Systeme;

. automatische Verteilung der adressierten Informationen;

. das Zugreifen auf entsprechende Dateien während der Kommunikation mit Kunden, Sachbearbeitern anderer Abteilungen etc.;

. die Speicherung eingehender Informationen auch bei nicht besetztem Endgerät.

- Die Informationsspeicherung:

. Informationserfassung
  (z.B. organisatorische oder gerätetechnische Möglichkeiten
  zur Erfassung wichtiger telefonischer Absprachen; Extraktion relevanter Daten aus einem umfangreicheren Text, beispielsweise mit Hilfe eines Stiftes, der die Kennzeichnung
  der zu speichernden Daten vornimmt);

. Informationsabspeicherung;

+ Organisation der Ablage

+ Führen von Karteien, Listen, Adressen, Terminkalender.

- Die Informationsbe- und -verarbeitung:

. Standardfunktionen der Text- und Datenverarbeitung zur
  Erstellung von Angeboten und formularhaften Anweisungen;

. Bereitstellen einer einfachen Programmiersprache zur Programmierung individueller, aber routinehafter Aufgabenerfüllungsprozesse oder zur Erstellung von Befehlsketten;

. Bereitstellung von Programmen zur

  + Strukturierung der Konzeptionsphase (Checkliste)

  + Steuerung der Kontrollaktivitäten (Terminplanungs-
    system)

  + Abrechnung;

. spezielle Anforderungen sind ferner:

  + Arbeiten mit Datenmasken

  + Daten-Neuformatierung;

. das sukzessive Abarbeiten eingegangener, gespeicherter
  Informationen auf einem Interface.

Die funktionalen Anforderungen des Speditionssachbearbeiters
entsprechen weitgehend jenen des untersuchten industriellen
Sachbearbeiterbereichs.

Die _Speichermedien_ sollten (zumindest zunächst) die Beibehaltung
bislang gewohnter, sachlogischer Ablageformen ermöglichen. Die
Effektivitätssteigerung in der Sachbearbeitung sollte anfangs
insbesondere von der vereinfachten Handhabung elektronisch gespeicherter Daten ausgehen. Besondere Aufmerksamkeit sollte
daher gelegt werden auf:

- Eine einfache Strukturierung dezentraler, individueller
  Dateien;

- den unkomplizierten Zugriff auf zentrale oder allgemein zugängliche dezentrale Dateien, unabhängig von der Art des
  Speichermediums;

- die Verknüpfung von Dateien;

- eine hohe Betriebssicherheit.

Die Be- und Verarbeitungsprozesse des Speditionssachbearbeiters
sind daten- und textspezifisch ausgerichtet. Die Vielzahl der
verschiedenartigen Aktivitäten gerade des Sachbearbeiters machen u.U. eine Vielzahl abrufbarer Systemfunktionen notwendig,
die jedoch Schwierigkeiten im Handling mit sich bringen dürfte.
Die Systeme müssen deshalb besonders modular und flexibel aufgebaut sein, damit sie schrittweise eingeführt und den Bedürfnissen der Spedition angepaßt werden können.

5.6 Beurteilung der Konzeption

5.6.1 Ökonomische Aspekte

Wirtschaftlichkeit

In der Diskussion über akzeptable Kosten potentieller Systeme
zeigte sich deutlich, daß monetären Faktoren, vor allem Kosten-
faktoren, eine dominierende Rolle in der Beurteilung zugesprochen wird. Dies wurde beispielsweise am computergestützten Kal-
kulationssystem nachgewiesen. Für das System sprachen

- relativ niedrige Kosten pro Kalkulation
  (DM 7,-)

- Einsparung von 2 Mitarbeitern.

Darüber hinaus wurde zwar auch das gestiegene Leistungsniveau
geltend gemacht (schnellere Durchführung der Kalkulation; qualitativ bessere Kalkulation, weil mehr Alternativen berechnet
werden), jedoch war dies wohl nicht unbedingt ausschlaggebend
bei der Entscheidung für das System. Als weiteres Eeispiel
für die Wichtigkeit quantitativer Faktoren kann auch der Prozeß der Formularerstellung herangezogen werden. Die Nachteile
der derzeitigen Formularerstellung mit Hilfe der Nixdorf-Anlage
und des ORMIG-Verfahrens werden auf Grund der niedrigen Kosten
(zwischen DM 5,- bis 7,-) bewußt in Kauf genommen.

Für die Kosten zukünftiger, potentieller Systeme kann davon ausgegangen werden, daß sie an den Kosten des derzeitigen Systems
gemessen werden und der mit höheren Kosten verbundene Nutzen
konkret nachgewiesen werden muß. Daß dies nicht immer einfach
ist, wird am Beispiel einer Filiale deutlich, die derzeit ein
Textverarbeitungssystem testet. Die Anforderung des Systems wurde mit verbesserten Serviceleistungen und Akquisitionsmöglich-
keiten begründet. Im Rahmen der Testphase soll sich u.a. heraus-

stellen, ob quantifizierbare Nutzengrößen ermittelt werden können.

Im Rahmen der Wirtschaftlichkeitsanalyse muß auf einen Aspekt
hingewiesen werden, der deutlich zeigt, welche Bedeutung der
Kommunikation bzw. ihrer gerätetechnischen Unterstützung zukommt,
und welche Kosten für wirtschaftlich vertretbar gehalten werden.
Das Fernschreibzentrum unterhält je eine Telex-Standleitung nach
New York und Teheran. Derzeit wird erwogen, einen Vermittlungsrechner (ADX von SEL) einzusetzen, der die aus Europa eintreffenden Fernschreiben automatisch auf die Standleitungen nach USA und
Teheran weiterleitet und umgekehrt. (Gegenwärtig werden die Fernschreiben auf Lochstreifen gestanzt und anschließend neu eingele-
sen.) Die Weiterleitung kann mittels des Vermittlungsrechners auch
nachts erfolgen. Damit wird die Zeitverschiebung zwischen Sender
und Empfänger problemlos überbrückt. Bei der Anschaffungsentschei-
dung geht man davon aus, daß sich die hohen Kosten (DM 120.000,-
pro Jahr, bei einer Vertragsdauer von 10 Jahren) rentieren. Bislang wird die Entscheidung hinausgezögert, weil man von der Zukunft des TELEX nicht überzeugt ist und die Entwicklung der Kom-
munikationstechnologie abwarten möchte.

Auch auf die Bedeutung des Projektes 'Datenbank-Hafen-Hamburg'
soll hingewiesen werden. In dieser Datenbank sollten alle auf-
tragsspezifischen Daten gespeichert und nach Bedarf von den jeweiligen Kommunikationspartnern im On-line-Verfahren abgerufen
werden. Dieses Projekt scheiterte, da nicht alle Teilnehmer bereit waren, notwendige gerätetechnische Investitionen zu tätigen.
Die Investitionen hätten zudem auch bei allen Beteiligten relativ
kurzfristig vorgenommen werden müssen, um teuere Übergangslösun-
gen (parallele Benutzung der DB und des konventionellen Formularwesens) zu vermeiden.

Grundsätzlich kann davon ausgegangen werden, daß mit Hilfe neuer
Kommunikationstechniken die Informationsaustauschbeziehungen
zwischen

- den einzelnen Niederlassungen,

- der Speditionsfirma und anderen am Transport beteiligten Betrieben und Behörden,

- der Speditionsfirma und ihren Kunden

vereinfacht und intensiviert werden. Die Intensivierung dieser
Prozesse wird zu einer <u>Steigerung der Produktivität führen</u>. Dies
sowohl in <u>qualitativer Hinsicht</u> durch

- eine umfassendere und aktuellere Informationsbasis,

- die Möglichkeit, schnell und unkompliziert Abstimmungsprozesse
  durchzuführen,

- verbesserte Steuerungs- und Kontrollprozesse (teilweise automatisiert)

aber auch in <u>quantitativer Hinsicht</u>, durch die Automatisierung
bestimmter Routinetätigkeiten, schnellere Kommunikationsprozesse
u.ä..

Ferner sind in der Wirtschaftlichkeitsbeurteilung auch <u>Personal-</u>
einsparungen zu berücksichtigen, die sich ergeben, wenn

- Sachbearbeiter ihre Formulare selbst erstellen,

- Sachbearbeiter ihre Kalkulationen und zolltechnischen Fragen
  direkt im Dialog mit dem System klären.

Dabei wird noch im Einzelfall zu untersuchen sein, ob es einer
Speditionsfirma gelingen kann, auf Grund des besseren Services
den Umfang der Dienstleistungen derart zu steigern, daß keine
Personal-Entlassungen notwendig sind.

<u>Marktpotentiale</u>

Nur relativ wenige (ca. 6) Speditionen weisen eine ähnliche Betriebsgröße auf wie die hier untersuchte. Die behandelten Probleme dürften sich aber auch in kleineren Speditionen aufgrund der
sicherlich weitgehend indentischen Aufgabenspektren ergeben. Die
Gesamtsysteme werden, je nach Betriebsgröße, kleiner sein. Für
einen großen Teil der Speditionen und Frachtführer mit Speditions-
funktionen ist das für eine große Spedition entworfene System zu
umfangreich und kostspielig, insbesondere was die zentrale Systemkomponente betrifft. Kleinere Unternehmungen werden häufig nur
ein System für den Geschäftsführer und/oder für den Sachbearbeiter benötigen. Die Unterstützung, die durch das zentrale System
erfolgt, könnte entweder

- durch Servicerechenzentren oder

- durch die entsprechenden Kommunikationspartner selbst (Reedereien, Fluggesellschaften, Zollämter)

als Service angeboten werden.

Auf Grund der eingeschränkten Anforderungen kleinerer Unternehmungen und der sukzessiven Einführung komplexer Systeme in gros-
sen Unternehmungen muß auch an dieser Stelle die Forderung nach
modular aufgebauten Systemen und Geräten genannt werden. Auf diese Weise können nach und nach (angefangen bei der Verbesserung
der Übertragung und der Speicherung) die Systeme eine Erweiterung
erfahren. Der 'Markteinstieg' wird dadurch wesentlich erleichtert.
Als eine wesentliche Bedingung für die Einführung derartiger Bürosysteme bei kleinen Speditionen müssen die Preise im Zuge der
massenhaften Verbreitung noch wesentlich fallen.

5.6.2 Organisatorische Aspekte

Eine deutliche Steigerung der Produktivität ergibt sich bei
gleichbleibendem Aufgabenspektrum, vor allem durch Änderungen
in der Ablauforganisation und im Stellengefüge.

Die im Scenario antizipierten Änderungen in der Ablauforganisation betreffen in erster Linie

- den Ausbau der Übertragungsmöglichkeiten und damit die Intensivierung der Abstimmungs-, Kontroll- und Steuerungsprozesse;

- die Unterstützung der Verarbeitungs- und Speicherungsprozesse,
  insbesondere das Sammeln von Informationen, die auftragsspe-
  zifische Auswertung und das Zusammenfassen der Informationen
  in Form von Anweisungen (Formularen);

- die Unterstützung und teilweise vollständige Durchführung lästi-
  ger Hilfsfunktionen durch das System, wie z.B. den Verbindungsaufbau bei ad-hoc-Kommunikationsprozessen, die automatische Verteilung der Formulare, die Erinnerung an wichtige Termine und
  Kontrollaktivitäten durch das System.

Bereits in der Wirtschaftlichkeitsanalyse wurde auf die Auswirkungen im Stellengefüge eingegangen. Auf Grund der Möglichkeiten
neuer Kommunikationssysteme können die mit der Formularerstellung
beschäftigten Kräfte (vier Datentypistinnen, zwei Bedienerinnen
der ORMIG-Anlage) eingespart werden. Darüber hinaus ist ferner
die Entlastung der im Kalkulationsbereich und in der internen
Zollabfertigung beschäftigten Unterstützungskräfte denkbar.
Andererseits sollte jedoch berücksichtigt werden, daß die Bedienung des zentralen Systems durch Unterstützungskräfte (Schreib-
kräfte, u.U. auch Datentypistinnen etc.) erfolgt. Eine exakte
Analyse der konkreten Auswirkungen im Personalbereich ist daher
nur bei detaillierter Betrachtung möglich.

Mit gravierenden Änderungen im Anforderungsprofil der Sachbearbeiter ist dagegen nicht zu rechnen. Lediglich für die Systembe-
dienung und -wartung wird eine intensive Schulung notwendig.

In welchem Maße eine Änderung der quantitativen Arbeitsbelastung
eintritt, ist weitgehend vom erreichten Automatisierungsgrad abhängig. Es kann jedoch von einer Kompensation der Arbeitszeit-
einsparungen durch vermehrte akquisitorische und steuernde Tätigkeiten ausgegangen werden, die sich letztlich wiederum pro-
duktivitätssteigernd auswirken.

5.6.3 Sozio-psychologische Auswirkungen

Die Sachbearbeitertätigkeit ist bislang von Computerstützungen
jeglicher Art relativ unbeeinflußt. Anders als die Sachbearbeiter
in der industriellen Unternehmung sind in der Spedition Terminals,
u.a. elektronische Geräte für die Sachbearbeiter ungewohnte Medien. Technische Unterstützung erfolgt lediglich durch Telefone
und TELEX. Es ist daher zu erwarten, daß eine allzu abrupte
Umstellung auf ein System der konzipierten Art größere Akzeptanz-
probleme mit sich bringt. Zur Vermeidung dieser Schwierigkeiten
sollten zunächst einfache Funktionen oder nur einzelne Komponenten des Systems zur Anwendung gelangen, beispielsweise:

- Unterstützung der Übertragungsprozesse oder

- Unterstützung der Formularerstellung durch Formularaufbau
  per Terminal.

Positiver könnte sich dabei die Ausbaufähigkeit der Geräte und
Systeme auf Grund ihres modularen Charakters aufwirken. Erst
bei Bewährung einer Funktion könnte mit der Implementierung
neuer Gerätekomponenten begonnen werden.

6 Scenario der Kommunikation in Rechtsanwaltskanzleien

6.1 Der Betrieb und sein Umsystem

6.1.1 Die Rechtsanwaltskanzlei

Untersuchungsobjekt für diesen Dienstleistungsbereich ist eine relativ große Rechtsanwaltssozietät in Köln. Sie ist partnerschaftlich organisiert und besteht aus 18 gleichberechtigten Partnern. Hinzu kommen angestellte Rechtsanwälte, die zunächst den Partnern zuarbeiten und später u.U. selbst als Partner aufgenommen werden.

Auf Grund der großen Zahl der Mitarbeiter ist die Kanzlei in der Lage, vielseitige und spezialisierte Rechtsberatung anzubieten. Die in die Analyse involvierten Anwälte sind insbesondere auf folgenden Gebieten tätig:

- Beratung in allen unternehmungsrechtlichen Angelegenheiten mit Schwerpunkten in Kauf, Verkauf, Fusion etc. einer Unternehmung,

- Beratung und Prozeßführung mit Schwerpunkten im Arbeitsrecht, in Mitbestimmungsfragen, Wettbewerbsrecht, Produzentenhaftpflicht, Presserecht,

- Vertretung von Warenzeichen und Geschmacksmustern (Anmeldung, Registrierung, gerichtliche Verfahren etc.)

Der Kundenkreis setzt sich aus Unternehmungen und Privatpersonen zusammen, die von einer großen Kanzlei erwarten,

- daß sie auch umfangreiche Aufträge bearbeiten kann, die häufig nur von mehreren Anwälten bewältigt werden können,

- daß der Spezialisierungsgrad ihrer Anwälte sehr hoch ist.

Die Prozeßvollmacht für Köln und ein guter Kontakt zu Anwalts-
kanzleien in anderen Städten des In- und Auslandes ist hierfür
eine wichtige Voraussetzung.

6.1.2 Kommunikationsstruktur

Unter den externen Kommunikationspartnern wird vor allem mit
den Mandanten (90 % Unternehmungen, 10 % Privatpersonen) Kommu-
nikation auf verschiedenen Wegen betrieben: Telefon, Telex,
Briefpost, Besprechungen beim Mandanten oder in der Kanzlei.
Auf Grund der zahlreichen Mandanten im Ausland wird häufig
über Fernschreiben korrespondiert (vgl. Abb. C-33). Mit ihren
Gesprächspartnern, vorwiegend Führungskräfte und Fachleute in
Rechtsabteilungen von Unternehmungen, tauschen die interviewten
Rechtsanwälte Informationen aus, die man charakterisieren kann
als

- Anfragen
- Ratschläge (Beratung)
- Vertragsentwürfe
- Entscheidungsvorlagen
- Gerichtsunterlagen.

Weitere externe Gesprächspartner sind in vielen Fällen die gegnerischen Parteien der Mandanten, die sich wiederum aus den Mandanten selbst und den beauftragten Rechtsanwaltskanzleien zusammensetzen können.

Darüber hinaus wird mit verschiedenen Ämtern (Gerichte, Patent-
amt u.ä.) am Zulassungsort der Kanzlei (Köln) aber auch im gesamten Bundesgebiet kommuniziert. Dabei muß in vielen Fällen Kontakt mit befreundeten Kanzleien aufgenommen werden, die die Zulassung für den jeweiligen Gerichtsstand haben.

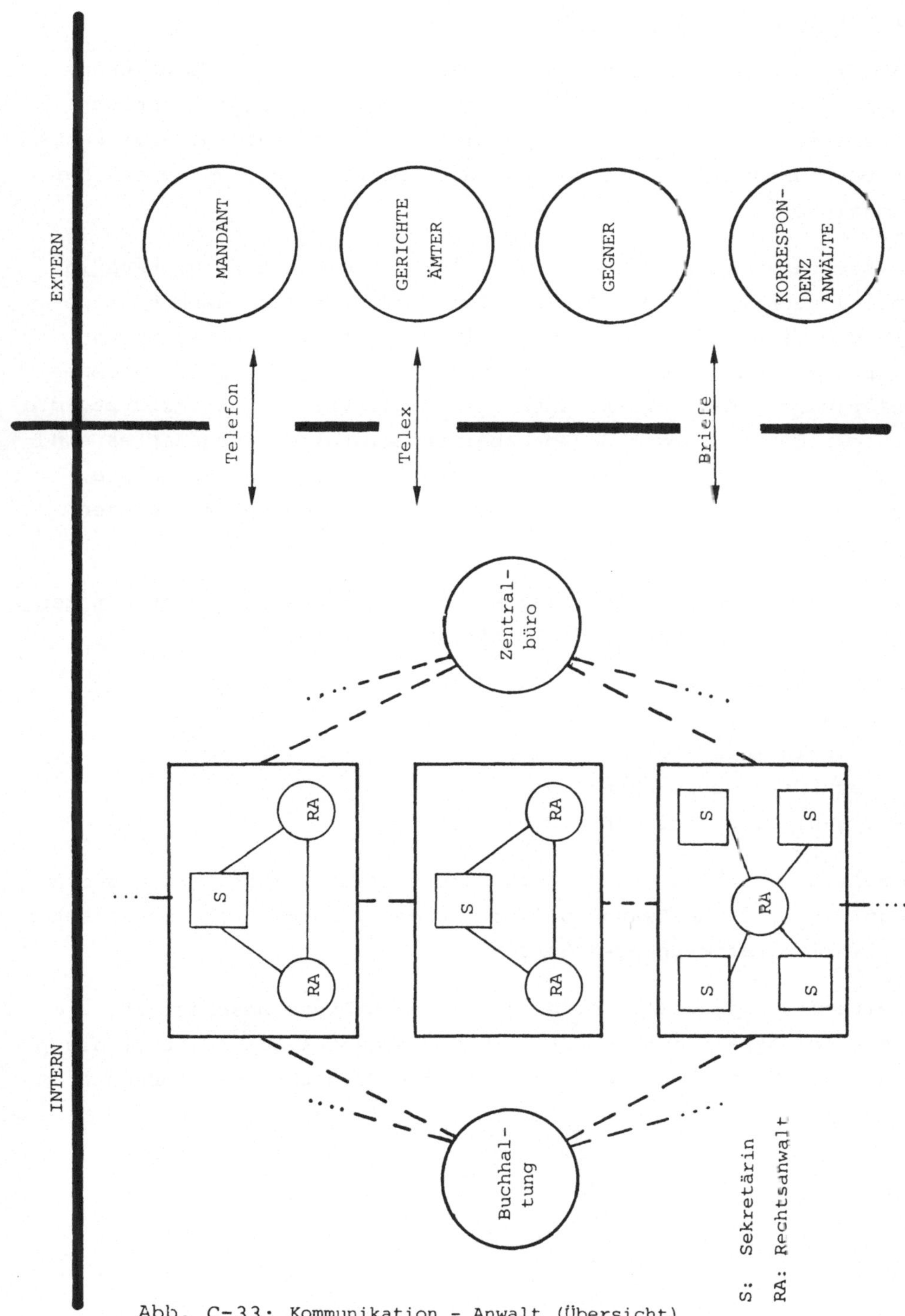

Abb. C-33: Kommunikation - Anwalt (Übersicht)

6.1.3 Organisationsstruktur

Abgesehen von den fachlichen Spezialisierungen herrscht unter
den Partnern nur geringe Arbeitsteilung. Für organisatorische
Probleme ist ein 'Managing Committee', bestehend aus drei Partnern, zuständig. Einer der Partner übernimmt die Rolle des Per-
sonalchefs.

Unterstützt werden jeweils zwei Anwälte durch eine <u>Sekretärin</u>,
die jedoch in der Regel reine Schreibfunktionen ausüben. Eine
andere Situation ist lediglich in dem für die Eintragung von
Warenzeichen und Geschmacksmustern zuständigen Bereich gegeben.
Hier werden die Anwälte durch 2-3 Sekretärinnen unterstützt, die
zu ca. 50 % auch mit Sachbearbeitertätigkeiten ausgelastet sind.
Administrative Tätigkeiten, wie das Organisieren der Ablage,
Reisevorbereitungen u.ä. werden meist von den Rechtsanwälten
selbst vorgenommen.

Eine intensive Unterstützung erhalten die Anwälte durch das <u>Zen-
tralbüro</u>. Die Aufgaben des Zentralbüros sind:

- Aktenverwaltung
- Fristenkontrolle
- Postein/-ausgang
- Sachkostenüberwachung
- Organisation des Formularwesens.

Geleitet wird das Zentralbüro durch einen Bürovorsteher, der auch
ggf. juristische Zwangsvollstreckungen vornimmt. Ihm unterstehen
2-3 Hilfskräfte und 2-3 Boten.

Weitere 2 Angestellte sind in der Buchhaltung beschäftigt. Die
<u>Telefonzentrale</u> ist ebenfalls mit 2 Angestellten besetzt, die
auch die Verteilung der eintreffenden Fernschreiben vornehmen.

Darüber hinaus erledigen mehrere Aushilfskräfte im 'Nachtein-
satz' (ab 18^{00} Uhr) dringende Schreibarbeiten.

6.2 Analyse der Kommunikation in einer Anwaltskanzlei

6.2.1 Aufgabenanalyse

Ausgangspunkt für die Aktivitäten des Rechtsanwaltes ist die
Anfrage eines Mandanten, der sein Problem brieflich, telefonisch
und meistens persönlich vorträgt. Nach Klärung der Zuständigkeit
wird in größeren Kanzleien der Mandant an den entsprechenden
Anwalt (in kleineren Kanzleien u.U. an ein anderes Anwaltsbüro)
verwiesen.

Mit dem Beginn des Falles wird eine Akte angelegt, die Informationen über den Mandanten und sein Problem enthält. Die Bearbeitung der Akten durch den Rechtsanwalt erfolgt je nach Dringlich-
keit. Ergebnis der Bearbeitung ist meistens ein Text, der dem
Mandanten, den gegnerischen Parteien, den Gerichten zugeschickt
wird.

Zwischen den Bearbeitungsgängen wird eine Akte, die für längere
Zeit nicht benötigt wird, im Zentralbüro abgelegt.

Die Aufgabe des Zentralbüros besteht in der Lagerung der Akten,
der Vormerkung von Terminen und der termingerechten Vorlage
der Akten. Infolge des Aktenvorlagesystems wird der Anwalt recht-
zeitig an die Bearbeitung erinnert.

Die in die Untersuchung einbezogenen Rechtsanwälte sind oft an
Beratungen und Verhandlungen, die auf höchster Unternehmungsebene
stattfinden, beteiligt. Meistens müssen deswegen Reisen zu Unternehmungen oder anderen Verhandlungsorten durchgeführt werden.
Andere Rechtsanwälte verlassen ihren stationären Arbeitsplatz,

wenn sie Gerichtstermine wahrnehmen oder Mandanten im Gefäng-
nis besuchen.

6.2.2 Kommunikationspartner und -strukturen

Die Anzahl der Kommunikationspartner ist weitgehend problemab-
hängig. Als Kommunikationspartner kommen in Betracht (vgl. Abb.
C-34)

- Mandant
- gegnerische Partei
- gegnerischer Anwalt
- befreundete Anwälte
- Gerichte
- sonstige Ämter

Die Struktur der Kommunikation ist gekennzeichnet durch

- Austauschbeziehungen oder
- Verteilsituationen.

Die Austauschbeziehungen finden in aller Regel zwischen einem
oder einer Gruppe der angeführten Kommunikationspartner statt.
Die Verteilsituation verläuft sternförmig, wobei die Rückantwort (meist Informationssammlung) in analoger Weise vollzogen
wird.

6.2.3 Informationsinhalte der Kommunikation

Die zwischen dem Anwalt und seinen Kommunikationspartnern aus-
getauschten Informationen sind häufig schlecht strukturiert
oder nicht strukturierbar. Die wichtigsten Informationsinhalte
sind:

- Adressen (Absender, Empfänger)

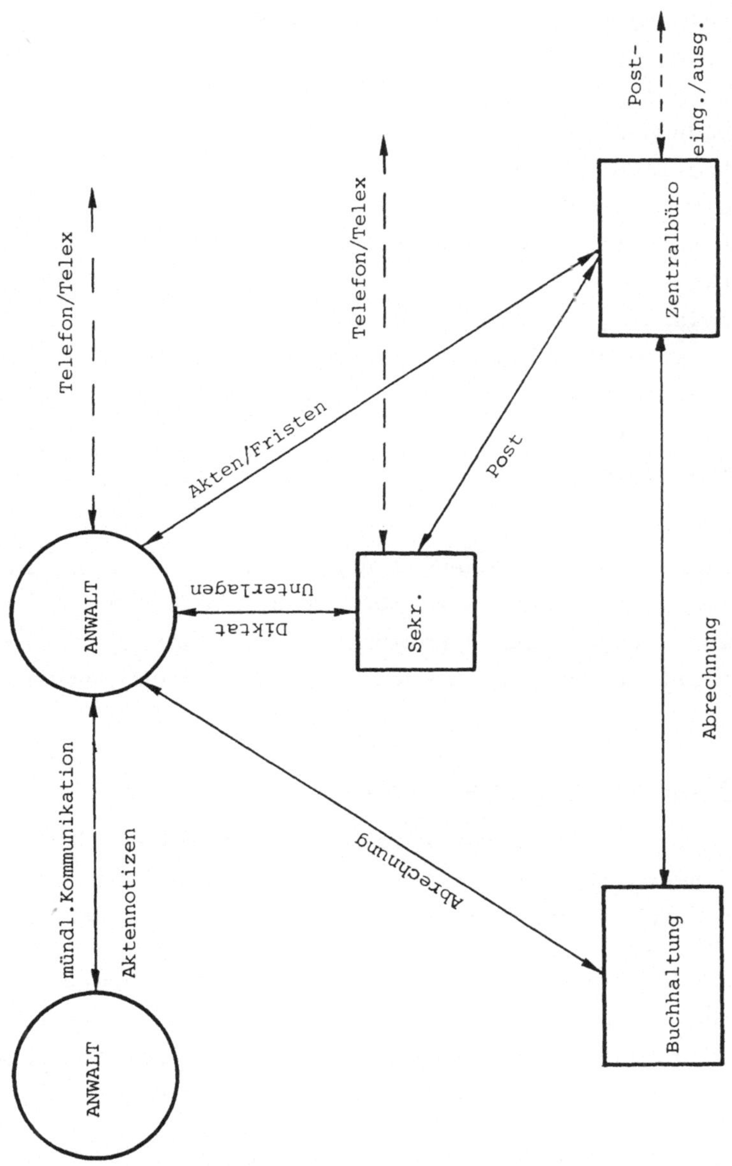

Abb. C-34: Kanzlei-interne Kommunikation

- Darstellung von Problemen, Ereignissen etc.
- Aufträge
- Rückfragen
- Verordnungen, Gesetze
- Gesetzesinterpretationen
- Gerichtsurteile
- sonstige Unterlagen (z.B. Dokumente)
- Verträge
- Mahnungen
- Verhandlungsunterlagen
- Darstellungen der Verhandlungsergebnisse
- Kurzmitteilungen
- Termine, Fristen
- Rechnungen.

Viele dieser Informationen sind relativ umfangreich, nicht außergewöhnlich sind bis zu 70 Seiten, die per Briefpost übertragen werden. Kurze Kommunikationen (Anfragen, Anweisungen) vollziehen sich auch über Telefon und sehr oft auch TELEX.

6.2.4 Aufgaben-Erfüllungsprozesse

Ein wesentlicher Teil der Aufgabenerfüllung des Anwalts wird mit der Bearbeitung der Akte vollzogen, indem für das Problem des Mandanten eine möglichst positive Lösung gesucht wird.

Das Ziel der Bearbeitung ist die Erstellung eines Textes. Charakteristisch für diese Arbeit ist u.a., daß sie zunächst weitgehend ohne weitere Kommunikation mit Personen vorgenommen wird. Nur selten sind Rückfragen o.ä. notwendig.

Die in aller Regel frei formulierten Texte müssen von Fall zu Fall neu erstellt werden. Eine Ausnahme bilden Verträge, Abmachungen und u.U. 'fristensetzende' Schreiben, die eindeutig den

'Spezialgebieten' der Anwaltskanzlei zugeordnet werden können (beispielsweise in der untersuchten Kanzlei: Verträge über den Kauf von Unternehmungen).

Die Bearbeitung eines Falles wird üblicherweise in mehreren Phasen abgewickelt:

- Überblick über den bisherigen Stand gewinnen,
- Konzipieren des Textes,
- Texten.

Mit der Vorlage der Akte wird der Anwalt, wie bereits erwähnt, an die Bearbeitung erinnert, weil Termine (vor Gericht oder Verhandlungen) anstehen, bzw. es bestimmte Fristen zu wahren gilt. Meist ist seit der letzten Bearbeitung eine längere Zeitspanne verstrichen, so daß sich der Anwalt zunächst mit dem Problem vertraut machen muß. Je nach Art und Verlauf des Falls kann die Akte einen beträchtlichen Umfang angenommen haben. Beim Durchblättern der Akte verschafft sich der Anwalt üblicher weise den ersten groben Überblick. Schreiben mit besonderer Wichtigkeit sind häufig bereits durch ihr Äußeres zu identifizieren (Verträge, Urkunden) bzw. besonders gekennzeichnet worden.

Eine problemadäquate Stellungnahme, d.h. Anfertigung eines Schreibens, verlangt zunächst eine Konzeption bezüglich des Textinhalts.

Ist das Problem neu oder enthält es Komponenten, die vom Anwalt nicht ohne weiteres geklärt werden können, muß dieser mit Hilfe von

- Gesetzestexten, Verordnungen etc.,
- Erläuterungen zu Gesetzen,
- privaten Fallsammlungen,
- und Sonstigen (Fachliteratur etc.)

das Problem vorerst in sachlicher (rechtlicher) Hinsicht klären.
In der untersuchten Kanzlei sind die angeführten Unterlagen teils
beim Anwalt selbst, teils in der allen Mitgliedern zugänglichen
Bibliothek vorhanden.

Auf Grund der Problemlösung entwickelt der Anwalt die Konzeption
des Textes. Um bei umfangreichen Unterlagen wie Gesetze, Schriftstücke etc. den Überblick zu wahren, breiten viele Anwälte die
in den Text einzubeziehenden Unterlagen auf dem Schreibtisch
aus und entwerfen zunächst eine Gliederung mit Hinweisen u.ä.

Mit Hilfe der Gliederung, Hinweisen u.U. auch fertiger Textpassagen wird die Erstellung des endgültigen Textes (von 1 bis zu
gelegentlich 70 Seiten) vorgenommen. Nach Aussage der Interviewpartner erfolgt dies kaum handschriftlich. Das Diktiergerät wird
von sehr vielen Anwälten bevorzugt, nur wenige diktieren der
Sekretärin. Als Grund für das persönliche Diktat wurden neben
persönlichen Gewohnheiten vor allem Textbearbeitungsfunktionen
genannt, so z.B. das Umstellen von einzelnen Abschnitten, das
mit Hilfe der Sekretärinnen schneller durchgeführt werden kann.

Nach dem Schreiben des Textes mit der Schreibmaschine liest der
Anwalt den Text Korrektur. Nur in wenigen Fällen werden inhaltliche Umstellungen vorgenommen. Dies stellt in der Regel aber
kein Problem dar, weil die äußere Form normalerweise
nicht maßgeblich ist. Das Zerschneiden, Zusammenkleben und Kopieren der Papierbögen wird als einfache Textbearbeitung praktiziert.

Mit Hilfe der Fotokopierer werden Vervielfältigungen vorgenommen. Bis zu 20 Vervielfältigungen liegen durchaus im Bereich
des Üblichen.

In der untersuchten Anwaltssozietät nimmt das Zentralbüro die
Weiterleitung der Post vor (Frankieren oder mit Boten zum Gericht).

Der Ablauf Zentralbüro (Speicherung, Terminierung) - Anwalt (Bearbeitung) - Zentralbüro wiederholt sich bis zum Abschluß des
jeweiligen Falls, wobei alle in irgendeiner Art anfallenden
Schriftstücke und Dokumente in der Akte gesammelt werden.

Zwischenzeitlich oder auch am Ende des Falls wird eine Abrechnung vorgenommen. Die Bearbeitungszeiten und sonstigen Kosten
(Gerichtskosten etc.) werden im Anschluß an die Bearbeitung vom
Anwalt auf einem der Akte beiliegenden Formular vermerkt und
vom Zentralbüro verrechnet. Die Buchhaltung überwacht die Begleichung der Rechnung.

Neben dieser auf das Erstellen von Texten ausgerichteten Funktion wird der Anwalt noch in einer gänzlich anderen Form für
seinen Mandanten aktiv, indem er persönlich in <u>Verhandlungen</u>
vor Gericht (Prozesse), in Verhandlungen mit gegnerischen Parteien (Kaufverhandlungen) oder mit beratender Funktion in <u>Be-
sprechungen</u> auftritt. Dazu muß er häufig die Kanzlei verlassen,
um am gleichen Ort vor Gericht oder bei anderen Verhandlungen
u.U. auch weltweit (zumindest war dies bei den interviewten
Anwälten der Fall) tätig zu werden. Die notwendigen Unterlagen
müssen dazu am Arbeitsplatz in der Kanzlei in der Form zusammengestellt werden, wie sie auch letztlich am jeweiligen Ort benötigt werden.

Nach Verhandlungen vor Gericht u.ä. muß meist Kontakt mit den
Mandanten aufgenommen werden, um sie von der Sachlage zu unter-
richten und weitere Vorgehensweisen zu besprechen. Dies erfolgt
telefonisch oder schriftlich.

6.3 <u>Problemanalyse</u>

Im Rahmen der Aufgabenanalyse werden eine Reihe von 'Schwachstellen' deutlich, wo eine Unterstützung des Anwalts in seiner

Arbeit ansetzen könnte.

a) Die <u>Form der 'Akte</u>' läßt für die Anwälte viele Wünsche
   offen. So wurde in den Interviews deutlich, daß die jetzige
   Form (einfache Hefter, die teilweise erhebliche Mengen von
   lose eingefügten Unterlagen enthalten)

   - nicht die Gliederung nach verschiedenen, jeweils erwünsch-
     ten Kriterien (geordnet nach Zeit, nach Art etc.) erlau-
     ben

   - und in der Handhabung sehr unpraktisch sind, insbesondere,
     wenn schnell Einblick in umfangreiche Akten genommen wer-
     den soll.

b) Das '<u>Aktenvorlagesystem</u>' ist sehr arbeits- und damit zeit-
   und personalaufwendig. Es funktioniert in aller Regel gut,
   wenn Anwälte und Bürovorsteher aufeinander eingespielt sind.
   Es kommt jedoch auch häufig vor, daß Anwälte es vorziehen,
   ihre Akten zu behalten und selbst zu verwalten. In diesen
   Fällen sind durchaus Mißgeschicke möglich, wenn beispielsweise ein Anwalt Termine oder Fristen versäumt, weil er
   die Akte oder die Termine auf seinem Kalender übersehen hat.

c) Für viele Fälle wird eine Beschleunigung der Übermittlung
   von schriftlichen Informationen bei gleichzeitiger Verteilung
   als vorteilhaft angesehen.

d) Die technischen Möglichkeiten des Telefonierens sind heute
   in den meisten Rechtsanwaltskanzleien nicht ausgeschöpft,
   obwohl ein Bedarf danach besteht. Insbesondere werden Kurzwahl, Wiederwahl, Rückruf, Konferenzschaltungen und Umlegun-
   gen benötigt. Interesse wurde sogar am Bildtelefon geäußert,
   weil ein Rechtsanwalt die Reaktion seines Gegenübers beob-
   achten möchte.

6.4 Konzeption der Aufgabenerfüllung

Die folgende Konzeption abstrahiert zunächst von den gegenwärtigen gerätetechnischen Gegebenheiten in der Kanzlei und
betrachtet lediglich die Tätigkeiten des Anwalts.

Am Beginn der Bearbeitung eines Falls steht die Kommunikation
mit dem Mandanten. Da es bei dieser Kommunikation primär um
die Feststellung des Problems, also um inhaltliche Aspekte
geht, kann die äußere Form zunächst außer acht gelassen werden.
Die Mandanten der Mehrzahl der Anwälte sind in aller Regel Privatpersonen, so daß von daher eine Einschränkung auf Briefpost,
Telefon und das persönliche Erscheinen des Mandanten gegeben
sein dürfte. Dem Anwalt stellt sich in erster Linie die Schwierigkeit, das Problem des Mandanten vollständig und möglichst
'bearbeitungsreif' zu erfassen. Relativ einfach dürfte dies bei
der Briefpost sein, schwieriger ist die Erfassung von Gesprächen.
Davon ausgehend, daß digitalisierte Informationen am einfachsten
verarbeitet, gespeichert und wieder aufgenommen werden können,
wird die Erfassung der Briefpost (ähnlich dem Beleglesen) einfacher sein, als die Erfassung gesprochener Informationen. Hier
bieten sich 3 Alternativen an:

1. Der Anwalt gibt dem System die relevanten Informationen
   selbst;

2. der Anwalt macht sich Notizen, die von der Sekretärin eingegeben werden;

3. der Anwalt diktiert im Anschluß an das telefonische oder persönliche Gespräch die Informationen, die wiederum von der
   Sekretärin eingegeben werden.

Ähnliche Erfassungsprobleme ergeben sich im Rahmen aller Kommunikationsbeziehungen. Sehr viele Kommunikationsprozesse (Ver-

handlungen, Besprechungen, Absprachen) verlaufen unstrukturiert
und häufig mündlich (telefonisch, persönlich). Hier müssen gerätetechnische bzw. technisch-organisatorische Lösungen gefunden werden.

Mit der Erfassung des Problems werden auch Fristen und Bear-
beitungstermine festgesetzt. Die Erinnerung daran könnte durch
ein System erfolgen. Liegen alle Unterlagen in geschriebener
Form vor, so kann der Rechtsanwalt die 'Akte' mit Hilfe des
'Arbeitsplatz-Systems' bearbeiten.

Um einen Überblick über den Stand des Vorgangs zu erhalten,
sollte der bearbeitende Anwalt zunächst in die Lage versetzt
werden, nur die u.U. vorher gekennzeichneten, wichtigsten Passagen der in der Akte enthaltenen Unterlagen vor sich zu sehen.
Für diese Phase, aber auch für die Phase des Konzipierens ist
daher ein großes Display sinnvoll, das dem Anwalt eine große
Menge von Informationen in gut gegliederter Form, evtl. bereits
mit Hinweisen und Bemerkungen versehen, vorlegt und ihm damit
einen guten Überblick verschafft. Ferner kann es notwendig werden, Unterlagen nach den verschiedensten Gliederungskriterien
zu präsentieren (nach Zeit, Kommunikationspartner, Art des
Schreibens).

Für die Phase des Konzipierens wird neben einem großen Interface auch ein Arbeitsinterface zur Erstellung einer Gliederung
notwendig. Darüber hinaus sollte der Anwalt die Möglichkeit erhalten, mit seinem System auf Literaturquellen und private
Fallsammlungen zuzugreifen und Passagen zu speichern, zu verarbeiten und insbesondere als Textpassagen direkt zu übernehmen.

Umfangreiche Texte werden voraussichtlich auch in Zukunft nicht
vom Anwalt selbst geschrieben werden. Die juristische Fachsprache erlaubt die schnelle Formulierung von Texten, so daß das

Diktiergerät in naher Zukunft als Unterstützungsmedium erhalten
bleibt. Kurze Briefe, die Erstellung von Verträgen, die weitgehend standardisierbar sind oder die Anfertigung von Konzepten für Verhandlungen/Besprechungen dürften indessen u.U. auch
von Anwälten selbst geschrieben werden.

Das Redigieren der von der Sekretärin geschriebenen Texte stellt
sicherlich kein Problem dar, wenn beide 'Arbeitsplatzsysteme'
miteinander verbunden sind.

Eine wesentliche Unterstützung könnte der Anwalt bei Verhandlungen und Besprechungen erhalten. Hier wäre ein tragbares
System denkbar, das die jeweiligen Unterlagen speichert und
die Suche gewünschter Textabschnitte erleichtert. Auf größeren
Reisen könnte das tragbare System auch zum Informationsaustausch
mit den stationären Systemen herangezogen werden. Dem Anwalt
wäre so die Möglichkeit gegeben, von unterwegs neue Unterlagen
(Akten, Gesetzestexte etc.) anzufordern. Auf alle Fälle sollte
das System zur Anfertigung von Protokollen eingesetzt werden
können. In besonderer Weise erleichtert das System auch die Abrechnung, indem die für die jeweilige Akte verwandte Arbeitszeit ('Job-Bearbeitungszeit') gespeichert wird.

Zusammenfassend könnten <u>folgende Tätigkeiten</u> genannt werden,
die es zu unterstützen gilt:

- Den Zugriff auf Akten
- das Lesen der Akten (Überblick gewinnen)
- den Zugriff auf andere Unterlagen (Gesetze, Fallsammlungen,
  persönliche Unterlagen)
- Texten
- Redigieren
- Telefonieren
- Unterstützung des Anwalts 'unterwegs'
- Unterstützung des Informationsaustausches

6.5 Konzeption der Systeme und Geräte

6.5.1 Systemkonzept

Die folgende Konzeption (s. Abb. C-35) bezieht sich zunächst auf die untersuchte Rechtsanwaltssozietät. Da diese auf Grund ihrer Größe jedoch nicht als repräsentativ angesehen werden kann, werden im Anschluß mögliche Konzeptionsänderungen für kleinere Kanzleien aufgezeigt.

Ausgangspunkt der Konzeption ist ein die Arbeit des Anwalts unterstützendes 'Arbeitsplatzsystem'.

Als Komponenten dieses Systems sind insbesondere denkbar:

- Textübertragung

  (mit Funktionen entsprechend: Telefon, TELETEX, TELEFAX)

- Textverarbeitung

  (Textbe- und -verarbeitungsfunktionen)

- Textspeicherung

  (mit eigener Speicherkapazität und Zugriff auf externe Speicher)

- Hilfskomponenten

  (insbesondere Diktiergeräte, einfache DV- und DÜ-Funktionen für Abrechnung etc.)

Im Aufbau ist das System charakterisiert durch:

- Bedienungsteil mit

  . Eingabe
  . Display (sinnvollerweise zwei verschiedene, die Überblick über eine große Menge von Informationen bieten und gleichzeitig das Schreiben von Texten erlauben).

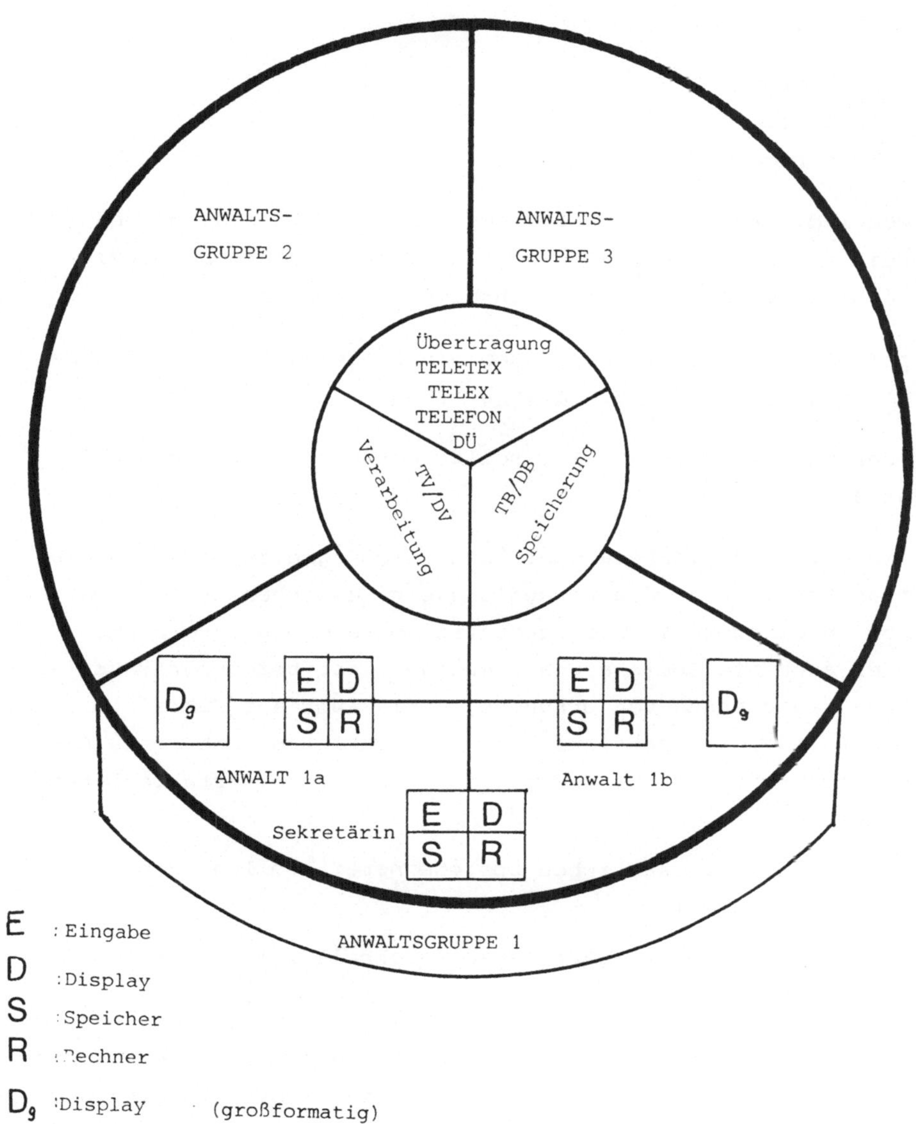

Abb. C-35: Systemkonzept-Anwaltskanzlei

- Arbeitsteil mit

  . Rechner
  . Speicher
  . Übertragungseinrichtung,

  wobei die Kapazitäten der jeweiligen Funktionen in Abhängigkeit zu Kanzleizentralen oder u.U. auch externen (Servicerechenzentren) Rechenmöglichkeiten stehen sollten.

Angeschlossen ist diesem System ein relativ einfaches <u>Textbe-
arbeitungssystem der Sekretärin</u>.

In der untersuchten Kanzlei sollte darüber hinaus auch ein
zentrales System

- die extern-gerichtete oder Kanzlei-übergreifende Kommunikation steuern und die Umwandlung ein-/ausgehender Informationen in einen Empfänger-adäquaten Empfangsmodus vornehmen,
  oder auch die Speicherung wichtiger, formbezogener Unterlagen,
  z.B. Speicherung von Urkunden, evtl. auch auf Mikrofilm, also
  Digitalisierung schriftlicher Informationen, Übertragung digitaler Daten auf Hard-Copy und andere transportable Datenträger;

- die für alle zugänglichen Speicher bereitstellen (zentrale
  Bibliothek etc.);

- zentrale Verarbeitungsprozesse (Buchhaltung) abwickeln.

Für jeden Anwalt ist zusätzlich ein <u>mobiles System</u> denkbar, das
sowohl zur Kommunikation mit dem stationären System eingesetzt
werden kann, als auch unabhängig arbeitet (Unterstützung des
Anwalts bei Verhandlungen).

Als Bestandteile des Systems sind notwendig:

- Eingabe-/Ausgabemöglichkeiten (u.U. auch für Hard-Copy),

- Rechner/Speicher (u.U. mit auswechselbarem Datenträger, pro
  Datenträger eine 'Akte').

Für <u>kleinere Kanzleien</u> wird in der Regel die Verlagerung der
Komponenten des zentralen Systems auf die Arbeitsplatz-Systeme
notwendig. Hilfsfunktionen und die für einfache Buchhaltungsfunk-
tionen notwendige Verarbeitungskapazität können beispielsweise
der Sekretärin zugeordnet werden. Das Problem der Kommunikation
wird sich in kleineren Kanzleien in anderer Form stellen. Alle
Arbeitsplätze sind direkt miteinander verbunden und haben auch
die Möglichkeit, mit externen Partnern zu kommunizieren. Bezüglich der Speicherung von Bibliotheken mit Fachliteratur würde
sich (sicherlich auch für größere Kanzleien von Interesse) die
Inanspruchnahme von 'Fachinformationssystemen' anbieten.

6.5.2 <u>Anforderungen an Geräte und Systeme</u>

Dem Anwalt wurde im Rahmen der Konzeption ein stationäres und
ein mobiles System zugeordnet. Bezüglich des <u>stationären Teil-
systems</u> sind folgende Anforderungen hervorzuheben:

- Informationsübertragung
  In Abhängigkeit der Kommunikationspartner sind derzeit u.U.
  nur eingeschränkte Kommunikationsalternativen möglich (Ämter
  und Privatpersonen sind in der Regel nur mit Telefon ausgestattet):

  . Textübertragung in Schriftform;

  . akustisch bzw. akustisch-visuelle Übertragungstechniken
    (beispielsweise für Besprechungen mit Unternehmungen, wie
    sie in der untersuchten Kanzlei die Regel sind);

. Hilfsfunktionen zur Vereinfachung der Übertragung
  (Herstellen von Verbindungen und Verteilern, Adressierung von Briefen mit Hilfe von Adressdateien, Zugreifen
  auf 'Akten' während des Kommunizierens, Speicherung eingehender Informationen auch bei nicht besetztem Endgerät).

- Informationsspeicherung

  . Informationserfassung bei telefonischen und persönlichen
    Gesprächen;

  . Informationsabspeicherung
    (Ablage von Aktennotizen, Korrespondenz, Führen von Karteien,
    Listen, Adressen und Terminkalender).

- Informationsverarbeitung

  . Textverarbeitungsfunktionen
    (incl. Textbausteine);

  . Unterstützung bei der Erstellung von Konzepten
    (Informationssammlung zu eingegebenen Suchbegriffen);

  . Protokollführung von Besprechungen;

  . automatische Termin- und Durchführungsplanung
    (Kontrolle der Aktenbearbeitung und der Einhaltung von
    Fristen);

  . Interaktion mit mobilem System
    (Übertragung bzw. Empfangen von Informationen);

  . einfache Datenverarbeitungsfunktionen
    (zur Abrechnung).

Die Anforderungen an das _mobile_ Teilsystem orientieren sich
in erster Linie an der notwendigen Unterstützung des Anwalts
in extern geführten Besprechungen und Verhandlungen und dem
Bedürfnis, die Kommunikation mit der eigenen Kanzlei aufrecht-
zuerhalten:

- Informationsübertragung

  . Übertragung von Verhandlungs- und Besprechungsprotokollen,
    zwischenzeitlich erledigter Korrespondenz oder auch Anwei-
    sungen für die Kanzlei vom mobilen zum stationären System;

  . und umgekehrt: Übertragung neuer Unterlagen, 'Lage-Berich-
    ten' der Kanzlei und dringender Korrespondenz vom statio-
    nären zum mobilem System.

- Informationsspeicherung

  . Speicher, die relativ einfach in der Handhabung sind und
    u.U. pro 'Speichereinheit' eine Akte enthalten.

  . Zugriff auch auf Dateien in der Kanzlei oder in 'Fachin-
    formationssystemen'

- Informationsverarbeitung

  . bezgl. der Verhandlung:

    +'Suche'in Akten, Unterlagen
    + Umsetzen von eingegebenen Kürzeln in Langschrift ('Dokumen-
      tation' der Verhandlung)
  . bezgl. der Kommunikation mit der Unternehmung

    + Sichten der vom stationären System überspielten Unter-
      lagen,

    + einfache Textbearbeitung, z.B. zur Beantwortung der ein-
      gegangenen Korrespondenz und zur Anfertigung von Akten-
      notizen.

6.6 Beurteilung der Konzeption

6.6.1 Ökonomische Aspekte

Wirtschaftlichkeit

Ein wesentlicher Umstand wirkt sich nach Aussage der interviewten
Rechtsanwälte entscheidend auf die Anschaffung neuer Geräte und
Systeme aus: Neue, zusätzlich entstehende Kosten können nur in
den wenigsten Fällen über Tariferhöhungen beim Mandanten aus-
geglichen werden, auch wenn auf Grund der neuen Techniken eine
qualitative Verbesserung der Rechtsberatungs-Leistung erfolgt.
Da die Tarife gesetzlich vorgeschrieben sind (entsprechend des
Streitwertes etc.), werden die Mandanten einer Kanzlei auch bei
verbesserter Leistung auf diesem vorgeschriebenen Entgelt bestehen.

Neue Techniken sind daher für den Rechtsanwalt nur dann von Interesse, wenn eine Steigerung der Produktivität und der Effektivität die neu entstehenden Kosten kompensieren. Eine Kompensation der Kosten wird in aller Regel (bei einer Kanzlei der
üblichen Größe) vorwiegend über die Bearbeitung vermehrter Aufträge erfolgen. Personaleinsparungen, wie sie evtl. in einer
Kanzlei der untersuchten Größenordnung möglich sind, dürften
kaum wahrscheinlich sein. Daher ist von dieser Seite aus keine
kostensenkende Wirkung zu erwarten.

Inwiefern Systeme der konzipierten Art letztlich diesen Effi-
zienzanforderungen genügen, ist abhängig von den Kosten des
jeweiligen Systems und der individuell sicherlich unterschiedlichen Einbeziehung des Systems in die eigene Arbeit, d.h. der
Ausnutzung der 'Systemfähigkeiten'.

Marktpotentiale

Im Verlauf der Analyse haben sich keine Anzeichen dafür ergeben,
daß Rechtsanwaltskanzleien auf Grund ihrer Größe oder ihrer be-

sonderen Dienstleistungsspektren nicht durch geräte-technische
Systeme unterstützt werden könnten. Damit wäre ein Marktpoten-
tial von ca. 25.000 selbständigen organisatorischen Einheiten
angesprochen, wobei natürlich Differenzierungen hinsichtlich
Größe und Ausstattung der Systeme vorzunehmen sind. In nur
ca. 50-100 Kanzleien sind mehr als 10 Anwälte beschäftigt und
entsprechen damit der Größenordnung der untersuchten Rechtsanwaltssozietät.

Zu untersuchen ist noch, ob auch die große Zahl der Notare
auf Grund ihrer teilweise ähnlichen Aufgabenstellungen durch
nahezu gleichartige Systeme unterstützt werden können.

Um Zugang zu diesen Marktpotentialen zu erhalten, ist wiederum
das Merkmal der Modularität hervorzuheben. Von besonderer Wichtigkeit ist im Zusammenhang mit der bereits angesprochenen
Wirtschaftlichkeitsvoraussetzung, daß bereits die einzelnen
Systemmoduln in einer vom Gesamtsystem losgelösten Form zu
einer quantitativen, aber auch qualitativen Produktivitätssteigerung führen. Denkbar ist dementsprechend, daß zunächst

- komfortable Übertragungsendeinrichtungen
  (zur effizienten Kommunikation mit externen Kommunikationsteilnehmern),

- komfortable, erweiterte Schreibsysteme der Sekretärinnen,

- Systeme für den Anwalt geschaffen werden, die zum einen die
  Kommunikation mit der Sekretärin erlauben (beispielsweise
  beim Redigieren der Texte) und zum anderen so erweitert werden, daß der Zugriff auf externe Daten- und 'Problembanken'
  (bei Servicebetrieben) und später auch die Digitalisierung des internen Schriftverkehrs möglich wird.

6.6.2 <u>Organisatorische Aspekte</u>

Konkrete organisatorische Änderungen im Rahmen der Aufbauorganisation und Aufgabenverteilung werden nur in großen Rechts-
anwaltssozietäten eintreten.

Betroffen sind in erster Linie das Zentralbüro und die Sekretärinnen.

Eine Hauptaufgabe des <u>Zentralbüros</u> ist bislang die Aktenverwaltung und die Termin- und Fristenkontrolle. Gerade diese Arbeiten können in Zukunft weitgehend vom Arbeitsplatzsystem übernommen werden. Andererseits kann dem 'Zentralbüro der Zukunft'
die Wartung und Bedienung der kanzleizentralen Systemkomponenten
übertragen werden, womit voraussichtlich eine Verschiebung des
Aufgabenspektrums, insbesondere des Bürovorstehers, verbunden
ist.

Je nach der konkreten Ausgestaltung eines derartigen Systems
sind auch Aufgabenverschiebungen im Bereich der <u>Sekretärinnen</u>
denkbar. Beispielsweise könnte die erste grobe Suche in internen
und externen 'Problembanken' durch die Sekretärin anhand von
'Problembegriffen' erfolgen, so daß der Rechtsanwalt lediglich
noch in einer kleinen Informationsmenge eine problemadäquate Lösung suchen muß.

In kleinen Kanzleien wird die Sekretärin zusätzlich auch die
'computergestützte' Buchhaltung und Teile der Korrespondenz übernehmen können.

6.6.3 <u>Sozio-psychologische Aspekte</u>

Die relativ starke Änderung der Aufgabenerfüllungsprozesse bei
nahezu allen Beteiligten (Anwalt, Sekretärin, Zentralbüro) durch
die gerätetechnische Unterstützung ihrer Aufgaben wird nicht
ohne psychologische Auswirkungen ablaufen.

Voraussichtlich können diese Auswirkungen indessen vernachlässigt
werden, weil die Einführung neuer Geräte und Systeme relativ langsam vor sich gehen wird. Die Gründe dafür liegen in:

a) Den bereits genannten Wirtschaftlichkeitsaspekten (die Preise der ersten Gerätegenerationen sind für eine Kanzlei voraussichtlich nicht tragbar);

b) dem Konservatismus und mangelndem technischen Interesse
   vieler Anwälte;

c) der Modularität der Systeme, die zu einer allmählichen Ge-
   wöhnung führen können.

Pioniere bei der Einführung neuer Bürosysteme werden vor allem
unter den großen Anwalts-Sozietäten zu finden sein.

Literaturverzeichnis

Arangruen, J.L.:
   Soziologie der Kommunikation, München, 1967.

Arnstein, Josephine:
   We miniaturized our word processing centers.
   In: The Office. 1977 Vol. 85, Nr. 3, S. 89-90, 114-116.

Arthur D. Little:
   Informationsverarbeitung in Büro und Verwaltung. Konzeption eines Pilotprogrammes 'Bürofernschreiben'.
   Hrsg. v.: Gesellschaft für Mathematik und Datenverarbeitung St. Augustin, 1977.

Arthur D. Little:
   Neue Fernmeldedienste für die geschäftliche Kommunikation.
   Untersuchung im Auftrag des Bundesministers für Forschung
   und Technologie und des Bundesministers für das Post- und
   Fernmeldewesen. Wiesbaden, 1976.

Arthur D. Little:
   Technische Entwicklungslinien neuer Telekommunikationssys-
   teme. Untersuchung im Auftrage des Bundesministers für Forschung und Technologie und des Bundesministers für das Post-
   und Fernmeldewesen. Wiesbaden, 1975 u. 1976.

Arthur D. Little:
   Telecommunications & Society, 1976 - 1991. Report to Office
   of Telecommunications Policy Executive Office of the Presi-
   dent. Springfield, VA., 1976.

Bade, J.; Pohl, W.; Stepan, P.:
   Studie 'Bürokommunikation'. Förderungsvorhaben im Auftrag
   des Bundesministerium für Forschung und Technologie. Frankfurt, 1976.

Beckermann, Theo:
   Das Handwerk im Wachstum der Wirtschaft. Berlin 1974.

Beckers, Hans-Joachim:
   Standardisierung der Organisationsanalyse durch den
   Einsatz eines Formular-Systems. In: Bürotechnik.
   25. Jg. 1977 Nr. 5, S. 77-81

Bell, Daniel:
   The Coming of post-industrial Society. New York, 1973

Bentley, Trevor:
   Information, Communication and the Paperwork Explosion.
   New York, 1976.

Berchtold, Dorothée:
   Das Büro - Entwicklungstendenzen und Ausbildungskonzep-
   tion. Zürich, 1977.

Bickel, Achim W.:
    Erfassung und Darstellung des Arbeitsablaufs. Hilfsmittel
    zum Erkennen und Beurteilen der Unternehmensorganisation.
    In: Bürotechnik. 24. Jg. 1976 Nr. 1, S. 53-57.

Bierly, Kay:
    Maryland Casualty's word processing success. In: The Office.
    1977 Vo. 85, Nr. 2, S. 18-24

Birn, Serge A.:
    Kosten sparen in Büro und Verwaltung. Praktiker-Checkliste
    Nr. SM49. Heiligenhaus, 1977.

Brinkmann Christian; Hofbauer Hans; Reyher Lutz u.a.:
    Zur Beschäftigungslage der Angestellten. Eine empirische
    Analyse. In: Mitteilungen der Arbeitsmarkt- und Berufs-
    forschung (MitAB). 9 Jg. 1976 Heft 3, S. 302 ff.

Bowers, M.D.:
    Printers and Teleprinters. In: MINI-MICRO SYSTEMS. Vol. 10
    1977 Nr. 1, S. 30-55.

Britt, Alexander:
    Kommunikation in der Führung verbessern. In: Industrielle
    Organisation. 44. Jg. 1975 Nr. 11, S. 499-505.

Bundesanstalt für Arbeit - BfA -
    DK-Schlüsselsystem für kaufmännische und Verwaltungsberufe
    TI-Schlüsselsystem für Ingenieure, Techniker und andere
    technische Berufe. Nürnberg, 1975.

Bundesanstalt für Arbeit - BfA -
    Projektionen des deutschen Erwerbspotentials für die
    Jahre 1977, 1980, 1985 und 1990. In: Mitteilungen aus
    der Arbeitsmarkt- und Berufsforschung (MitAB). 6. Jg.
    1973 Heft 3, S. 243 ff.

Burns, Christopher:
    The Evolution of Office Information Systems.
    In: Datamation, Vo. 23 1977 Nr. 4, S. 60-64.

Busch, B.:
    Textverarbeitung auch für die Kleinen gut. In: Handels-
    blatt, Nr. 77 vom 21.4.1977, S. 26.

Chase, Stuart:
    Die Wissenschaft vom Menschen. Wien-Stuttgart 1951.

Czeguhn, Manfred:
    Siemens-System EDS bei der Deutschen Bundespost.
    In: Siemens-Zeitschrift, 51. Jg. 1977 Heft 6, S. 479-483.

De Blasis, Jean Paul:
    Office Automation Systems: Another Possible Route to
    M.I.S. In: Proceedings of the International Symposium
    on Technology for Selective Dissemination of Informa-
    tion, 1976.

Dieckmann, Heinz W.:
    Das Telefon bekommt elektronische Intelligenz. In: Han-
    delsblatt, 31. Jg. Nr. 71 vom 21./22.4.1978, S. 48.

Dudley, B.:
    Human responses - a vital link in communication progress.

Dworatscheck, S.:
    Einführung in die Datenverarbeitung. Berlin 1969.

Echterhoff-Severitt, Helga:
    Forschung und Entwicklung in der Wirtschaft. Essen 1973.

Elias, Dietrich:
    Elektronik wird Briefträger entlasten. Trends für künfti-
    ge Kommunikationssysteme. In: Handelsblatt, Nr. 54 vom
    29.3.1978.

Ellis, L.W.:
    The growing role of telecommunications in the functioning
    of the developed society.

Engelbart, Douglas C.:
    Knowledge Workshop Development. Stanford Research Insti-
    tute, Menlo Park, 1976.

Fabeck, Josef:
    Hannover-Messe '77: Textautomaten. Ohne Computer geht
    es nicht mehr. In: BTA/bto, 25. Jg. 1977 Heft 6, S. 69-79.

Fabeck, Josef:
    Text und Kommunikation. Vorschlag zur Realisierung einer
    Gesamtkonzeption. In: Bürotechnik, 25. Jg. 1977 Nr. 9,
    S. 80-84.

Fahrenschon, Franz; Reimann, Hanns:
    Leistungsmerkmale und Vorteile des Verbindungsverkehrs
    in Telefonanlagen. In: Siemens-Zeitschrift, 51. Jg. 1977
    Heft 4, S. 206-209.

Falk, Howard:
    'Chipping in' to digital telephones. Integrated-circuit
    chips that couvert voice to digits may someday be in
    every telephone handset. In: IEEE Spectrum, Vol.14 1977
    Nr. 2, S. 42-46.

Fehrmann E. u.a.:
    Angestellte in der sozialwissenschaftlichen Diskussion
    (Vorab-Auszug, Veröffentlichung in Vorbereitung). Stutt-
    gart, 1978.

Gälweiler, Aloys: (Unternehmungsplanung)
    Unternehmungsplanung. Grundlagen und Praxis.
    Frankfurt-New York, 1974.

Gesellschaft für Mathematik und Datenverarbeitung - GMD - (Hrsg.)
   DV-gestützte Büro- und Verwaltungssysteme. Bonn, 1977.

Gould, John D.:
   Research Report. How Experts Dictate. IBM-Research Center.
   RC 6573 (28373) 6.9.77. Yorktown Heights, N.Y., 1977.

Graus; Schneider; Schoenberger; Weigand:
   Menschliche Kommunikation in technischen Kommunikations-
   systemen. In: ÖvD, 5. Jg. 1975 Nr. 1, S. 5-14.

Grochla, Erwin (Hrsg.)
   Das Büro als Zentrum der Informationsverarbeitung. Aktuelle
   Beiträge zur bürowirtschaftlichen Forschung. Wiesbaden, 1971.

Grochla, Erwin:
   Möglichkeiten einer Steigerung der Wirtschaftlichkeit im
   Büro. In: Bürowirtschaftliche Forschung, hrsg. v. Erich
   Kosiol, Berlin 1961, S. 41-73.

Grösser, Heinz-Dieter:
   Fernschreibkorrespondenz gegenüber Briefkorrespondenz.
   Eine vergleichende Kostenanalyse. In: data report, 13. Jg.
   1978 Nr. 1, S. 40-41.

Grösser, Heinz-Dieter; Hück-Preuss, Renate:
   Rationalisierung mit Fernschreiber und Fernkopierer.
   Technischer Fortschritt bietet neue Möglichkeiten, die
   Verwaltungskostenexplosion aufzufangen. In: data report,
   12. Jg. 1977 Heft 2, S. 10-11.

Günther, Fritz:
   Rationalisierungsfaktor Telefon. - Betriebswirtschaft-
   liche Aspekte zur Investitionsentscheidung. In: Siemens-
   Zeitschrift, 51. Jg. 1977, Heft 4, S. 202-205.

Guggenbühl, Henry:
   Kommunikationsstruktur und Unternehmungsorganisation.
   In: Industrielle Organisation, 44. Jg. 1975 Nr. 1, S.506-508.

Hanssmann, Friedrich:
   Informationsbedürfnisse und Informationswirtschaft. In:
   WiSt, 6. Jg. 1977 Nr. 10, S. 445-459.

Hax, Herbert:
   Kommunikation. In: HWO, 4 Aufl., hrsg. v. E. Grochla,
   Stuttgart, 1973, Sp. 825.

Hebditch, D.:
   Teleprocessing and the Manager. In: Data processing,
   Vol. 19 1977 Heft 2, S. 1-14.

Heilmann, Wolfgang:
   Analyse der Bürotätigkeiten. In: BTO, 22. Jg. 1974 Heft 10,
   S. 1104-1106.

Hiltz, Starr Roxannie:
    Computer Confering: Assessing the Social Impact of a New Communi-
    cations Medium. In: Technological Forecasting and Social
    Change, Nr. 10, S. 225-238.

Höring, Klaus; Oppelland, Hans-Jürgen:
    Graphische Bildschirmgeräte - Ein Beurteilungsleitfaden
    mit einer Marktübersicht. BIFOA-Forschungsbericht 74/2,
    Köln, 1974.

Hort, Peter:
    Kreisausschnitt waagerecht an der Außenwand. In: FAZ vom
    2.2.1978, S. 12

Hoschka; Kolbe:
    Computergestützte Konferenz- und Kommunikationssysteme -
    Anforderungen und gegenwärtiger Stand. In: ÖVD, 6. Jg.
    1976 Nr. 7/8

Hovland, C.J.:
    Social communication. In: Reader in public opinion and
    communication. Ed. by B. Berelson and M. Janowitz.
    Glencoe, 1950, S. 182.

Hürlimann, Werner:
    Alles über die Kommunikation - aus morphologischer Sicht.
    In: Industrielle Organisation, 46. Jg. 1977 Heft 7/8,
    S. 295-302.

IBM Deutschland GmbH (Hrsg.): (Versicherung)
    Aktenlose Sachbearbeitung in Versicherungsunternehmen.
    Maschinelle Antragsbearbeitung. IBM-Form E 12 - 1146 - O.
    Oktober 1972.

Institut für Systemtechnik und Innovationsforschung -ISI - (Hrsg.):
    Der Einfluß neuer Techniken auf die Arbeitsplätze. Eine
    Analyse ausgewählter Studien unter spezieller Berücksich-
    tigung der neuen Informationstechniken. Karlsruhe, 1976.

Jeschek, Wolfgang:
    Projektion der Qualifikationsstruktur des Arbeitskräftebe-
    darfs in den Wirtschaftsbereichen der Bundesrepublik Deut-
    schland bis 1985. In: DIW-Beiträge zur Strukturforschung,
    Berlin, 1973 Heft 28.

Josephy, Albrecht:
    Systematik der Informationsvermittlung. In: Industrielle
    Organisation, 44. Jg. 1975 Nr. 11, S. 518-522.

Kaiser, Wolfgang u.a.:
    Kabelkommunikation und Informationsvielfalt. München-Wien,
    1978.

Kaiser, Wolfgang:
    Zukünftige Möglichkeiten der Text- und Bildkommunikation.
    In: Bürotechnik, 1977 Nr. 3, S. 85-89.

Kaiser, W.; Marko, H.; Witte, E.:
    Two-Way Cable Televison. Berlin u.a. 1977.

Klaus, G.:
    Wörterbuch der Kybernetik. Berlin, 1968.

Kommission für den Aufbau des technischen Kommunikationssystems
(KtK):
    Telekommunikationsbericht 1975 - Hauptbericht und Anlagen-
    bände. 1976.

Konkel, Gilbert J.; Peck, Phyllis J.:
    The World Processing Explosion. Stamford, Ct., 1977.

Krebs, Albert:
    Leserzuschrift zu: Baugenehmigung künftig schneller ?
    In: FAZ vom 13.3.1978, S. 7

Kruse, Hilmar:
    Analyse der Bildschirm-Textverarbeitung. Bericht über den
    gegenwärtigen Stand der Textverarbeitung mit Bildschirm-
    Textautomaten. In: BTA/bto, 25. Jg.
    Teil 1: Heft 1, 1977, S. 57-6o, Teil 2: Heft 2, 1977, S. 58-63

Luhmann, N.:
    Kommunikation, soziale. In: HWO, 4. Aufl. hrsg. v. E. Groch-
    la, Stuttgart, 1973, Sp. 831 f.

Maasch, Ernsthelmut:
    Büros von morgen. In: Zfür O, 36. Jg. 1967 Heft 5, S. 178-179.

Mannich, Walter:
    Blinde als Telefonisten - Nachrichtentechnik im Dienst
    an Menschen. In: Siemens-Zeitschrift, 51. Jg. 1977 Heft 4,
    S. 198-201.

Mc Cabe, Helen M; Popham, Estelle L.:
    Word Processing. A Systems Approach To The Office. New York-
    Chicago-San Francisco-Atlanta, 1977.

Mc Dogall, W.:
    The group mind. London, 1927.

Mennie, Don:
    Everybody's doing it ('computing' at home). In: IEEE Spec-
    trum, Vol. 14 1977 Nr. 5, S. 29-34.

Metzger, Rolf:
    Vom Chef zum Kunden. Bestehendes, Bewährtes und Zukünftiges
    im Bereich der Kommunikation. In: Sysdata + bürctechnik,
    77. Jg. 1977 Heft 5, S, 41-45.

Meyer-Eppler, W.:
    Grundlagen und Anwendung der Informationstheorie. In: Kom-
    munikation und Kybernetik. Einzeldarstellungen, Bd. 1. Ber-
    lin-Heidelberg-New York, 1969

Miller, G.A.:
    Psycholinguistics. In: Handbook of soical psychology.
    Ed. by G. Lindzey. Cambridge, Mass., Vol 2 1954, 693-708

Mintzberg , H.:
    The managers job: folklore and fact. In: The McKinsey
    Quarterly. 1976, S. 24.

Müller-Lutz, H.-L.:
    CTV - Computerunterstützte Textverarbeitung. Heft 87 der
    Schriftenreihe des Seminars für Versicherungsbetriebs-
    lehre an der Universität München. Neue Folge. München,
    1976.

Noelle-Neumann, E.; Schulz, W. (Hrsg.):
    Fischer Lexikon Publizistik. Frankfurt am Main, 1971.

O.V.:
    'Autrax' Keeps Round-the-Clock Vigil of Phone Lines.
    In: Computerworld, Vol 11 1977 Nr. 7, S. 66.

O.V.:
    Baugenehmigungen künftig schneller? In: FAZ am 3.2.1978, S. 11.

O.V.:
    Computerhilfen für den Architekten. In: BTS-aktuell, No-
    vember 1977, S. 24.

O.V.:
    Computer plant die Heizungsanlage. In: Handelsblatt
    vom 1.3.1978.

O.V.:
    Computer rationalisieren das Geschäft am Bau. In: Büro +
    Informatik Service Nr. 11 1977, S. 78.

O.V.:
    Daten- und Informationssysteme aus einer Hand. Inter-
    view mit Anton Peisl. In: data report, 12 Jg. 1977
    Nr. 2, S. 4-5.

o.V.:
    Der Einfluß neuer Techniken auf die Arbeitsplätze. Eine
    Analyse ausgewählter Studien unter spezieller Berück-
    sichtigung der neuen Informationstechniken. Bericht für
    MFT, Förderungskennzeichen NTO7O1, Karlsruhe 1977.

O.V.:
    Deutsche Bundespost. Der große Bremser. In: Wirtschafts-
    woche, 32. Jg. 1978 Heft 7, S. 16-22.

O.V.:
   Die Ordnungsregistratur ist die billigste. Stimmt das
   überhaupt ? In: bit, 13. Jg. 1977 Heft 1, S. 24-28.

O.V.:
   Die Rolle des Telefons in der Bürokommunikation der Zu-
   kunft. In: Büro + Informatik Service, 19 Jg. 1978 Nr. 4,
   S. 91-96.

O.V.:
   Informationsfluß kostet zuviel Manager-Zeit. In: Handels-
   blatt, 31. Jg. Nr. 22 vom 31.1.1978.

O.V.:
   Mark III - angewendet bei dem Speditionsunternehmen
   Kühne & Nagel. In: Honeywell-Anwendungen, Oktober 1977.

O.V.:
   Methodische Probleme und statistische Möglichkeiten zur
   Messung von Forschungsaktivitäten. In: MitAB, 10. Jg.
   Nr. 10, S. 627-634.

O.V.:
   Schneller zum Baubeginn. In: FAZ vom 20.12.1977, S. 21.

O.V.:
   Terminals - working tools for IE's. In: Industrial Engineering, Vol 9 1977 Nr. 5, S. 16-23.

O.V.:
   The Office of the Future. An indepth analysis of how
   word-processing will reshape the corporate office.
   In: Business Week, 1975 Nr. 2387, S. 48-84.

O.V.:
   Versicherung probt Telekonferenz. In: Markt & Technik,
   Nr. 10 vom 8.3.1978, S. 1

O.V.:
   Zeitwende in der Textkommunikation. Fernkopieren und
   Fernschreiben am Arbeitsplatz. In: bit, 13. Jg. 1977
   Heft 5, S. 20-22.

Purchase, Alan; Glower, Carol F.:
   Office Of The Future. Business Intelligence Program.
   Menlo Park, Cal., 1977.

Rank Xerox (Hrsg.):
   Das Büro der Zukunft. Eine Analyse der Textverarbeitung.
   Düsseldorf, 1975.

Ratzke, Dietrich (Hrsg.):
   Die Bildschirm-Zeitung. Fernlesen statt Fernsehen.
   Berlin, 1977.

Roschmann, Karl-Heinz:
    Computerleistung zum Arbeitsplatz. Dezentralisierte In-
    telligenz bei zentraler und/oder dezentraler Datenverar-
    beitung organisatorischer Aufgabenstellungen. In: Fort-
    schrittliche Betriebsführung & Industrial Engineering,
    26. Jg. 1977 Heft, 1, S. 23-34.

Sämann, W.:
    Rationalisierung der Büroarbeit als Zukunftsaufgabe. In:
    Refa-Nachrichten, 23. Jg. 1970 Heft 6, S. 421-425.

Sanden, Dieter von:
    Einige Bemerkungen zu den Erfordernissen des Nachrichten-
    verkehrs in der nahen Zukunft. In: Siemens-Zeitschrift,
    49 Jg. 1975 Heft 11, S. 682-685.

Schramm, Herbert F.W.:
    Chance oder Risiko für Büroarbeitsplätze. Textsysteme die-
    nen zur technischen Unterstützung. In: Handelsblatt, 31. Jg.
    Nr. 71 vom 21./22.4.1978, S. 51.

Straub, K.:
    Mikrofilm im Architektur- und Ingenieurbüro. In: Büro-
    technik 11/77, S. 78.

Semturs, Friedrich; Weiler, Friedrich:
    Textmanagement und Dokumentation. In: IBM Nachrichten,
    27. Jg. 1977 Nr. 236, S. 214-229.

Segner, Matthias:
    Szenario-Technik. Methodische Darstellung und kritische
    Analyse. Forschungsreihe Systemtechnik; Bericht Nr. 8,
    Berlin, 1976.

Stadtherr, Karl O.:
    Neue Dienste am alten Telephon ? In: bit, 13. Jg. 1977
    Nr. 9, S. 48-57.

Staff of the mother earth news (Ed.):
    Handbook of Home Business Ideas and Plans. New York, 1976.

Standard Elektrik Lorenz AG:
    Text- und Bildkommunikation / SEL-System-Konzept.
    Stuttgart, 1975.

Statistisches Bundesamt Wiesbaden:
    Statistisches Jahrbuch 1977 für die Bundesrepublik Deutsch-
    land. Stuttgart und Mainz, 1977.

Statistisches Bundesamt Wiesbaden:
    Sonderbeiträge zur Industriestatistik Reihe D.
    Stuttgart und Mainz, 1975/76.

Statistisches Bundesamt Wiesbaden:
Wirtschaft und Statistik. Stuttgart und Mainz, 1977.

Strasser, Lorenz:
Rationalisierung und Humanisierung am Beispiel der Text-
verarbeitung. In: Büro + Informatik, 18 Jg. 1977 Nr. 10,
S. 28-29.

Szyperski, Norbert: (Büroarbeit)
Analyse der Merkmale und Formen der Büroarbeit. In: Kosiol,
Erich (Hrsg.): Bürowirtschaftliche Forschung, Berlin:
Duncker & Humblot, 1961, S. 75-132.

Szyperski, Norbert:
Das Büro - Arbeitsplatz für Millionen. Referat auf der
Fachtagung anläßlich der Mitgliederversammlung der Fach-
gemeinschaft Büro- und Informationstechnik im VDMA am
5.11.1976 in Travemünde. In: Schriftenreihe der Fachgemein-
schaft Büro- und Informationstechnik im VDMA, Düsseldorf
1977, S. 7-22.

Szyperski, Norbert:
DV-Einsatz in der Büroautomation als mögliches verwaltungs-
wirtschaftliches Rationalisierungsinstrument. In: GMD-
Spiegel, 1975 Heft 3, S. 25-44.

Szyperski, Norbert: (Betriebliche Informationssysteme)
Gegenwärtiger Stand und Tendenzen der Entwicklung betrieblicher Informationssysteme. In: Probleme beim Aufbau betrieblicher Informationssysteme. Hrsg. von Hans Robert
Hansen und Manfred P. Wahl. München, 1973, S. 33.

Szyperski, Norbert:
Unternehmung-Informatik. Grundlegende Überlegungen zu
einer Informationstechnologie für Unternehmungen. BIFOA-
Arbeitsbericht 68/2, Köln, 1968.

Theordoson, A.G.; Thordoson, G.A.:
Modern Dictionary of Sociology. London, 1970.

Thiel, K.:
Formen der Kommunikations-Analyse. In: Das rationelle
Büro, 23. Jg. 1973 Heft 10, S. 30-36.

Turoff, Murray; Hiltz, Starr Roxanne:
Meeting through your computer information exchange and
engineering decision-making are made easy through com-
puter-assisted conferencing. In: IEEE Spectrum, Vol 14
1977 Nr. 5, S. 58-64.

VDMA (Hrsg.):
    Informationsverarbeitung-Vision und Wirklichkeit.
    Düsseldorf, 1976.

Verschiedene Autoren:
    Sonderbeilage 'Büroautomation'. In: der arbeitgeber, 29. Jg.
    1977 Nr. 19, S. 815-829.

Weiner, Wolfgang:
    Integrierte Verwaltungs-Organisation. Die Notwendigkeit der
    Untersuchung geschlossener Arbeitsabläufe. In: Bürotechnik,
    25. Jg. 1977 Nr. 11, S. 74-76.

Wersig, G.; Meyer-Uhlenried, K.H.:
    Versuche zur Technologie II: Kommunikation und Information.
    In: Nachrichten für Dokumentation, 20. Jg. 1969 Nr. 7.

White, Robert, B.:
    A Prototype for the Automated Office. In: Datamation,
    Vol. 23 1977 Nr. 4, S. 83-90.

Wilds, Thomas:
    Copier management techniques. In: The Office, Vol 85
    1977 Nr. 4, S. 138-154.

Witte, Eberhard:
    Telekommunikation im Büro der Zukunft. Entwicklungsrich-
    tung, Technik und Organisation der Kommunikation. In:
    data report, 12. Jg. 1977 Nr. 2, S. 6-9.

Witte, Eberhard:
    Telekommunikation im Büro der Zukunft. In: Siemens-Zeit-
    schrift, 51. Jg. 1977 Heft 2, S. 64-71.

Wohl, Amy D.:
    What's happening im Word processing ? In: Datamation,
    Vol. 23 1977 Nr. 4, S. 64-74.

Wolf, Th.:
    Die Fernsprechverbindung auch zum Fernkopieren nutzen.
    In: Handelsblatt, 31 Jg. Nr. 71 vom 21./22.4.1978, S. 47.

Wright, C.R.:
    Mass communication - A sociological perspective.
    New York, 1963.

Yasaki, Edward, K.:
    Toward The Automated Office. In: Datamation, Vol. 21 1975
    Nr. 2, S. 59-62.

Zappe, Gerhard:
    Die Elektronik macht Telexbüro freundlich. In: Handelsblatt,
    31 Jg. Nr. 7 vom 15.2.1978, S. 21.

Anhang

1 Zur Definition des Begriffes ‚Kommunikation'

1.1 Die Teilprozesse der Kommunikation

Die Definition und Behandlung der Kommunikation erfolgte (in
Kapitel 2 des ersten Teilbandes) anhand einer Untergliederung
der Kommunikation in Teilprozesse. Diese Untergliederung basiert
auf einer informationstechnologischen Analyse, die die begriff-
lichen Kategorien darlegt, unter denen die Betrachtung vorgenommen wurde.

Die Analyse geht von 5 informationstechnisch relevanten Ebenen
aus[1]. (Die Ebenen sind in Abb. D-1 veranschaulicht). Auf der
ersten Ebene ist die Realität angesiedelt (Phänomenebene P).
Auf sie beziehen sich alle Aussagen (A), die durch sprachliche
Formulierungen konkretisiert werden. Die Sprachebene (L) wird
durch das zulässige Vokabular und die Regeln der Syntax gekennzeichnet, während die Menge vorrätiger Zeichen und die Regeln
der Zeichenverknüpfung zur Kennzeichnung der sprachlichen Ausdrücke auf der Zeichenebene (Z) anzusiedeln sind. Diese ist von
der Signalebene (S) zu trennen, auf der die Zeichen realtech-
nisch realisiert werden.

'Reale signaltechnische Verfahren und das reale Geschehen der
Phänomenebene sind die beiden Pole, zwischen denen sich alle In-
formations- und Kommunikations-Prozesse sowie alle kybernetischen
Steuerungsvorgänge in der Wirklichkeit abspielen. Auf den dazwi-
schengeschobenen Aussagen-, Sprach- und Zeichenebenen vollzieht
sich kein reales Geschehen, sie sind vielmehr geistige Zuordnungs-
und Intepretationsschichten, die zur Beschreibung, Erklärung und
letztlich Gestaltung informationstechnischer Systeme herangezogen werden.'[2]

---

[1] Vgl. Szyperski (Unternehmungs-Informatik) S. 38 ff.

[2] Szyperski (Unternehmungs-Informatik) S. 39 f.

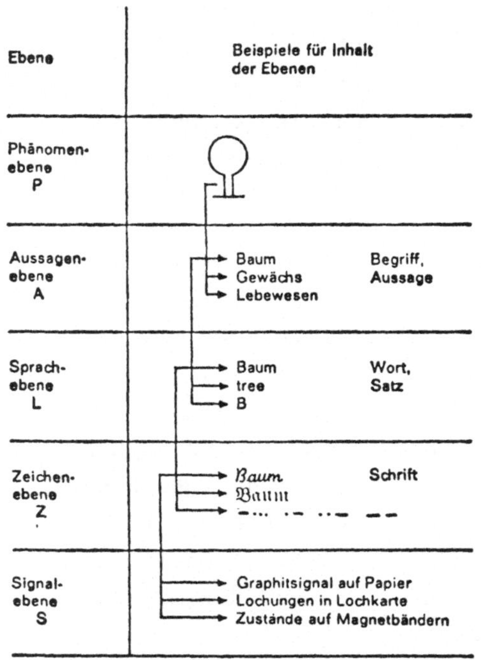

Abb. D-1: **Informationelle Stufung und terminologische Abgrenzungen**

(Quelle: Szyperski (Betriebliche Informationssysteme) S. 33)

von \ nach	Phänomen P	Aussage A	Sprache L	Zeichen Z	Signal S
Phänomen P	physika-lische, chemische Prozesse	nichtsprach-liche Sinnes-wahrnehmung			
Aussage A	Handlungs-ausführung	begriff-liches, mo-dellhaftes Transfor-mieren	sprach-liches Formulieren		
Sprache L		Verstehen	Übersetzen	Vercoden, Darstellen	
Zeichen Z			Sprach-liches Verstehen	Umzeichnen, Umgestalten Umcoden	Sprechen, Schreiben, Signali-sieren
Signal S				Hören, Lesen, Ent-schlüsseln	Wandeln, Kopieren

Abb. D-2: Teil-Prozesse der Kommunikation

Die zu betrachtenden Prozesse der Kommunikation vollziehen sich
sowohl innerhalb der einzelnen Ebenen, als auch beim Übergang
von einer Ebene zur anderen. Die dabei relevanten Prozesse werden in Abb. D-2 veranschaulicht. Alle Prozesse der Kommunikation beginnen auf der Aussagenebene. Wenn eine Information zu
einem Kommunikationspartner übertragen werden soll, muß sie auf
die Signalebene transferiert werden. Dies geschieht durch sprach-
liches Formulieren, durch Vercoden, Darstellen und schließlich
Sprechen, Schreiben oder Signalisieren. Der Empfänger hört, liest
oder entschlüsselt die Signale, gestaltet sie möglicherweise um,
versteht sie als Sprache und interpretiert sie als Aussage.

Die Analyse der Kommunikation unter Zuhilfenahme der dargelegten
Ebenen gestattet es, informationstechnologisch relevante Zustände
und Vorgänge in die Betrachtung einzubeziehen. Auf diese Weise
ist es leicht möglich, einen Zusammenhang zwischen Teilprozessen
der Kommunikation und dem Einsatz von Geräten und Systemen der
Bürokommunikation herzustellen.

1.2 Der Kommunikationsbegriff in der Literatur

Da der Begriff 'Kommunikation' in der Literatur sehr unterschiedlich definiert wird, entstehen vielfach Verwirrungen bei seiner
Verwendung. Um eine Einordnung und Beurteilung der im ersten
Teilband zugrunde gelegten Definition zu ermöglichen, werden im
folgenden eine Reihe von Definitionen, die sich in der Literatur
finden lassen, wiedergegeben.

Ansätze zur Definition des Kommunikationsbegriffs[1]

ANSATZ	DEFINITION (Beispiele)
"SIGNAL-Ansatz" Hierbei wird Kommunikation als identisch mit Signaltransmission aufgefaßt.	*"Communication is said to occur when a source of message transmits signals over a channel to a receiver at the destination."* [2] *Damit wird "Kommunikation" auf der Basis der "mathematical theory of communication" im Sinne von SHANNON und WEAVER gesehen, d.h. als bereits bestehend, wenn zwischen Maschinen Signale ausgetauscht werden.*
"NACHRICHTEN-ANSATZ" Dieser Ansatz erscheint etwas weiter, wobei 'Kommunikation' als Austausch von 'Nachrichten' aufgefaßt wird.	*"Kommunikation heisse also jede Art von Informationsvermittlung, soweit sie durch die a) Emission, b) Übertragung und c) Rezeption einer Nachricht zustande kommt."* [3] *Da "Nachricht" bzw. "Information" in diesen Definitionsformen fast immer undefiniert verwendet wird, entspricht der "Signal-Ansatz" natürlich in gewisser Weise auch dem "Nachrichten-Ansatz" zur Informations-Definition.*
"BEDEUTUNGS-ANSATZ" Hier wird in 'Kommunikation' eine Bedeutungsübertragung gesehen.	*"Communication is the process of transmitting meaning between individuals."* [4]
"IDEEN-ANSATZ" Der 'Ideenansatz' geht gewissermaßen von qualifizierten Bedeutungen aus.	*"In a broad sense, communication may be regarded as the transfer of ideas or impressions from one person to another.* [5]
"GEMEINSAMKEITS-ANSATZ" Dieser schließt in gewisser Weise die anderen Ansätze ein, ohne jedoch konkrete Anhaltspunkte zur weiterführenden Interpretation zu geben.	*"Das unmittelbare Ziel von Kommunikation als Gemeinschaftshandlung ist die Herstellung einer partiellen Kongruenz zwischen den kognitiven Prozessen der an der Kommunikation partizipierenden Individuen."* [6] *Dieser Ansatz stellt schon eine Parallele zum "Wirkungs-Ansatz" der Informations-Definition dar, denn die Herstellung der Gemeinsamkeit ist bereits ein Ziel, das allerdings hier bei beiden Kommunikationspartnern vorausgesetzt wird.*
"EINFLUSS-ANSATZ" Der 'Einfluß-Ansatz' geht über den 'Gemeinsamkeits-Ansatz' hinaus, indem er beim Sender eine Einfluß-Intention voraussetzt, die dieser mittels der Transmission einer Nachricht zu realisieren sucht.	*"... th process by which an individual (the communicator) transmits stimuli (usually verbal symbols) to modify the behavior of other individuals ..."* [7]

Quellenverzeichnis zur Vorseite:

Ansätze zur Definition des Kommunikationsbegriffs[1]

1) nach WERSIG, Gernot: Information-Kommunikation-Dokumentation.
                      2. Aufl., Pullach bei München, 1974.

2) MILLER, G.A.:   Psycholinguistics. In: Handbook of Social
                      Psychology. Ed. by G. Lindzey
                      Cambridge, Mass., 1954, p. 693-708.

3) ARANGRUEN, J.L.:   Soziologie der Kommunikation.
                      München, 1967.

4) WRIGHT, C.R.:   Mass communication - A sociological
                      perspective.
                      New York, 1963.

5) DUDLEY, B.:   Human responses - a vital link in com-
                      munication progress. In: IRE Trans. Eng.
                      Writing Speech, Vol. EWS 4 No. 1, p. 6

6) UNGEHEUER, G.:   Kommunikation und Gesellschaft. In: Nach-
                      richten für Dokumentation, 20. Jg. 1969,
                      S. 252.

7) HOVLAND, C.J.:   Social communication. In: Reader in public
                      opinion and communication. Ed. by
                      B. Berelson and M. Janowitz
                      Glencoe, 1950, p. 182.

Der Begriff 'Kommunikation' in der Literatur

Herbert Hax[1]:

"Kommunikation zwischen zwei Individuen kommt dadurch zustande,
daß mit Hilfe der Zeichen einer Sprache von einem zum anderen
Nachrichten übermittelt werden. Bei *einseitiger* Kommunikation ist
das eine Individuum nur Sender, das andere nur Empfänger von
Nachrichten; bei *zweiseitiger* Kommunikation sind beide sowohl Sender als auch Empfänger. An der Kommunikation können auch mehr als
zwei Individuen beteiligt sein, so etwa wenn ein Sender eine Nachricht an mehrere Empfänger oder an einen unbestimmten Empfängerkreis richtet oder wenn mehrere Individuen als Sender und Empfänger von Nachrichten in Verbindung miteinander stehen. In allen
Fällen läßt sich die Kommunikation zwischen mehr als zwei Individuen als Netz aus Kommunikationsbeziehungen zwischen je zwei Individuen auffassen. Die Individuen, die als Sender und Empfänger
von Nachrichten auftreten, können Personen sein: Kommunikation
ist aber auch zwischen andersartigen Individuen möglich, z.B.
zwischen Tieren, zwischen den Organen eines biologischen Organis-
mus oder zwischen unbelebten Gegenständen, wie etwa den einzelnen
Elementen eines technischen Regelungssystems."

Herbert Hax[2]:

"Kommunikation zwischen zwei Individuen (seien es Personen oder
andere Einheiten) findet statt, wenn von einem zum anderen Nachrichten mit Hilfe der Zeichen einer Sprache übertragen werden
(Sprache und sprachliche Kommunikation). Die Nachrichten beziehen
sich hierbei auf außersprachliche Designate. Der Sender der Nachricht überträgt zunächst den mitzuteilenden Sachverhalt (Designat)
in die Zeichen der Sprache; dann werden diese Zeichen als physische Signale (bei Kommunikation zwischen Personen in der Regel

---

1) Kommunikation. In. HWO, hrsg. von Erwin Grochla. Stuttgart 1973,
   Sp. 825.
2) Kommunikation. In: HWB, hrsg. von Erwin Grochla, Sp. 2169 f.

als optische oder akustische Signale) an den Empfänger übermittelt. Dieser schließt dann wieder von den empfangenen Signalen auf das Designat, d.h. den Sachverhalt, den ihm der Sender mitteilen will. Es können auch mehr als zwei Individuen als
Sender und Empfänger am Kommunikationsprozeß beteiligt sein;
die grundlegende Beziehung bleibt aber die gleiche; es liegen
in diesem Fall lediglich mehrere miteinander verknüpfte Kommunikationsbeziehungen zwischen je zwei Individuen vor".

E. Noelle-Neumann, W. Schulz (Hrsg.)[1]:

"In einem weiten Sinn wird der Begriff Kommunikation häufig für alle
Prozesse der Informationsübertragung verwendet. Eine so umfassende Betrachtungsweise kann ihre Berechtigung daraus herleiten, daß
alle technischen, biologischen, psychischen und sozialen Informa-
tionsvermittlungssysteme einander strukturell ähnlich sind und
weitgehend den gleichen syntaktischen Gesetzen unterliegen ...
Im engeren Sinne versteht man unter Kommunikation einen Vorgang
der Verständigung, der Bedeutungsvermittlung zwischen Lebewesen.
Kommunikation zwischen Menschen ist ... eine Form sozialen Handelns, das also mit einem subjektiven Sinn verbunden und auf
das Denken, Fühlen, Handeln anderer bezogen ist: Kommunikation
ist eine Sonderform des sozialen Handelns oder der Interaktion
insofern als der gemeinte Sinn direkt (mit Hilfe meist eigens
für diesen Zweck bestimmter Zeichen) vermittelt wird."

W. Meyer-Eppler[2]:

"Unter Kommunikation werde die Aufnahme und Verarbeitung von phy-
sikalisch, chemisch oder biologisch nachweisbaren Signalen durch
ein Lebewesen verstanden. Die an einem Kommunikationsvorgang beteiligten lebenden und leblosen Glieder bilden eine Kommunikati-
onskette."

---

1) Fischer Lexikon Publizistik, Frankfurt a.M. 1971.
2) Grundlagen und Anwendung der Informationstheorie. In: Kommunikation und Kybernetik in Einzeldarstellungen, Bd. 1, Berlin,
   Heidelberg, New York 1969.

Stuart Chase[1]:

"Kommunikation ist eine Fähigkeit des Individuums, seine Gefüh-
le und Ideen einem anderen mitzuteilen sowie die Fähigkeit von
Gruppen, enge und vertrauliche Verbindungen miteinander zu haben."

A.G. Theordoson, G.A. Theordoson[2]:

"Kommunikation ist der durch den Austausch von Informationen ver-
mittelte Zusammenhang zwischen dynamischen Systemen bzw. Teilsystemen. In der Gesellschaft handelt es sich bei der Kommunikation um einen Prozeß der Verständigung zwischen einzelnen Menschen
und Gruppen bzw. zwischen den Gruppen der jeweiligen Gesellschafts-
formation. Letztlich besteht das Ziel des Informationsaustausches
darin, eine gewollte und koordinierte Verhaltensweise zu erzeugen".

G. Klaus[3]:

"Kommunikation: Austausch von Informationen zwischen dynamischen
Systemen bzw. Teilsystemen, die in der Lage sind, Informationen
aufzunehmen, zu speichern, umzuformen usw. Das Informationen
emittierende System wird auch als Sender bezeichnet, das Informationen empfangende System als Empfänger ... Von besonderem Interesse ist der Spezialfall, in dem Sender und Empfänger Menschen bzw. Gruppen von Menschen sind und die Kommunikation mit
Hilfe der (geschriebenen oder **gesprochenen**) natürlichen Sprache
stattfindet. Kommunikation dieser Art ist Gegenstand der Kommu-
nikationsforschung, die sich vor allem als Anwendung der Informationstheorie auf die Probleme der allgemeinen Sprachwissen-
schaft herausgebildet hat."

---

1) Die Wissenschaft vom Menschen. Wien, Stuttgart 1951.
2) Modern Dictionary of Sociology. London 1970.
3) Wörterbuch der Kybernetik. Berlin 1968, S. 305 f.

S. Dworatschek[1]:

Kommunikation als "Austausch von Erfahrungen, Erkenntnissen, Gedanken - kurz den Nachrichtenaustausch".

G. Wersig, K.H. Meyer-Uhlenried[2]:

"Kommunikation ist die Übertragung von Bedeutung zwischen kommunikationsfähigen Systemen, d.h. Zeichen erkennenden, verarbeitenden und aussendenden materiellen Systemen."

W. McDougall[3]:

"Erst die Kommunikation ermöglicht ein echtes Leben in einer Gemeinschaft, denn Kommunikation bedeutet Organisation. Kommunikation ist die Voraussetzung für das Wachstum einer sozialen Grundeinheit, für die Ausbreitung eines Dorfes zur Stadt, zur modernen Großstadt, zu organisierten, voneinander abhängigen Systemen, die sich über den ganzen Erdball erstrecken."

N. Luhmann[4]:

"Kommunikation ist Übermittlung von Information jeder Art. Im Unterschied zum Informationsaustausch in organischen Systemen und Maschinen ist unter sozialer Kommunikation nur die Übermittlung von Informationen in sozialen Systemen zu verstehen, d.h. in Systemen, die aus Handlungen mehrerer Menschen dadurch gebildet sind, daß diese Handlungen ihrem Sinn nach aufeinander bezogen werden.

Alles Handeln, das für andere sichtbar ist, leistet zugleich eine mehr oder weniger bewußte Darstellung, also Übermittlung, von Sinn. Insofern bestehen soziale Systeme letztlich aus Kommunikationen.

---

1) Einführung in die Datenverarbeitung. Berlin 1969, S. 130 f.
2) Versuche zur Technologie II: Kommunikation und Information. In: Nachrichten für Dokumentation, 20 (1969).
3) The group mind. London 1927
4) Kommunikation, soziale. In: HWO. Hrsg. von E. Grochla. Stuttgart 1973, Sp. 831 f.

Im engeren Sinne kann man von Kommunikation sprechen, wenn ein
Handeln bewußt und ausdrücklich die Übermittlung von Information
als seinen Hauptzweck anstrebt. In diesem Sinne ist Kommunikation
eine besondere Art von sozialem Verhalten neben anderen Verhaltensweisen. Zumeist meint der Kommunikationsbegriff dieses auf Kommunikation spezifizierte Verhalten. Es muß dann aber beachtet werden, daß sehr viel Übermittlung von Information ohne ausdrück-
liche Kommunikation erfolgt, und dafür sollte ein besonderer Begriff, indirekte Kommunikation, bereitgestellt werden".

Graus; Schneider; Schoenberger; Weigand[1]:

Unter Kommunikation wollen wir jede soziale Interaktion verstehen,
welche diese drei aufeinanderfolgenden und aufeinanderbezogenen
Prozesse umfaßt:

1. Senden einer Nachricht.

2. Empfangen einer Nachricht.

3. Verständigen, rückkoppeln: Sender und Empfänger verständigen
    sich darüber, wie die Nachricht und ihre Übermittlung auf
    beide wirkt. Diese Rückkoppelung des Erfolgs bzw. der Wir-
    kung der Nachricht erfolgt selbst wiederum als Sende- und
    Empfangsprozeß, der aber nicht mehr die ursprüngliche Nach-
    richt, sondern deren Wirkung zum Inhalt hat.

------

1) Menschliche Kommunikation in technischen Kommunikations-
   systemen. In: ÖVD, 5. Jg. 1975, Nr. 1, S. 8.

2 Statistische Materialien

Im Rahmen der Typologie der Büroarbeitsplätze wurde eine Zuordnung der Grundtypen der Büroarbeit zu einzelnen Berufsgruppen
vorgenommen. Diese Zuordnung erfolgte unter Zuhilfenahme statis-
tischer Unterlagen.[1] Dabei mußten einige Beurteilungen als Annahmen gesetzt werden, die nicht objektivierbar sind, weil es
keine entsprechenden Statistiken gibt. Diese Annahmen sind in
den Tabellen D-3 und D-4 dargelegt, so daß sie jederzeit nach-
vollzogen oder modifiziert werden können.

Die erste Annahme beruht in der Einschätzung derjenigen, die
als Bürotätige einzustufen sind. Dabei ergab sich die Schwierigkeit, daß einige handwerkliche und technische Tätigkeiten (wie
z.B. Reparieren, Installieren, Messen, Behandeln) vorwiegend
nicht an Büroarbeitsplätzen ausgeübt werden, dennoch aber nicht
frei von Bürotätigkeit sind. Damit eindeutig nachgewiesen wird,
welche Berufsgruppen in dieser Kategorie gezählt wurden, enthalten Tabelle D-3 und D-4 alle als Nicht-Bürotätige eingestuften
Personen. Es sind dies 15,3 Mio. oder 65 % aller Erwerbstätigen.

Die amtliche Statistik unterscheidet nicht nach Führungs-,
Fach- und Sachaufgaben; es war deshalb in einigen Fällen erforderlich, die Aufteilung der Berufsgruppen auf die Grundtypen
der Büroarbeit durch Schätzungen vorzunehmen. Diese sind in der
Tabelle D-3 durch Prozentzahlen in Klammern gekennzeichnet. Diese
Prozentzahlen beziehen sich auf die Gesamtzahl einer Berufsgruppe,
die auf die Grundtypen der Büroarbeit aufgeteilt wurde.

Alle in den Tabellen D-3 und D-4 aufgeführten Daten beziehen sich
auf das Jahr 1976.

---

1) Statistisches Bundesamt: Statistisches Jahrbuch 1977 für
   die Bundesrepublik Deutschland, Stattgart und Mainz 1977;
   außerdem unveröffentlichte Unterlagen des Statistischen
   Bundesamtes zu Ergebnissen der Volks- und Berufszählung
   1970 sowie des Mikrozensus 1973 und 1976; Statistisches
   Bundesamt: Systematik der Berufe, Stuttgart und Mainz 1975.

Tabelle D-3:Zuordnung der Bürotätigen zu Grundtypen der Büroarbeit

Klassi-fizie-rung	Berufsbezeichnung	Anzahl	
		in TSD	in %
	FÜHRUNGSAUFGABEN		
681	Groß-und Einzelhandelskaufleute, Einkäufer(1%)	5,7	
691	Führungskräfte in Banken (1%)	3,1	
693	Führungskräfte in Krankenversicherungen (1%)	1,6	
694	Führungskräfte in Lebens-u. Sachversicherungen (1%)		
751	Unternehmer, Geschäftsführer, Geschäftsbereichsleiter	544	
761	Abgeordnete, Minister, Wahlbeamte	7	
762	Leitende u. administrativ entscheidende Verwaltungsfachleute (10%)	31,4	
823	Bibliothekare, Archivare, Museumsfachleute (1%)	0,2	
	FÜHRUNGSKRÄFTE GESAMT:	593	7%

Tab.D-3: Fortsetzung

Klassi-fizie-rung	Berufsbezeichnung	Anzahl	
		in TSD	in %
	__FACHAUFGABEN__		
032	Agraringenieure, Landwirtschaftsberater	8	
601	Ingenieure des Maschinen-u. Fahrzeugbaus	56	
602	Elektroingenieure	57	
603	Architekten, Bauingenieure	134	
604	Vermessungsingenieure	13	
605	Bergbau-, Hütten-, Gießereiingenieure	9	
606	Übrige Festigungsingenieure	9	
607	Sonstige Ingenieure	131	
611	Chemiker, Chemieingenieure	29	
612	Physiker, Physikingenieure, Mathematiker	11	
681	Groß- u. Einzelhandelskaufleute, Einkäufer(10%)	56,6	
683	Verlagskaufleute, Buchhändler (10%)	2,3	
691	Bankfachleute (10%)	30,6	
693	Krankenversicherungsfachleute (5%)	8	
694	Lebens-, Sachversicherungskaufleute (5%)		
703	Werbefachleute (75%)	25,5	
704	Makler, Grundstücksverwalter (10%)	1,5	
752	Unternehmensberater, Organisatoren	16	
753	Wirtschaftsprüfer, Steuerberater	63	
762	Leitende u. administrativ entscheidende Verwaltungsfachleute (30%)	94,2	
763	Verbandsleiter, Funktionäre	13	
774	DV-Fachleute (10%)	8,8	
811	Rechtsfinder	29	
813	Rechtsvertreter,-berater	39	
821	Publizisten	32	
822	Dolmetscher, Übersetzer	11	
823	Bibliothekare, Archivare, Museumsfachleute(20%)	4	
841	Ärzte	116	
842	Zahnärzte	25	
843	Tierärzte	6	
844	Apotheker	33	

Tab. D-3: Fortsetzung

Klassi-fizie-rung	Berufsbezeichnung	Anzahl	
		in TSD	in %
	FACHAUFGABEN (Fortsetzung)		
861	Sozialarbeiter (50%)	29	
862	Heimleiter, Sozialpädagogen	55	
871	Hochschullehrer, Dozenten an höheren Fachschulen und Akademien	56	
872	Gymnaiallehrer	98	
873	Real-, Volks-, Sonderschullehrer	379	
874	Fachschul-, Berufsschul-, Werklehrer	34	
875	Lehrer für musische Fächer	9	
881	a.n.g. Wirtschaft-u. Sozialwiss., Statistiker	43	
	Selbständige Meister im Handwerk	471	
	FACHLEUTE GESAMT	2245,5	27%

Tab. D-3: Fortsetzung

Klassi-fizie-rung	Berufsbezeichnung	Anzahl	
		in TSD	in %
	SACHAUFGABEN		
031	Verwalter in der Landwirtschaft u. Tierzucht	9	
635	Technische Zeichner	103	
681	Groß-u.Einzelhandelskaufleute, Einkäufer (89%)	503,7	
683	Verlagskaufleute, Buchhändler (90%)	20,7	
687	Handelsvertreter, Reisende	150	
691	Bankfachleute (89%)	306,9	
693	Krankenversicherungsfachleute (94%)	149,5	
694	Lebens-, Sachversicherungsfachleute (94%)		
701	Speditionskaufleute	56	
702	Fremdenverkehrsfachleute	11	
703	Werbefachleute (25%)	8,5	
704	Makler, Grundstücksverwalter (90%)	13,5	
705	Vermieter, Vermittler, Versteigerer	20	
762	Leitende und administrativ entscheidende Verwaltungsfachleute (60%)	188,4	
771	Kalkulatoren, Berechner	36	
772	Buchhalter	289	
774	DV-Fachleute (60%)	52,8	
781	Bürofachkräfte, Verwaltungsfachleute, Disponenten, Auftrags- u.a. Sachbearbeiter, Karteikräfte	2559	
812	Rechtspfleger	7	
823	Bibliothekare, Archivare, Museumsfachleute (79%)	15,8	
863	Arbeits-u. Berufsberater	6	
	SACHBEARBEITER GESAMT	4505,8	54%

Klassi-fizie-rung	Berufsbezeichnung	Anzahl	
		in TSD	in %
	<u>UNTERSTÜTZUNGSAUFGABEN</u>		
734	Telefonisten	38	
774	DV-Operateure (30%)	26	
781	Bürogehilfen, Anwaltsgehilfen etc. (5%)	143	
781	Bürolehrlinge, kfm. Lehrlinge, Finanz-anwärter (10%)	160	
782	Stenographen, Stenotypisten, Maschinen-schreiber	369	
783	Datentypisten	38	
784	Bürohilfskräfte	56	
856	Sprechstundenhelfer	180	
	UNTERSTÜTZUNGSKRÄFTE GESAMT	1010	12%
	Anzahl der BÜROTÄTIGEN	8355	100 %
	Anzahl der Bürotätigen in Prozent	8355	35 %
	aller Erwerbstätigen	23718	100 %

Tabelle D-4: Überwiegend nicht-bürotätige Erwerbstätige

Klassi-fizie-rung	Berufsbezeichnung	Anzahl	
		in TSD	in %
	NICHT BÜROTÄTIGE:		
01	Landwirte	704	
02	Tierzüchter, Fischereiberufe	10	
04	Landwirtschaftliche Arbeitskräfte, Tierpfleger	691	
05	Gartenbauer	152	
06	Forst-, Jagdberufe	48	
07	Bergleute	96	
08	Mineral-, Erdöl-, Erdgasgewinner	11	
09	Mineralaufbereiter	6	
10	Steinarbeiter	23	
11	Baustoffhersteller	15	
12	Keramiker	29	
13	Glasmacher	32	
14	Chemiearbeiter	192	
15	Kunststoffverarbeiter	35	
16	Papierhersteller,-verarbeiter	49	
17	Drucker	140	
18	Holzaufbereiter, Holzwarenfertiger usw.	55	
19	Metallerzeuger, Walzer	47	
20	Former, Formgießer	34	
21/22	Metallverformer	268	
23	Metalloberflächenbearbeiter usw.	35	
24	Metallverbinder	95	
25	Schmiede	33	
26	Feinblechner, Installateure	241	
27	Schlosser	776	
28	Mechaniker	464	
29	Werkzeugmacher	114	
30	Metallfeinbauer usw.	74	
31	Elektriker	570	
32	Montierer usw.	217	
33	Spinnberufe	26	
34	Textilhersteller	49	
35	Textilverarbeiter	330	

Tab. D-4: Fortsetzung

Klassi-fizie-rung	Berufsbezeichnung	Anzahl in TSD	in %
36	Textilveredler	14	
37	Lederhersteller usw.	99	
39	Back-, Konditorwarenhersteller	112	
40	Fleisch-, Fischverarbeiter	121	
41	Speisenbereiter	197	
42	Getränke-, Genußmittelhersteller	29	
43	Übrige Ernährungsberufe	25	
44	Maurer, Betonbauer	394	
45	Zimmerer, Dachdecker, Gerüstbauer	130	
46	Straßen-, Tiefbauer	87	
47	Bauhilfsarbeiter	122	
48	Bauausstatter	113	
49	Raumausstatter Polsterer	43	
50	Tischler, Modellbauer	278	
51	Maler, Lackierer usw.	242	
52	Warenprüfer, Versandfertigmacher	310	
53	Hilfsarbeiter ohne nähere Tätigkeitsang.	651	
54	Maschinisten usw.	302	
621	Maschinenbautechniker	51	
622	Techniker des Elektrofaches	71	
623	Bautechniker	37	
624	Vermessungstechniker	15	
625	Bergbau-, Hütten-, Gießereitechniker	13	
626	Chemietechniker, Physikotechniker	21	
627	Übrige Fertigungstechniker	12	
628	Sonstige Techniker	331	
629	Industriemeister, Werkmeister	124	
631	Biologisch-technische Sonderfachkräfte	11	
632	Physik.- u. math.-techn. Sonderfachkräfte	15	
633	Chemielaboranten	49	
634	Photolaboranten	15	
682	Verkäufer	1077	
684	Drogisten	27	
685	Apothekenhelferinnen	33	
686	Tankwarte	30	

Tab. D-4: Fortsetzung

Klassi-fizie-rung	Berufsbezeichnung	Anzahl in TSD	in %
706	Geldeinnehmer,-auszahler, Kartenverkäufer, Kontrolleure	16	
71	Berufe des Landverkehrs	863	
72	Berufe des Wasser-u. Luftverkehrs	39	
731	Posthalter	15	
732	Postverteiler	122	
741	Lagerverwalter, Magaziner	181	
742	Transportgeräteführer	37	
743	Stauer, Möbelpacker	6	
744	Lager-, Transportarbeiter	193	
773	Kassierer	78	
79	Dienst-, Wachberufe	213	
80	Sicherheitswahrer	737	
814	Rechtsvollstrecker	13	
83	Künstler u. zugeordnete Berufe	123	
85	Übrige Gesundheitsberufe (ohne Sprechstunden-helfer)	459	
861	Sozialpfleger (50%)	27	
864	Kindergärtnerinnen, Kinderpflegerinnen	104	
876/77	Sportlehrer, sonstige Lehrer	47	
89	Seelsorger	47	
90	Körperpfleger	192	
91	Gästebetreuer	296	
92	Hauswirtschaftliche Berufe	165	
93	Reinigungsberufe	608	
97	Mithelfende Familienangehörige, anderweitig nicht genannt	129	
98	Arbeitskräfte mit noch nicht bestimmtem Beruf	75	
99	Arbeitskräfte ohne nähere Tätigkeitsangabe	187	
		15834	
	abzüglich selbständige Handwerksmeister ./.	471	
	Anzahl der NICHT-BÜROTÄTIGEN	15363	65 %
	Anzahl aller Erwerbstätigen	23718	100 %

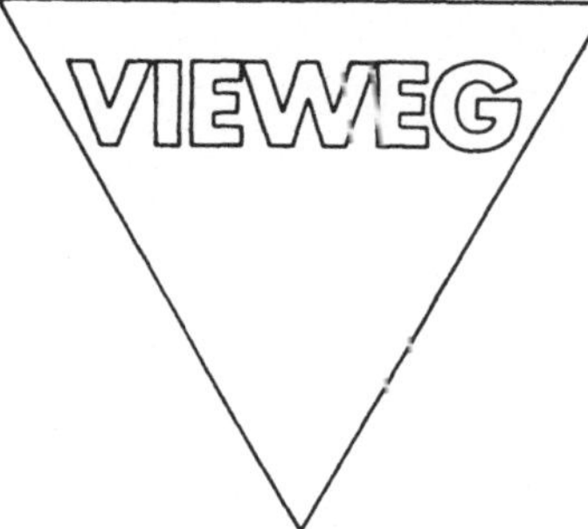

Ein Buch, das sich bezahlt macht

Erwin Grochla u. a.

Handbuch der Computer-Anwendung

Auswahl und Einsatz der EDV im Klein-und Mittelbetrieb

2. Aufl. 1979. XXII, 690 S. u. 504 S. Aufgabenanhang. DIN A 4 im Plastikordner

Dieses Handbuch wurde speziell für die praktischen EDV-Probleme in Klein- und Mittelbetrieben entwickelt. Es wendet sich an die Führungskräfte in diesen Betrieben. Das Handbuch eignet sich sowohl für den Praktiker, der noch keinerlei Erfahrung mit EDV besitzt, als auch für den EDV-Anwender, der Organisation und Effektivität seiner EDV noch verbessern möchte.

Das „Handbuch der Computer-Anwendung" zeigt Ihnen:

- welchen Vorteil eine EDV-Anlage für Ihren Betrieb bietet
- welches EDV-Verfahren für Ihren Betrieb das richtige ist
- wie Sie die passende Anlage auswählen
- wie Sie Ihre Anlage finanzieren
- was Sie beim Vertragsabschluß beachten müssen
- wie Sie Ihre Anlage in der Praxis voll ausnutzen können
- wie ein Computer arbeitet
- welche Bedeutung bestimmte Fachbegriffe haben
- was Sie über Programmieren und Datenschutz wissen sollten
- wie Sie Ihre EDV-Organisation entwickeln
- wie Sie den Mitarbeiter-Einsatz planen müssen
- wie Ihre Anlage wirtschaftlich eingesetzt werden kann

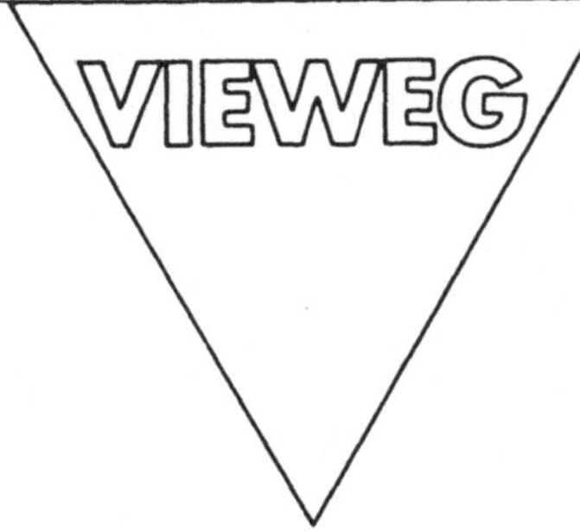

William C. Barlow und Diana C. King

ENGLISH FOR BUSINESS & COMMERCE

Dieser dreiteilige Aufbaukurs vermittelt das Englisch, das bei Geschäftsgesprächen und in Alltagssituationen gebraucht wird. Ausdrücke und Redewendungen, die häufig in einem wirtschaftlichen Zusammenhang auftauchen, werden vermittelt und geübt. Darüber hinaus wiederholt der Kurs die wichtigste Grammatik, die sicherlich schon einmal gelernt worden ist, die aber immer wieder Schwierigkeiten bereitet — selbst Leuten, die über sehr gute Englischkenntnisse verfügen. Die Sprache des Geschäftsverkehrs wird auch im Zusammenhang mit den Strukturen und dem Wortschatz, der häufig in Geschäftsbriefen und -berichten vorkommt, eingeführt und geübt. Am Ende des Kurses verfügt man praktisch über den gesamten Wortschatz und über die Sprachstrukturen, die für das Zertifikat „English for Business Purposes" festgelegt sind.
Der dreiteilige Kurs ist in je 4 Units (Einheiten) unterteilt. Jede Einheit besteht aus: Story, Vokabelteil, Hör- und Einsetzübungen, Hörverständnisübung, Dialog, Grammatikübungen und -drills, Grammatikabschnitt, Tests und Lösungsschlüssel.

Teil 1: Unit 1: Background Information · Unit 2: A Business Trip to London · Unit 3: Visiting British Companies · Unit 4: Looking for Partners

Teil 2: Unit 5: Financial Considerations · Unit 6: Drawing up of Contracts · Unit 7: Takeover Threat · Unit 8: Planning of New Organization

Teil 3: Unit 9: Reorganization · Unit 10: New Appointments · Unit 11: Settling down · Unit 12: Future Prospects

Jeder Teil besteht aus 4 C-60 Cassetten und 1 Textbuch.